JN023694

行列 *Matrix* 第２版

―グラスマンに学ぶ線形代数入門―

久保富士男著

学術図書出版社

序　　文

本書は，読者が線形代数学の基本を無理なく，楽しみながら学べることを目標として著したものである．読み進んでいるうち，初めて出会う概念も自然に体得できるよう，本書を一冊の“ストーリーブック”になるように組み立てた．したがって，読者は諸概念の位置づけやその役割がどのようなものかを語り合うことができるであろう．

ストーリーを構成するうえで，次の3点に留意した．

算術計算　通常，積は展開などの算術計算ができるように考案されている．内積は角や長さの計量に利用されるのであるが，それよりも，分配法則をみたすようにつくられていることに注目してほしい．

グラスマンの組合せ乗積　連立一次方程式の解法において，行列式の果たす役割を明確に表すには，グラスマンの組合せ乗積が最適である．組合せ乗積の計算は，一定の条件のもとに，通常の算術計算と同様に行える．したがって，読者はゲームでも楽しむかのように行列式の計算をこなせるだろう．（“組合せ乗積”という用語は『クライン：19世紀の数学』共立出版社（1995年）に従った．また，アメリカ数学会から2000年3月に出版されたグラスマンの著書の英訳『Extension Theory』も参考にした．）

筆　算　基本変形を行列式，行列方程式などを計算するための筆算と位置づける．小学生のときから慣れ親しんできた“筆算”を思い出してほしい．5章および8章において

（『Extension Theory』から）

筆算の方法を学ぶ．9章以降最終章のジョルダン標準形までに種々の新しい概念に出会う．これらを初等的に説明し，演習問題を筆算で解決できるようにしている．

本書では次のことを心がけた．

▶諸概念に感覚的になじめるようイメージ図を多く差し込む．

▶例を多くする．

▶演習問題には問題の性格を表すため，副題をつける．学生間で演習問題について話すとき，副題の一言で何について議論しているかがわかるであろう．

参考文献　上記のクライン，グラスマンの著書以外に，歴史的流れを『ボイヤー：数学の歴史 5』朝倉書店（1999年），『カジョリ：数学史 下』津軽書房（昭和49年），近藤基吉・伊関清志共著『近代数学［上］』日本評論社（1982年）に学び，行列式の階数という用語は藤原松三郎著『代數學［第一巻］』内田老鶴圃新社（昭和41年，第11版）に従った．

謝　辞　本書の仮本を教科書として利用し，いろいろと有益なご注意をいただいた九州工業大学工学部数学教室の同僚諸氏，とくに三村文武氏に記してお礼を申し上げる．学生諸君にも謝辞を送らねばならない．彼らとの話は大いに参考になった．執筆のはじめから本書ができるまで，辛抱強く，いろいろなお世話をしてくださった学術図書出版社の発田孝夫氏に心から感謝したい．

2001年8月

久保 富士男

第2版にあたり

初版ではグラスマンの線形代数のアイデアが初学者にもすっかりわかるように書き下ろした．約20年にわたり，大学の線形代数の教科書・参考書，大学院の講義および公演などの題材として用いてきた．外積代数の源である“組合せ乗積”を用いた行列式の導入により，大学新入生が無理なく行列式の定義・性質を理解し，その計算をこなせることを見てきた．学生の組合せ乗積への柔軟性な接し方には目を見張るものがある．これは，第4.1節の1つの例で，行列式による連立一次方程式の解法のカラクリ（アイデア）がすっかり理解できるからであろう．また，放送大学面接授業においては，受講生の方から「シナプスが増えた」とか「外積はこういうものだったのか」などのご意見を頂いた．世代を超えて初版の意図を理解して頂いていると思っている．

広島工業大学の同僚の勧めもあり，第2版をしたためる機会を得た．この場を借りてお礼申し上げます．さらに，初版の組合せの演算記号 $a \circ b$ を現在の汎用性のある $a \wedge b$ に書き換えたほうがよいとの意見も頂いた．初学者が馴染めないのではないかと躊躇したが，学生たちの「問題ありません」の一言が後押しとなり書き換えることとした．そして一次写像を線形写像に変更した．これら変更が，線形代数およびその応用に興味をもたれているより多くの読者への一助になれば幸いです．

本書は通年の授業に対応しているが，第1-9章および第16-17章から行列，行列式，行列の対角化の項目を抽出して半期で終えることも可能である．

2020年3月

久 保 富 士 男

もくじ

1 行列

1.1 行　列……1
1.2 行列の中の行列……4
1.3 行列の相等，加法とスカラー倍……5
演習問題……6

2 行列の積

2.1 行列の積の定義……7
2.2 連立一次方程式の表し方……8
2.3 行列の計算……9
2.4 行列の分割による積の計算……11
2.5 逆行列と転置行列……13
演習問題……15

3 列ベクトルと幾何ベクトル

3.1 列ベクトルと幾何ベクトル……17
3.2 空間内の直線と平面の方程式……19
3.3 列ベクトルの内積……21
3.4 3項実列ベクトルにおける外積……24
演習問題……27

4 行列式の定義

4.1 グラスマンの組合せ乗積……28
4.2 組合せ乗積の計算法と立体アミダくじ……30
4.3 行列式の定義……36
演習問題……41

5 行列式の性質

5.1 行列式の定義からただちに導かれる性質 ……44
5.2 転置行列の行列式 ……47
演 習 問 題……50

6 行列式の展開と行列の積の行列式

6.1 行 列 式 の 展 開 ……52
6.2 行列の積の行列式 ……57
演 習 問 題……59

7 クラーメルの公式

7.1 クラーメルの公式 ……61
7.2 逆行列の求め方（行列式）……63
演 習 問 題……65

8 連立一次方程式と掃き出し法

8.1 掃 き 出 し 法 ……66
8.2 基 本 行 列……71
8.3 行列方程式の解および逆行列の求め方（掃き出し法）……75
演 習 問 題……78

9 行列の階数と斉次連立一次方程式

9.1 行列の階数と掃き出し法 ……80
9.2 行列の階数と小行列式 ……82
9.3 行列の階数の性質 ……86
演 習 問 題……87

10 ベクトル空間と部分空間

10.1 ベクトル空間と部分空間……89
10.2 部分空間……92
演習問題……97

11 ベクトルの一次関係

11.1 一次独立と一次従属……100
11.2 列ベクトルの一次関係式……103
11.3 一次関係の形式的な行列表示……105
演習問題……108

12 ベクトル空間の次元と基底

12.1 ベクトル空間の次元と基底の定義……110
12.2 部分空間の次元と基底……115
12.3 基底の変換……118
12.4 座標……119
演習問題……122

13 一次写像

13.1 一次写像……125
13.2 一次写像と行列……129
13.3 一次写像と部分空間……136
13.4 像の次元と表現行列の階数……140
演習問題……143

14 内積空間

14.1 内積……145
14.2 正規直交基底……149
演習問題……155

15 直交変換，正射影と対称変換

15.1 直 交 変 換 …… 158
15.2 正 射 影 …… 162
15.3 対 称 変 換 …… 163
演 習 問 題 …… 165

16 固有値と正方行列の対角化

16.1 固有値と固有ベクトル …… 166
16.2 正方行列の対角化可能性 …… 171
16.3 対角化問題作成のカラクリ …… 174
演 習 問 題 …… 175

17 実対称行列の直交行列による対角化

17.1 実対称行列の直交行列による対角化 …… 177
17.2 実 二 次 形 式 …… 182
17.3 実対称行列のスペクトル分解 …… 185
演 習 問 題 …… 188

18 ジョルダンの標準形

18.1 ケーリー-ハミルトンの定理 …… 189
18.2 一般固有空間と E の射影行列による分解 …… 191
18.3 ジョルダンの標準形 …… 193
18.4 ジョルダンの標準形の求め方 …… 197
演 習 問 題 …… 203

演習問題の略解 …… 205
索 引 …… 220

1 行　列

1.1 行　列

$m\times n$ 個の数 $a_{ij}\,(i=1,\cdots,m\,;\,j=1,\cdots,n)$ を

$$\begin{pmatrix} a_{11} & a_{12} & \cdots & a_{1n} \\ a_{21} & a_{22} & \cdots & a_{2n} \\ & & \cdots & \\ a_{m1} & a_{m2} & \cdots & a_{mn} \end{pmatrix}$$

のように長方形に配列したものを $\boldsymbol{m}\times\boldsymbol{n}$ **行列**，または $\boldsymbol{m}\times\boldsymbol{n}$ **型の行列**という．$a_{11},\cdots,a_{mn}$ を行列の**成分**という．横に並んだ n 個の数の組を上から順に，第1行，…，第 m 行，縦に並んだ m 個の数の組を左から順に，第1列，…，第 n 列という．行列の第 i 行と第 j 列の交点の位置にある成分 a_{ij} を $(\boldsymbol{i},\boldsymbol{j})$ **成分**という．

例 1　行列 $A=\begin{pmatrix} 1 & 0 & 3 \\ 4 & 2 & -1 \end{pmatrix}$ は 2×3 行列，または 2×3 型の行列である．A の $(1,1)$ 成分は 1，$(1,2)$ 成分は 0，…，$(2,3)$ 成分は -1 である．

成分がすべて実数の行列を**実行列**といい，複素数も許されるとき**複素行列**という．行列の成分として数式，関数や行列などをとることもある．

行列は A,B などの大文字，または $(a_{ij}),(b_{ij})$ などによって表される．

$n\times n$ 行列を n 次の**正方行列**という．正方行列

$$A=\begin{pmatrix} a_{11} & a_{12} & \cdots & a_{1n} \\ a_{21} & a_{22} & \cdots & a_{2n} \\ \vdots & \vdots & \ddots & \vdots \\ a_{n1} & a_{n2} & \cdots & a_{nn} \end{pmatrix}$$

において，左上から右下に向かう対角線を A の**主対角線**，その上に並ぶ成分 $a_{11}, a_{22}, \cdots, a_{nn}$ を**対角成分**または**対角要素**という．

$n\times 1$ 型の行列，すなわち 1 つの列だけをもつ行列

$$\begin{pmatrix} a_1 \\ a_2 \\ \vdots \\ a_n \end{pmatrix}$$

を **n 項列ベクトル**，$1\times n$ 型の行列

$$(b_1 \quad b_2 \quad \cdots \quad b_n)$$

を **n 項行ベクトル**という．行ベクトルと列ベクトルをあわせて**数ベクトル**ともいう．これらのベクトルは小文字の太字 $\boldsymbol{a}, \boldsymbol{b}$ などで表す．また，成分を上または左から順に第 1 成分，…，第 n 成分という．たとえば，$\boldsymbol{a} = (1 \quad 0 \quad 3)$ は 3 項行ベクトル，$\boldsymbol{b} = \begin{pmatrix} 1 \\ 4 \end{pmatrix}$ は 2 項列ベクトルである．

行列やベクトルに対して数を**スカラー**という．本書では，スカラーは実数または複素数とする．

基本となる行列　すべての成分が 0 である $m\times n$ 行列を $m\times n$ 型の**零行列**といい，O_{mn} で表す．混同のおそれがないときには，単に O と書くこともある．また，すべての成分が 0 である数ベクトルは $\mathbf{0}$ で表す：

$$O_{23} = \begin{pmatrix} 0 & 0 & 0 \\ 0 & 0 & 0 \end{pmatrix}, \qquad \mathbf{0} = \begin{pmatrix} 0 \\ \vdots \\ 0 \end{pmatrix}.$$

次のように定義される記号 δ_{ij} を**クロネッカーのデルタ**とよぶ：

$$\delta_{ij} = \begin{cases} 1 & (i = j) \\ 0 & (i \neq j) \end{cases}.$$

n 次正方行列で，(i, j) 成分が δ_{ij} に等しい行列を n 次の**単位行列**といい，E_n で表す．混同のおそれがないときは，単に E と書くこともある：

$$E_2 = \begin{pmatrix} \delta_{11} & \delta_{12} \\ \delta_{21} & \delta_{22} \end{pmatrix} = \begin{pmatrix} 1 & 0 \\ 0 & 1 \end{pmatrix}, \qquad E_3 = \begin{pmatrix} 1 & 0 & 0 \\ 0 & 1 & 0 \\ 0 & 0 & 1 \end{pmatrix}.$$

正方行列 $A=(a_{ij})$ の主対角線の下側（上側）の部分にある成分がすべて 0 であるとき，すなわち $i>j$ ならばつねに $a_{ij}=0$（$i<j$ ならばつねに $a_{ij}=0$）となっているとき，A を**上三角行列**（**下三角行列**）といい，これらをあわせて**三角行列**という．たとえば，

$$\begin{pmatrix} 1 & -1 & 0 \\ 0 & 2 & 1 \\ 0 & 0 & 3 \end{pmatrix}, \qquad \begin{pmatrix} 1 & 0 & 0 \\ 2 & -1 & 0 \\ 1 & 2 & 3 \end{pmatrix}$$

はそれぞれ上三角行列，下三角行列である．A の対角成分以外の成分がすべて 0 であるとき，すなわち $i \neq j$ であればつねに $a_{ij}=0$ となっているとき，A を**対角行列**とよぶ．たとえば，

$$\begin{pmatrix} 1 & 0 & 0 \\ 0 & -1 & 0 \\ 0 & 0 & 5 \end{pmatrix}, \qquad \begin{pmatrix} 2 & 0 & 0 \\ 0 & 2 & 0 \\ 0 & 0 & 2 \end{pmatrix}$$

などは対角行列である．

$m \times n$ 行列 A の行と列を交換してできる $n \times m$ 行列を A の**転置行列**といい，${}^tA$ と書く：

$$A = \begin{pmatrix} a_{11} & a_{12} & \cdots & a_{1n} \\ a_{21} & a_{22} & \cdots & a_{2n} \\ & & \cdots & \\ a_{m1} & a_{m2} & \cdots & a_{mn} \end{pmatrix} \quad \text{のとき} \quad {}^tA = \begin{pmatrix} a_{11} & a_{21} & \cdots & a_{m1} \\ a_{12} & a_{22} & \cdots & a_{m2} \\ & & \cdots & \\ a_{1n} & a_{2n} & \cdots & a_{mn} \end{pmatrix}.$$

すなわち，

$$A=(a_{ij}), \qquad {}^tA=(a_{ij}') \quad \text{であれば} \quad a_{ij}'=a_{ji} \tag{1.1-1}$$

がすべての $i=1,\cdots,m$；$j=1,\cdots,n$ について成り立つ．

例 2 ${}^t\begin{pmatrix} 1 & -1 & 0 \\ 2 & 3 & 4 \end{pmatrix} = \begin{pmatrix} 1 & 2 \\ -1 & 3 \\ 0 & 4 \end{pmatrix}, \qquad {}^t(1 \ \ 2 \ \ 3) = \begin{pmatrix} 1 \\ 2 \\ 3 \end{pmatrix}, \qquad {}^t(3)=(3)$ ▮

1.2 行列の中の行列

$m\times n$ 行列 A のいくつかの行と列を除いてできる行列を A の**部分行列**とよぶ．A 自身も A から 0 個の行と 0 個の列を除いた行列と考えて，部分行列の中に含めることにする．行列 A の構造を明らかにするため，A の部分行列について調べるのは自然であろう．

例 3 $A=\begin{pmatrix}1&2&3&4\\5&6&7&8\\9&0&-1&-2\end{pmatrix}$ の部分行列をいくつかあげよう：

$$(6),\quad \begin{pmatrix}2\\6\\0\end{pmatrix},\quad \begin{pmatrix}1&3\\5&7\end{pmatrix},\quad \begin{pmatrix}1&2&3\\5&6&7\\9&0&-1\end{pmatrix},\quad A.$$

▮

行列の分割 行列を部分行列に分割し，部分行列をあたかも成分であるかのように考える．大きいサイズの行列を扱う場合に有効である．行列をいくつかの縦線と横線により区切って，いくつかの部分行列に分けることを**行列の分割**という．

例 4 A を例 3 の 3×4 行列とする．

(1) $A_{11}=\begin{pmatrix}1&2&3\\5&6&7\end{pmatrix}$, $A_{12}=\begin{pmatrix}4\\8\end{pmatrix}$
$A_{21}=(9\quad 0\quad -1)$, $A_{22}=(-2)$ とおくと $A=\begin{pmatrix}A_{11}&A_{12}\\A_{21}&A_{22}\end{pmatrix}$

である．また，${}^tA=\begin{pmatrix}{}^tA_{11}&{}^tA_{21}\\{}^tA_{12}&{}^tA_{22}\end{pmatrix}$ が成り立つ．

(2) A の列ベクトルを左から順に $\boldsymbol{a}_1,\boldsymbol{a}_2,\boldsymbol{a}_3,\boldsymbol{a}_4$，行ベクトルを上から順に $\boldsymbol{b}_1,\boldsymbol{b}_2,\boldsymbol{b}_3$ とすれば，

$$A=(\boldsymbol{a}_1\quad \boldsymbol{a}_2\quad \boldsymbol{a}_3\quad \boldsymbol{a}_4),\qquad A=\begin{pmatrix}\boldsymbol{b}_1\\\boldsymbol{b}_2\\\boldsymbol{b}_3\end{pmatrix}$$

と表される．これらを，それぞれ A の**列ベクトル分割**，**行ベクトル分割**という．

▮

1.3 行列の相等，加法とスカラー倍

行列の相等　2つの行列 $A=(a_{ij})$ と $B=(b_{ij})$ において，A と B が同じ型であって，対応するすべての成分が等しいとき，すなわち

$$a_{ij}=b_{ij}$$

がすべての i,j について成り立つとき，A と B は**等しい**といい，$A=B$ と書く.

行列の和と差　2つの $m\times n$ 行列 $A=(a_{ij})$ と $B=(b_{ij})$ に対して

$$c_{ij}=a_{ij}+b_{ij},\quad d_{ij}=a_{ij}-b_{ij}\quad(i=1,\cdots,m\,;\ j=1,\cdots,n)$$

を (i,j) 成分とする行列 $C=(c_{ij})$，$D=(d_{ij})$ をそれぞれ A と B の**和**，**差**といい，$A+B, A-B$ と表す.

例 5 $\begin{pmatrix}1&2&3\\5&1&2\end{pmatrix}+\begin{pmatrix}1&-1&0\\0&-2&3\end{pmatrix}=\begin{pmatrix}1+1&2-1&3+0\\5+0&1-2&2+3\end{pmatrix}=\begin{pmatrix}2&1&3\\5&-1&5\end{pmatrix}$,

$$\begin{pmatrix}2&3&1\\4&2&0\end{pmatrix}-\begin{pmatrix}1&0&-1\\5&-1&3\end{pmatrix}=\begin{pmatrix}2-1&3-0&1-(-1)\\4-5&2-(-1)&0-3\end{pmatrix}$$

$$=\begin{pmatrix}1&3&2\\-1&3&-3\end{pmatrix}$$ ■

行列の加法について次のことが成り立つことは，定義よりただちにわかる：

- 交換法則　$A+B=B+A$
- 結合法則　$(A+B)+C=A+(B+C)$
- $A+O=O+A=A,\quad A-A=O$

行列のスカラー倍　$m\times n$ 行列 $A=(a_{ij})$ と数（スカラー）k に対して

$$ka_{ij}\quad(i=1,\cdots,m\,;\ j=1,\cdots,n)$$

を (i,j) 成分とする行列を kA と表す．$(-1)A=-A$ と書くことにすれば，$A-B=A+(-B)$ が成り立つ.

任意の $m\times n$ 行列 A,B と任意の数 k,l について，次のことが成り立つことが定義より容易にわかる：

- $k(A+B) = kA+kB$
- $(k+l)A = kA+lA$
- $k(lA) = (kl)A$
- $1A = A$

例 6 以上のことから，A と B が同じ型の行列であるとき，次のような計算が可能である．

$$\begin{aligned} 3(A+B)-2(A-B) &= 3(A+B)+(-2)\{A+(-1)B\} \\ &= 3A+3B+(-2)A+(-2)((-1)B) \\ &= 3A+3B-2A+2B \\ &= A+5B \end{aligned}$$

■

演 習 問 題

［**1**］〈行列の成分〉

$A = \begin{pmatrix} 1 & 2 & -1 & 4 \\ 0 & -1 & 3 & 2 \\ -3 & 5 & 0 & 1 \end{pmatrix}$ とする．A の $(1,4)$ 成分，$(2,3)$ 成分および $(3,2)$ 成分をそれぞれいえ．

［**2**］〈行列の成分〉

$i = 1,2$；$j = 1,2,3$ に対して，(i,j) 成分 a_{ij} が次のように与えられる 2×3 行列を求めよ．

(1) $a_{ij} = i+j$　　(2) $a_{ij} = ij$　　(3) $a_{ij} = \delta_{1i}+\delta_{2j}-\delta_{3j}$

［**3**］〈行列の線形計算〉

$A = \begin{pmatrix} 1 & 2 & 0 \\ 2 & -1 & 1 \end{pmatrix}$，$B = \begin{pmatrix} 3 & 0 & 1 \\ 2 & 1 & 2 \end{pmatrix}$ とする．

(1) ${}^tX = 2A+B$ をみたす行列 X を求めよ．

(2) $X+2A = 2X+5B$ をみたす行列 X を求めよ．

(3) $2X-Y = A$，$X+2Y = B$ をみたす行列 X, Y を求めよ．

［**4**］〈部分行列の個数〉

$\begin{pmatrix} 1 & 2 & 0 \\ 3 & -1 & 4 \end{pmatrix}$ の部分行列の個数を求めよ．

2　行列の積

2.1　行列の積の定義

数の組 $(x, y), (x', y'), (x'', y'')$ の間に関係式

$$\begin{cases} x'' = a_{11}x' + a_{12}y' \\ y'' = a_{21}x' + a_{22}y' \end{cases}, \quad \begin{cases} x' = b_{11}x + b_{12}y \\ y' = b_{21}x + b_{22}y \end{cases} \quad (a_{ij}, b_{ij} \text{ は定数}) \tag{2.1-1}$$

が成り立っているとき，x'' と y'' は x と y を用いて

$$\begin{aligned} x'' &= a_{11}(b_{11}x + b_{12}y) + a_{12}(b_{21}x + b_{22}y) \\ &= (a_{11}b_{11} + a_{12}b_{21})x + (a_{11}b_{12} + a_{12}b_{22})y, \\ y'' &= a_{21}(b_{11}x + b_{12}y) + a_{22}(b_{21}x + b_{22}y) \\ &= (a_{21}b_{11} + a_{22}b_{21})x + (a_{21}b_{12} + a_{22}b_{22})y \end{aligned} \tag{2.1-2}$$

と表される．x, y, x', y' の係数に着目し，(2.1-1) から (2.1-2) を行列で表すと

$$\begin{pmatrix} a_{11} & a_{12} \\ a_{21} & a_{22} \end{pmatrix} \text{と} \begin{pmatrix} b_{11} & b_{12} \\ b_{21} & b_{22} \end{pmatrix} \quad \text{から} \quad \begin{pmatrix} a_{11}b_{11} + a_{12}b_{21} & a_{11}b_{12} + a_{12}b_{22} \\ a_{21}b_{11} + a_{22}b_{21} & a_{21}b_{12} + a_{22}b_{22} \end{pmatrix}$$

が現れたのである．この考察を拡張して行列の積を定義しよう．

$m \times n$ 行列 $A = (a_{ij})$ と $n \times l$ 行列 $B = (b_{ij})$ に対して

$$c_{ij} = \sum_{k=1}^{n} a_{ik}b_{kj} \quad (= a_{i1}b_{1j} + a_{i2}b_{2j} + \cdots + a_{in}b_{nj})$$

を (i, j) 成分とする $m \times l$ 行列 $C = (c_{ij})$ を行列 A と B の**積**といい，AB で表す：

$$\begin{pmatrix} \cdots & & \cdots & \\ a_{i1} & a_{i2} & \cdots & a_{in} \\ \cdots & & \cdots & \end{pmatrix}\begin{pmatrix} \vdots & b_{1j} & \vdots \\ & b_{2j} & \\ \vdots & \vdots & \vdots \\ & b_{nj} & \end{pmatrix}=\begin{pmatrix} \cdots & \cdots & \cdots \\ \cdots & c_{ij} & \cdots \\ \cdots & \cdots & \cdots \end{pmatrix}.$$

行列の積を用いて (2.1-1) から (2.1-2) を導いた様子を表現しよう．

$$A=\begin{pmatrix} a_{11} & a_{12} \\ a_{21} & a_{22} \end{pmatrix},\ B=\begin{pmatrix} b_{11} & b_{12} \\ b_{21} & b_{22} \end{pmatrix},\ \boldsymbol{x}=\begin{pmatrix} x \\ y \end{pmatrix},\ \boldsymbol{x}'=\begin{pmatrix} x' \\ y' \end{pmatrix},\ \boldsymbol{x}''=\begin{pmatrix} x'' \\ y'' \end{pmatrix}$$

とおく．このとき，

$$\underbrace{\boldsymbol{x}''=A\boldsymbol{x}',\ \boldsymbol{x}'=B\boldsymbol{x}}_{(2.1\text{-}1)} \text{ であれば } \underbrace{\boldsymbol{x}''=AB\boldsymbol{x}}_{(2.1\text{-}2)} \text{ となる}$$

のである．

例 1

$$\begin{pmatrix} 1 & 2 & 3 \\ 4 & 5 & 6 \end{pmatrix}\begin{pmatrix} a & d \\ b & e \\ c & f \end{pmatrix}=\begin{pmatrix} a+2b+3c & d+2e+3f \\ 4a+5b+6c & 4d+5e+6f \end{pmatrix},$$

$$\begin{pmatrix} 1 & 2 \end{pmatrix}\begin{pmatrix} 2 \\ 1 \end{pmatrix}=(4),\quad \begin{pmatrix} 1 \\ 2 \end{pmatrix}\begin{pmatrix} 1 & -1 \end{pmatrix}=\begin{pmatrix} 1 & -1 \\ 2 & -2 \end{pmatrix}$$

▮

2.2 連立一次方程式の表し方

n 個の未知数 $x_1, x_2, \cdots, x_n$ に関する連立一次方程式

$$\begin{cases} a_{11}x_1+a_{12}x_2+\cdots+a_{1n}x_n=b_1 \\ a_{21}x_1+a_{22}x_2+\cdots+a_{2n}x_n=b_2 \\ \qquad\cdots\cdots \\ a_{m1}x_1+a_{m2}x_2+\cdots+a_{mn}x_n=b_m \end{cases} \tag{2.2-1}$$

について，

$$A=\begin{pmatrix} a_{11} & a_{12} & \cdots & a_{1n} \\ a_{21} & a_{22} & \cdots & a_{2n} \\ & \cdots\cdots & & \\ a_{m1} & a_{m2} & \cdots & a_{mn} \end{pmatrix},\quad \boldsymbol{x}=\begin{pmatrix} x_1 \\ x_2 \\ \vdots \\ x_n \end{pmatrix},\quad \boldsymbol{b}=\begin{pmatrix} b_1 \\ b_2 \\ \vdots \\ b_m \end{pmatrix}$$

とおくと，(2.2-1) 式は行列の等式

$$A\boldsymbol{x}=\boldsymbol{b} \tag{2.2-2}$$

と表される．この A を連立一次方程式 (2.2-1) の**係数行列**という．

また，$\boldsymbol{a}_1 = \begin{pmatrix} a_{11} \\ \vdots \\ a_{m1} \end{pmatrix}$，$\boldsymbol{a}_2 = \begin{pmatrix} a_{12} \\ \vdots \\ a_{m2} \end{pmatrix}$，…，$\boldsymbol{a}_n = \begin{pmatrix} a_{1n} \\ \vdots \\ a_{mn} \end{pmatrix}$ とおくと，連立一次方程式 (2.2-1) は

$$x_1\boldsymbol{a}_1 + x_2\boldsymbol{a}_2 + \cdots + x_n\boldsymbol{a}_n = \boldsymbol{b} \tag{2.2-3}$$

の形の**ベクトル方程式**でも表すことができる．

本書では，この 2 つの表現方法をうまく使い分けるであろう．

2.3 行列の計算

加法，スカラー倍，積の混ざった行列の計算に必要な性質を述べておこう．

> **定理 1〈行列の計算〉**
>
> A, A' を $m\times n$ 行列，B, B' を $n\times p$ 行列，C を $p\times q$ 行列，k をスカラーとするとき，次が成り立つ：
>
> (1) $(AB)C = A(BC)$
>
> (2) $A(B+B') = AB+AB'$
>
> (3) $(A+A')B = AB+A'B$
>
> (4) $(kA)B = A(kB) = k(AB)$
>
> (5) $AE = A$，$EB = B$ （E は n 次単位行列）

証明 (1) $A = (a_{ij})$，$B = (b_{ij})$，$C = (c_{ij})$ とおく．$(AB)C$ と $A(BC)$ はともに $m\times q$ 行列で同じ型である．これらの (i, j) 成分が等しいことは次でわかる：

$(AB)C$ の (i, j) 成分

$= \sum_{k=1}^{p} \{(AB$ の (i, k) 成分$)$
$\times(C$ の (k, j) 成分$)\}$

$= \sum_{k=1}^{p} \left\{\left(\sum_{r=1}^{n} a_{ir}\, b_{rk}\right)c_{kj}\right\}$

$= \sum_{r=1}^{n} \left\{a_{ir}\left(\sum_{k=1}^{p} b_{rk}\, c_{kj}\right)\right\}$

（くくり変えた：図 2-1）

$= \sum_{r=1}^{n} \{(A$ の (i, r) 成分$)$
$\times(BC$ の (r, j) 成分$)\}$

$= A(BC)$ の (i, j) 成分．

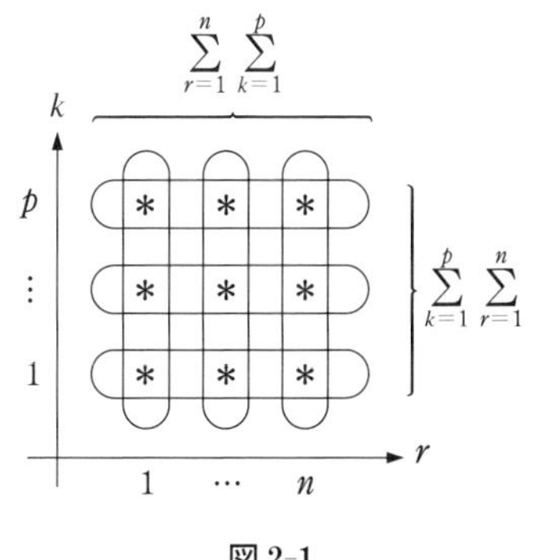

図 2-1

(2)　$A=(a_{ij})$，$B=(b_{ij})$，$B'=(b_{ij}{}')$ とおく．$A(B+B')$ と $AB+AB'$ はともに $m\times p$ 型である．これらの (i,j) 成分については

$$
\begin{aligned}
A(B+B')\text{ の }(i,j)\text{ 成分} &= \sum_{k=1}^{n} a_{ik}(b_{kj}+b_{kj}{}') \\
&= \sum_{k=1}^{n} a_{ik}b_{kj}+\sum_{k=1}^{n} a_{ik}b_{kj}{}' \\
&= \{AB\text{ の }(i,j)\text{ 成分}\}+\{AB'\text{ の }(i,j)\text{ 成分}\} \\
&= AB+AB'\text{ の }(i,j)\text{ 成分}
\end{aligned}
$$

が成り立つ．

(3),(4) も同じように示せる．また，(5) は明らかである．■

計算における注意　数などと異なり

- $AB \neq BA$
- $A \neq O$，$B \neq O$ であるが，$AB=O$ となる

ような行列 A,B があるので注意すべきである．たとえば $A=\begin{pmatrix}1&0\\0&0\end{pmatrix}\neq O$，$B=\begin{pmatrix}0&0\\1&0\end{pmatrix}\neq O$ とする．このとき，$AB=O$ であり，また $BA=\begin{pmatrix}0&0\\1&0\end{pmatrix}\neq AB$ となる．

$AB=BA$ が成り立つとき，行列 A と B は**交換可能**であるという．

例 2　正方行列 A を n 個掛け合わせた積を A^n と書き，A の n 乗という．また，$A^0=E$ とする．$A=\begin{pmatrix}1&-1\\-1&1\end{pmatrix}$，$B=\begin{pmatrix}1&1\\0&1\end{pmatrix}$ のとき，$X=(A^3+B)(A^4-B)$ を計算せよ．

解　$A^2=\begin{pmatrix}2&-2\\-2&2\end{pmatrix}=2A$ に気づけば，$n\geqq 2$ のとき

$$A^n=A^2A^{n-2}=2A^{n-1}=2^2A^{n-2}=\cdots=2^{n-1}A$$

がわかる．また，$AB=\begin{pmatrix}1&0\\-1&0\end{pmatrix}$，$BA=\begin{pmatrix}0&0\\-1&1\end{pmatrix}$ である．

$$
\begin{aligned}
X &= A^7+BA^4-A^3B-B^2=2^6A+2^3BA-2^2AB-B^2 \\
&= \begin{pmatrix}2^6&-2^6\\-2^6&2^6\end{pmatrix}+\begin{pmatrix}0&0\\-2^3&2^3\end{pmatrix}-\begin{pmatrix}2^2&0\\-2^2&0\end{pmatrix}-\begin{pmatrix}1&2\\0&1\end{pmatrix}=\begin{pmatrix}59&-66\\-68&71\end{pmatrix}
\end{aligned}
$$

■

2.4 行列の分割による積の計算

行列の分割を用いての行列の積の計算について述べよう．$m\times n$ 行列 $A=(a_{ij})$ を部分行列

$$A_{11}=\begin{pmatrix} a_{11} & \cdots & a_{1q} \\ \vdots & \cdots & \vdots \\ a_{p1} & \cdots & a_{pq} \end{pmatrix}, \qquad A_{12}=\begin{pmatrix} a_{1\,q+1} & \cdots & a_{1n} \\ \vdots & \cdots & \vdots \\ a_{p\,q+1} & \cdots & a_{pn} \end{pmatrix},$$

$$A_{21}=\begin{pmatrix} a_{p+1\,1} & \cdots & a_{p+1\,q} \\ \vdots & \cdots & \vdots \\ a_{m1} & \cdots & a_{mq} \end{pmatrix}, \quad A_{22}=\begin{pmatrix} a_{p+1\,q+1} & \cdots & a_{p+1\,n} \\ \vdots & \cdots & \vdots \\ a_{m\,q+1} & \cdots & a_{mn} \end{pmatrix}$$

に分割して，

$$A=\begin{pmatrix} \overbrace{A_{11}}^{q} & \overbrace{A_{12}}^{n-q} \\ A_{21} & A_{22} \end{pmatrix}\begin{matrix} \}p \\ \}m-p \end{matrix} \tag{2.4-1}$$

と表そう．同様にして，$n\times l$ 行列 B を

$$B=\begin{pmatrix} \overbrace{B_{11}}^{r} & \overbrace{B_{12}}^{l-r} \\ B_{21} & B_{22} \end{pmatrix}\begin{matrix} \}q \\ \}n-q \end{matrix} \tag{2.4-2}$$

[B_{11} は $q\times r$ 行列，B_{12} は $q\times(l-r)$ 行列，B_{21} は $(n-q)\times r$ 行列，B_{22} は $(n-q)\times(l-r)$ 行列] に分割する．

定理 2〈行列の分割による計算〉

$m\times n$ 行列 A と $n\times l$ 行列 B を (2.4-1),(2.4-2) のように分割したとき，

$$AB=\begin{pmatrix} \overbrace{A_{11}B_{11}+A_{12}B_{21}}^{r} & \overbrace{A_{11}B_{12}+A_{12}B_{22}}^{l-r} \\ A_{21}B_{11}+A_{22}B_{21} & A_{21}B_{12}+A_{22}B_{22} \end{pmatrix}\begin{matrix} \}p \\ \}m-p \end{matrix}$$

が成り立つ．

証明 AB と右辺の行列の (i,j) 成分を比較する．これらが等しいことを $1\leqq i\leqq p$，$r+1\leqq j\leqq l$ の場合のみ示そう．他の場合も同様に示せる．部分行列 A_{uv} , B_{uv} $(u, v=1,2)$ の (s,t) 成分をそれぞれ $A_{uv}(s,t)$，$B_{uv}(s,t)$ で表すことにする．このとき，

$$\begin{aligned} A_{11}(s,t)&=a_{st}, & A_{12}(s,t)&=a_{s\,q+t} \\ B_{12}(s,t)&=b_{s\,r+t}, & B_{22}(s,t)&=b_{q+s\,r+t} \end{aligned} \tag{♯}$$

が成り立つ．$j=r+w\ (w=1,\cdots,l-r)$ とおいて，次のように両辺の (i,j) 成分

が等しいことが示せる：

$$
\begin{aligned}
AB\text{ の }(i, r+w)\text{ 成分} &= \sum_{k=1}^{q} a_{ik}\, b_{k\, r+w} + \sum_{t=1}^{n-q} a_{i\, q+t}\, b_{q+t\, r+w} \\
&= \sum_{k=1}^{q} A_{11}(i,k)B_{12}(k,w) + \sum_{t=1}^{n-q} A_{12}(i,t)B_{22}(t,w) \quad ((\sharp)\text{より}) \\
&= (A_{11}B_{12}\text{ の }(i,w)\text{ 成分}) + (A_{12}B_{22}\text{ の }(i,w)\text{ 成分}) \\
&= A_{11}B_{12} + A_{12}B_{22}\text{ の }(i,w)\text{ 成分} \\
&= \text{定理の右辺の }(i, r+w)\text{ 成分}.
\end{aligned}
$$

■

例 3

$$
\left(\begin{array}{cc|c} 1 & 2 & -1 \\ 3 & 4 & -1 \\ \hline 0 & 0 & 5 \end{array}\right)
\left(\begin{array}{c|c} 1 & 0 \\ -1 & 0 \\ \hline 2 & 1 \end{array}\right)
$$

$$
= \left(\begin{array}{c|c}
\begin{pmatrix} 1 & 2 \\ 3 & 4 \end{pmatrix}\begin{pmatrix} 1 \\ -1 \end{pmatrix} + \begin{pmatrix} -1 \\ -1 \end{pmatrix}(2) & \begin{pmatrix} 1 & 2 \\ 3 & 4 \end{pmatrix}\begin{pmatrix} 0 \\ 0 \end{pmatrix} + \begin{pmatrix} -1 \\ -1 \end{pmatrix}(1) \\
\hline
(0 \quad 0)\begin{pmatrix} 1 \\ -1 \end{pmatrix} + (5)(2) & (0 \quad 0)\begin{pmatrix} 0 \\ 0 \end{pmatrix} + (5)(1)
\end{array}\right)
$$

$$
= \left(\begin{array}{c|c} -3 & -1 \\ -3 & -1 \\ \hline 10 & 5 \end{array}\right)
$$

■

例 4 A を $m\times n$ 行列，B を $n\times l$ 行列とする．$m = m_1+m_2$，$n = n_1+n_2+n_3$，$l = l_1+l_2$ とし，A と B を

$$
A = \begin{pmatrix} A_{11} & A_{12} & A_{13} \\ A_{21} & A_{22} & A_{23} \end{pmatrix}, \qquad B = \begin{pmatrix} B_{11} & B_{12} \\ B_{21} & B_{22} \\ B_{31} & B_{32} \end{pmatrix}
$$

$$
A_{ij}:\ m_i\times n_j\text{ 行列}, \qquad B_{jk}:\ n_j\times l_k\text{ 行列}
$$

と部分行列に分割したとき，A と B の積を

$$
AB = \begin{pmatrix} A_{11}B_{11}+A_{12}B_{21}+A_{13}B_{31} & A_{11}B_{12}+A_{12}B_{22}+A_{13}B_{32} \\ A_{21}B_{11}+A_{22}B_{21}+A_{23}B_{31} & A_{21}B_{12}+A_{22}B_{22}+A_{23}B_{32} \end{pmatrix}
$$

のように部分行列を用いて計算できる．■

例 5 A を $m\times n$ 行列，B を $n\times l$ 行列とする．B の列ベクトル分割 $B = (\boldsymbol{b}_1 \quad \boldsymbol{b}_2 \quad \cdots \quad \boldsymbol{b}_l)$ を用いて，行列の積 AB の列ベクトル分割

$$
AB = (A\boldsymbol{b}_1 \quad A\boldsymbol{b}_2 \quad \cdots \quad A\boldsymbol{b}_l)
$$

が得られる．■

2.5 逆行列と転置行列

A を n 次正方行列とする．

$$AB = BA = E \tag{2.5-1}$$

をみたす n 次正方行列 B が存在するとき，A は**正則**であるといい，B を A の**逆行列**とよんで，A^{-1} で表す．ここで，

(2.5-1) をみたす B が存在すればただ1つである

ことを確認しておこう．というのは，(2.5-1) をみたす B が2つ以上あれば，逆行列がそれらのどの B を指すのかがわからなくなるからである．いま1つの n 次正方行列 B' も (2.5-1)「$AB' = B'A = E$」をみたすとする．“ただ1つ”であることを知るには $B' = B$ を示せばよい．これは，

$$B' = B'E = B'(AB) = (B'A)B = EB = B$$

よりわかる．後に，等式 (2.5-1) の一部分

$AB = E$ が成り立てば，B は A の逆行列である

ことが示される (7.2節の系)．

例6 (1) $A = \begin{pmatrix} a & b \\ c & d \end{pmatrix}$ とおく．$ad-bc \neq 0$ のとき

$$A^{-1} = \frac{1}{ad-bc}\begin{pmatrix} d & -b \\ -c & a \end{pmatrix}$$

が成り立つ．

(2) $A = \begin{pmatrix} 1 & 2 \\ 1 & 2 \end{pmatrix}$ とする．$B = \begin{pmatrix} x & y \\ z & w \end{pmatrix}$ が $AB = E \cdots (*)$ をみたすとする．(*) の両辺の (1,1) 成分と (2,1) 成分を比較して $x+2z = 1$ かつ $x+2z = 0$ でなければならない．これは不合理である．よって，$AB = E$ をみたす行列 B は存在しないから A は正則行列でない．n 次正方行列が正則であるかないかの判定法を7.2節の定理2と8.3節の定理4で述べる．■

定理3〈逆行列と行列の積〉

(1) A が正則行列ならば A の逆行列も正則で

$$(A^{-1})^{-1} = A$$

が成り立つ．

(2) A と B がともに n 次正則行列ならば AB も正則で

$$(AB)^{-1} = B^{-1}A^{-1}$$

が成り立つ．

証明 (1) 逆行列の定義式 (2.5-1) は $AA^{-1} = A^{-1}A = E$ と表せる．式の順序を変えて $A^{-1}A = AA^{-1} = E$ と書いて (2.5-1) に適用すれば，A が A^{-1} の逆行列，したがって $A = (A^{-1})^{-1}$ がわかる．

(2) 定義式 (2.5-1) によれば，

$$(AB)(B^{-1}A^{-1}) = (B^{-1}A^{-1})(AB) = E \qquad (\sharp)$$

が成り立てば $B^{-1}A^{-1} = (AB)^{-1}$ が示されたことになる．(♯) は次のようにして確かめられる：

$$(AB)(B^{-1}A^{-1}) = A(BB^{-1})A^{-1} = AEA^{-1} = AA^{-1} = E,$$
$$(B^{-1}A^{-1})(AB) = B^{-1}(A^{-1}A)B = B^{-1}EB = B^{-1}B = E. \qquad ▮$$

最後に，行列の演算と転置行列の間に成り立つ関係について述べておこう．

定理 4〈転置行列と行列の積〉

(1) A と B を $m \times n$ 行列，k をスカラーとするとき

$${}^t(A+B) = {}^tA + {}^tB \quad \text{および} \quad {}^t(kA) = k\,{}^tA$$

が成り立つ．

(2) ${}^t({}^tA) = A$ が成り立つ．

(3) $m \times n$ 行列 A と $n \times l$ 行列 B について

$${}^t(AB) = {}^tB\,{}^tA$$

が成り立つ．

証明 (3) のみ示そう．(1) は同じように示され，(2) は明らかである．

${}^t(AB)$ と ${}^tB\,{}^tA$ はともに $l \times m$ 行列である．これらの (i,j) 成分が等しいことを示す．$A = (a_{ij})$，$B = (b_{ij})$，${}^tA = (a_{ij}')$ および ${}^tB = (b_{ij}')$ とおく．転置行列の定義式 (1.1-1) から $a_{ij}' = a_{ji}$，$b_{ij}' = b_{ji}$ である．

$$\begin{aligned} {}^t(AB) \text{ の } (i,j) \text{ 成分} &= AB \text{ の } (j,i) \text{ 成分} = \sum_{k=1}^{n} a_{jk}b_{ki} = \sum_{k=1}^{n} b_{ik}'a_{kj}' \\ &= {}^tB\,{}^tA \text{ の } (i,j) \text{ 成分} \end{aligned} \qquad ▮$$

演習問題

[5] 〈行列の積の計算〉

$A=\begin{pmatrix}1 & 0 & -1\\ 2 & 1 & 2\end{pmatrix}$, $B=\begin{pmatrix}1 & 1\\ 1 & -1\\ -1 & 2\end{pmatrix}$, および $X=\begin{pmatrix}1 & 1\\ c & d\\ e & f\end{pmatrix}$,

$Y=\begin{pmatrix}p & q & 1\\ r & s & 0\end{pmatrix}$ とする.

(1) $AB, BA, ABAB$ および $BABA$ を計算せよ.

(2) ${}^tB\,{}^tA$ および ${}^tA\,{}^tB$ を求めよ.

(3) $AX=E$, $YB=E$ をみたす X, Y を求めよ.

[6] 〈連立一次方程式の表示〉

連立一次方程式 $\begin{cases}2x+y-z=1\\ x \qquad +z=0\end{cases}$ の係数行列を求め，この方程式を行列の等式 (2.2-2) およびベクトル方程式 (2.2-3) で表せ.

[7] 〈A^n の計算〉

次の行列 A について，A^n を求めよ.

(1) $A=\begin{pmatrix}1 & 0 & 1\\ 0 & 1 & 0\\ 0 & 0 & 1\end{pmatrix}$ (2) $A=\begin{pmatrix}1 & 1 & 1\\ a & a & a\\ b & b & b\end{pmatrix}$

(3) $A=\begin{pmatrix}0 & 0 & a\\ 0 & a & 0\\ a & 0 & 0\end{pmatrix}$

[8] 〈A^n の計算 (A の分解)〉

$A=\begin{pmatrix}1 & 1\\ 4 & 1\end{pmatrix}$, $P_1=\dfrac{1}{4}\begin{pmatrix}2 & 1\\ 4 & 2\end{pmatrix}$, $P_2=\dfrac{1}{4}\begin{pmatrix}2 & -1\\ -4 & 2\end{pmatrix}$ とする.

(1) $A=3P_1-P_2$, $P_1{}^2=P_1$, $P_2{}^2=P_2$, $P_1P_2=P_2P_1=O$ を確かめよ.

(2) $A^4-27A+E$ を計算せよ.

(3) A^n を求めよ.

[9] 〈行列の分割による積の計算〉

A, B を $m\times n$ 行列とするとき，$(E_m \quad E_m)\begin{pmatrix}A & O_{mn}\\ O_{mn} & B\end{pmatrix}\begin{pmatrix}E_n\\ E_n\end{pmatrix}$ を計算せよ.

[10] 〈行列方程式 (行列の分割)〉

A, B を n 次正方行列とする.

$$\begin{pmatrix}E_n & O\\ E_n & E_n\end{pmatrix}\begin{pmatrix}A & B\\ B & A\end{pmatrix}X=\begin{pmatrix}A-B & B\\ O & A+B\end{pmatrix}$$

をみたす $2n$ 次正方行列 X のうち，E_n を用いて表されるものを1つ見つけよ.

[**11**] 〈逆行列と転置行列〉

(1) 正則な正方行列 A, B について $C=(AB)^{-1}$ とする．このとき，A^{-1}，B^{-1} を A, B および C を用いて表せ．

(2) 正方行列 A が正則であれば，${}^tA$ も正則であり，その逆行列 $({}^tA)^{-1}$ は ${}^t(A^{-1})$ と一致することを証明せよ．

[**12**] 〈逆行列と転置行列〉

$A=\begin{pmatrix}1&1&1\\0&1&1\\0&0&1\end{pmatrix}$，$B=\begin{pmatrix}1&-1&0\\0&1&-1\\0&0&1\end{pmatrix}$ とする．

(1) B が A の逆行列であることを確かめよ．

(2) ${}^tA$ の逆行列を求めよ．

[**13**] 〈逆行列の定義式〉

A を正方行列とする．

(1) $A^3-4A^2+5A-2E=O$ をみたすとき，A の逆行列を求めよ．

(2) $A^3=O$ をみたすとき，$E-A$ の逆行列を求めよ．

[**14**] 〈$\boldsymbol{A}^n$ の計算（対角行列の利用）〉

$A=\begin{pmatrix}2&1\\1&2\end{pmatrix}$，$P=\begin{pmatrix}1&1\\1&-1\end{pmatrix}$ とする．

(1) $P^{-1}AP$ を計算せよ．

(2) $(P^{-1}AP)^n=P^{-1}A^nP$ を利用して A^n を求めよ．

[**15**] 〈行列の分割による逆行列の求め方〉

A, B をそれぞれ m 次，n 次正則行列，C を $m\times n$ 行列とする．このとき，$\begin{pmatrix}A&C\\O_{nm}&B\end{pmatrix}^{-1}$ を A, B および C を用いて表せ．

3 列ベクトルと幾何ベクトル

3.1 列ベクトルと幾何ベクトル

n 項列ベクトルの和，スカラー倍はそれぞれ $n\times 1$ 型の行列の和，スカラー倍に従う．n 項列ベクトル $\boldsymbol{x}, \boldsymbol{y}$ およびスカラー k に対して，和 $\boldsymbol{x}+\boldsymbol{y}$ とスカラー倍 $k\boldsymbol{x}$ は

$$\boldsymbol{x}=\begin{pmatrix} x_1 \\ \vdots \\ x_n \end{pmatrix},\ \boldsymbol{y}=\begin{pmatrix} y_1 \\ \vdots \\ y_n \end{pmatrix} \quad \text{のとき} \quad \boldsymbol{x}+\boldsymbol{y}=\begin{pmatrix} x_1+y_1 \\ \vdots \\ x_n+y_n \end{pmatrix},\ k\boldsymbol{x}=\begin{pmatrix} kx_1 \\ \vdots \\ kx_n \end{pmatrix}$$

である．第 i 成分が 1，他の成分が 0 である n 項列ベクトルは**基本ベクトル**とよばれ，本書を通して基本的な役割を果たす．これらを

$$\boldsymbol{e}_1=\begin{pmatrix} 1 \\ 0 \\ \vdots \\ \vdots \\ 0 \end{pmatrix}, \quad \boldsymbol{e}_2=\begin{pmatrix} 0 \\ 1 \\ 0 \\ \vdots \\ 0 \end{pmatrix}, \quad \cdots, \quad \boldsymbol{e}_n=\begin{pmatrix} 0 \\ \vdots \\ \vdots \\ 0 \\ 1 \end{pmatrix} \tag{3.1-1}$$

と表す．

平面または空間において，点 P から点 Q へ向かう有向線分 $\overrightarrow{\mathrm{PQ}}$ を**幾何ベクトル**とよび，P をその始点，Q をその終点という．原点を O とする xyz 座標空間を固定して考えよう．x 軸，y 軸と z 軸上にそれぞれ点 $\mathrm{E}_1(1,0,0)$，$\mathrm{E}_2(0,1,0)$ と $\mathrm{E}_3(0,0,1)$ をとる．原点 O を始点，点 $\mathrm{P}(a,b,c)$ を終点とする幾何ベクトル $\overrightarrow{\mathrm{OP}}$ は

$$\overrightarrow{\mathrm{OP}}=a\overrightarrow{\mathrm{OE_1}}+b\overrightarrow{\mathrm{OE_2}}+c\overrightarrow{\mathrm{OE_3}} \tag{3.1-2}$$

と表される．これは形式的に行列の積を用いて

$$\overrightarrow{\mathrm{OP}} = (\overrightarrow{\mathrm{OE_1}} \quad \overrightarrow{\mathrm{OE_2}} \quad \overrightarrow{\mathrm{OE_3}})\begin{pmatrix} a \\ b \\ c \end{pmatrix} \tag{3.1-3}$$

のように表せる．ここに現れた 3 項実列ベクトル $\begin{pmatrix} a \\ b \\ c \end{pmatrix}$ を幾何ベクトル $\overrightarrow{\mathrm{OP}}$ の**成分表示**という．これらの列ベクトルと幾何ベクトルを同一視することにすれば，(3.1-3) から

$$\overrightarrow{\mathrm{OE_1}} = \begin{pmatrix} 1 \\ 0 \\ 0 \end{pmatrix} = \boldsymbol{e}_1,$$

$$\overrightarrow{\mathrm{OE_2}} = \begin{pmatrix} 0 \\ 1 \\ 0 \end{pmatrix} = \boldsymbol{e}_2,$$

$$\overrightarrow{\mathrm{OE_3}} = \begin{pmatrix} 0 \\ 0 \\ 1 \end{pmatrix} = \boldsymbol{e}_3$$

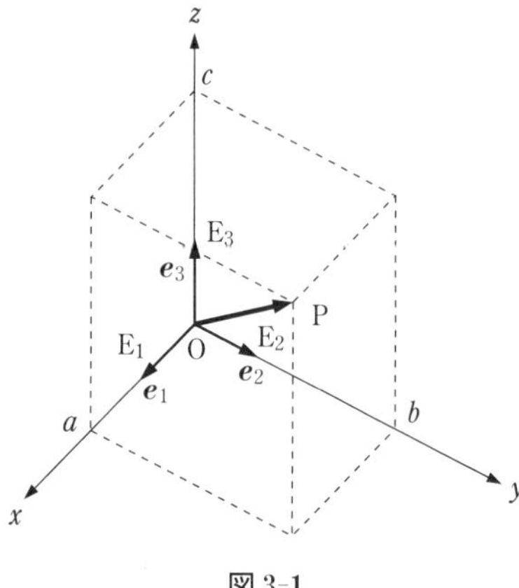

図 3-1

が成り立つ．したがって，(3.1-2) と (3.1-3) を列ベクトルで書き換えると

$$\begin{pmatrix} a \\ b \\ c \end{pmatrix} = a\boldsymbol{e}_1 + b\boldsymbol{e}_2 + c\boldsymbol{e}_3 = (\boldsymbol{e}_1 \quad \boldsymbol{e}_2 \quad \boldsymbol{e}_3)\begin{pmatrix} a \\ b \\ c \end{pmatrix}$$

になる．

例 1　始点を $\mathrm{P}(p_1, p_2, p_3)$，終点を $\mathrm{Q}(q_1, q_2, q_3)$ とする幾何ベクトル $\overrightarrow{\mathrm{PQ}}$ の成

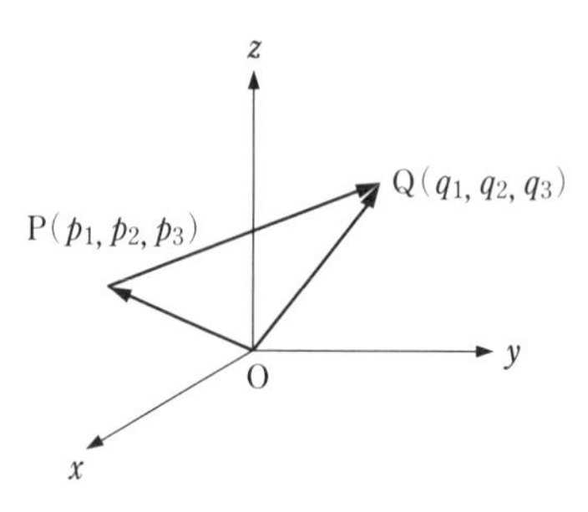

図 3-2

分表示を求めよう．

$$\begin{aligned}\overrightarrow{\mathrm{PQ}} &= \overrightarrow{\mathrm{OQ}}-\overrightarrow{\mathrm{OP}} \\ &= (q_1-p_1)\overrightarrow{\mathrm{OE_1}}+(q_2-p_2)\overrightarrow{\mathrm{OE_2}}+(q_3-p_3)\overrightarrow{\mathrm{OE_3}}\end{aligned}$$

から，$\overrightarrow{\mathrm{PQ}}=\begin{pmatrix} q_1-p_1 \\ q_2-p_2 \\ q_3-p_3 \end{pmatrix}$ である（図 3-2）． ▒

3.2　空間内の直線と平面の方程式

原点を O とする xyz 座標空間内の図形を考えよう．

直線の方程式　　異なる 2 点 $\mathrm{A}(a_1, a_2, a_3)$ と $\mathrm{B}(b_1, b_2, b_3)$ を通る直線 l 上の点を $\mathrm{P}(x, y, z)$ とする．媒介変数（パラメーター）t を用いての直線 l のベクトル方程式は

$$\overrightarrow{\mathrm{OP}} = t\overrightarrow{\mathrm{AB}}+\overrightarrow{\mathrm{OA}}$$

あるいは

$$\begin{pmatrix} x \\ y \\ z \end{pmatrix} = t\begin{pmatrix} b_1-a_1 \\ b_2-a_2 \\ b_3-a_3 \end{pmatrix}+\begin{pmatrix} a_1 \\ a_2 \\ a_3 \end{pmatrix}$$

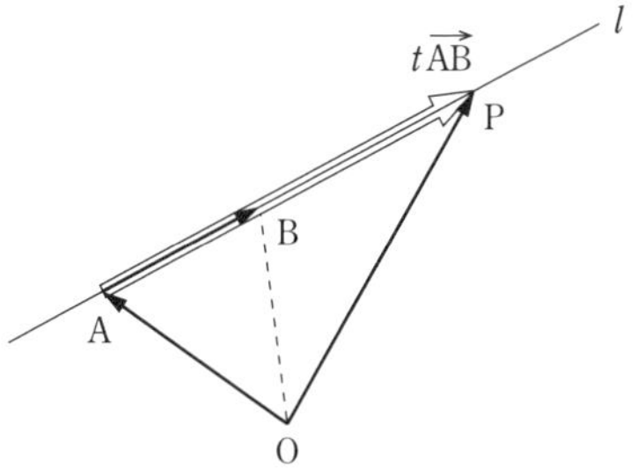

図 3-3

である．後者から，直線 l の媒介変数表示

$$\begin{cases} x = (b_1-a_1)t+a_1 \\ y = (b_2-a_2)t+a_2 \\ z = (b_3-a_3)t+a_3 \end{cases}$$

が導かれる．この 3 つの式を t について解くことにより，xyz 座標での直線 l の方程式

$$\frac{x-a_1}{b_1-a_1} = \frac{y-a_2}{b_2-a_2} = \frac{z-a_3}{b_3-a_3} \qquad (3.2\text{-}1)$$

を得る．(3.2-1) において，分母が 0 となる項については，その項の分子が 0 であるものとする．

例 2　2 点 $\mathrm{A}(1,-1,3)$ と $\mathrm{B}(2,1,0)$ を通る直線 l の媒介変数表示と xyz 座標を用いた l の方程式を求めよ．

解　直線 l 上の点を $\mathrm{P}(x,y,z)$ とする．ベクトル方程式 $\overrightarrow{\mathrm{OP}}=t\overrightarrow{\mathrm{AB}}+\overrightarrow{\mathrm{OA}}$ より

$$\begin{pmatrix} x \\ y \\ z \end{pmatrix}=t\begin{pmatrix} 1 \\ 2 \\ -3 \end{pmatrix}+\begin{pmatrix} 1 \\ -1 \\ 3 \end{pmatrix},\ \text{よって媒介変数表示}\ \begin{cases} x=t+1 \\ y=2t-1 \\ z=-3t+3 \end{cases}$$

が導かれる．ゆえに，$t=x-1=(y+1)/2=(z-3)/(-3)$ から

$$\frac{x-1}{1}=\frac{y+1}{2}=\frac{z-3}{-3}$$

を得る．■

平面の方程式　同一直線上にない 3 点 $\mathrm{A}(a_1,a_2,a_3)$，$\mathrm{B}(b_1,b_2,b_3)$ と $\mathrm{C}(c_1,c_2,c_3)$ を通る平面 π 上の点を $\mathrm{P}(x,y,z)$ とする．2 つの媒介変数 s,t を用いた平面 π のベクトル方程式は

$$\overrightarrow{\mathrm{OP}}=s\overrightarrow{\mathrm{AB}}+t\overrightarrow{\mathrm{AC}}+\overrightarrow{\mathrm{OA}}$$

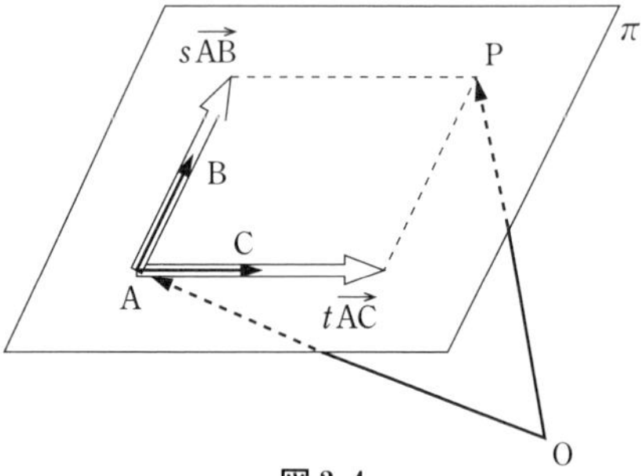

図 3-4

あるいは

$$\begin{pmatrix} x \\ y \\ z \end{pmatrix}=s\begin{pmatrix} b_1-a_1 \\ b_2-a_2 \\ b_3-a_3 \end{pmatrix}+t\begin{pmatrix} c_1-a_1 \\ c_2-a_2 \\ c_3-a_3 \end{pmatrix}+\begin{pmatrix} a_1 \\ a_2 \\ a_3 \end{pmatrix}$$

である．$p_i=b_i-a_i$，$q_i=c_i-a_i\ (i=1,2,3)$ とおけば，後者は

$$\begin{cases} x=p_1s+q_1t+a_1 \\ y=p_2s+q_2t+a_2 \\ z=p_3s+q_3t+a_3 \end{cases}$$

と表せる．これら 3 つの式の適当な 2 つから s と t を x,y,z および p_i,q_i,a_i で表し，それらを残りの 1 つの式に代入することにより，平面 π の方程式

$$\begin{vmatrix} p_2 & q_2 \\ p_3 & q_3 \end{vmatrix}(x-a_1)-\begin{vmatrix} p_1 & q_1 \\ p_3 & q_3 \end{vmatrix}(y-a_2)+\begin{vmatrix} p_1 & q_1 \\ p_2 & q_2 \end{vmatrix}(z-a_3)=0 \quad (3.2\text{-}2)$$

が導かれる．ここで，

$$\begin{vmatrix} p_i & q_i \\ p_j & q_j \end{vmatrix} = p_i q_j - q_i p_j \tag{3.2-3}$$

と表した．

補足　第4章から第7章において議論する行列式を学べば，(3.2-2) 式が3次の行列式を用いて

$$\begin{vmatrix} x-a_1 & b_1-a_1 & c_1-a_1 \\ y-a_2 & b_2-a_2 & c_2-a_2 \\ z-a_3 & b_3-a_3 & c_3-a_3 \end{vmatrix} = 0$$

と表されることがわかる (6.1節の定理1)．行列式の計算に慣れた後であれば，この式は記憶しやすい形である．

例3　3点 A(1,1,0), B(0,1,1) と C(1,0,1) を通る平面 π の方程式を求めよ．

解　$\begin{pmatrix} p_1 \\ p_2 \\ p_3 \end{pmatrix} = \overrightarrow{\mathrm{AB}} = \begin{pmatrix} -1 \\ 0 \\ 1 \end{pmatrix}$, $\begin{pmatrix} q_1 \\ q_2 \\ q_3 \end{pmatrix} = \overrightarrow{\mathrm{AC}} = \begin{pmatrix} 0 \\ -1 \\ 1 \end{pmatrix}$ である．これを (3.2-2) 式に代入すれば，

$$\begin{vmatrix} 0 & -1 \\ 1 & 1 \end{vmatrix}(x-1) - \begin{vmatrix} -1 & 0 \\ 1 & 1 \end{vmatrix}(y-1) + \begin{vmatrix} -1 & 0 \\ 0 & -1 \end{vmatrix}(z-0) = 0$$

である．よって，求める方程式は，$x+y+z=2$ である．　■

3.3　列ベクトルの内積

和やスカラー倍をもつ n 項列ベクトル全体のつくる空間に，“展開” などの算術的計算が可能である積を導入しよう．

　　この積はその代数的計算により，幾何学的証明や
　　構成を与えるものである．　(3.3-1)

この節では，スカラーはすべて実数とする．

標準内積　**グラスマン** (H. Grassmann, 1809-1877) は2つの n 項実列ベクトル $\boldsymbol{x}, \boldsymbol{y}$ に対して，**標準内積** $\boldsymbol{x} \cdot \boldsymbol{y}$ を

$$\boldsymbol{x} = \begin{pmatrix} x_1 \\ \vdots \\ x_n \end{pmatrix},\ \boldsymbol{y} = \begin{pmatrix} y_1 \\ \vdots \\ y_n \end{pmatrix} \text{のとき,} \quad \boldsymbol{x}\cdot\boldsymbol{y} = x_1y_1 + x_2y_2 + \cdots + x_ny_n \tag{3.3-2}$$

と定めた（注：グラスマンはこれを内積とよんだ）．また，本書では標準内積をギッブス（J. W. Gibbs, 1839-1903）の記法“・”を用いて表す．標準内積において，代数的計算

$$\boldsymbol{a}\cdot(\boldsymbol{b}+\boldsymbol{c}) = \boldsymbol{a}\cdot\boldsymbol{b}+\boldsymbol{a}\cdot\boldsymbol{c}$$

などが可能であることは明らかである（考え方（3.3-1））．

列ベクトルの長さと2つの列ベクトルのなす角の構成　n 項実ベクトル $\boldsymbol{x}$ の**長さ**を $\|\boldsymbol{x}\|$ と書き，

$$\|\boldsymbol{x}\| = \sqrt{\boldsymbol{x}\cdot\boldsymbol{x}} \quad (\text{ゆえに，} \boldsymbol{x}\cdot\boldsymbol{x} = \|\boldsymbol{x}\|^2) \tag{3.3-3}$$

と定める．$\boldsymbol{x} = {}^t(x_1 \quad \cdots \quad x_n)$ であれば $\boldsymbol{x}\cdot\boldsymbol{x} = {x_1}^2+\cdots+{x_n}^2$ であるから，

$$\|\boldsymbol{x}\| = \sqrt{{x_1}^2+\cdots+{x_n}^2}$$

と表せる．$\|\boldsymbol{x}\| = 1$ であるベクトルを**単位ベクトル**という．次に2つの $\boldsymbol{0}$ でない n 項実列ベクトル $\boldsymbol{x}, \boldsymbol{y}$ に対して，$\boldsymbol{x}$ と $\boldsymbol{y}$ のなす**角** θ を

$$\cos\theta = \frac{\boldsymbol{x}\cdot\boldsymbol{y}}{\|\boldsymbol{x}\|\|\boldsymbol{y}\|} \quad (0 \leqq \theta \leqq \pi) \tag{3.3-4}$$

で定める．

標準内積の幾何学的意味　3項実列ベクトル $\boldsymbol{x}, \boldsymbol{y}$ についての次の2つの式は，（3.3-5）が長さと標準内積に関する恒等式，（3.3-6）が三角形について成り立つ余弦定理である（図3-5）：

$$\|\boldsymbol{y}-\boldsymbol{x}\|^2 = \|\boldsymbol{y}\|^2+\|\boldsymbol{x}\|^2-2(\boldsymbol{x}\cdot\boldsymbol{y}), \tag{3.3-5}$$

$$\|\boldsymbol{y}-\boldsymbol{x}\|^2 = \|\boldsymbol{y}\|^2+\|\boldsymbol{x}\|^2-2\|\boldsymbol{x}\|\|\boldsymbol{y}\|\cos\theta. \tag{3.3-6}$$

これら2つの式を比較すれば，（3.3-4）が余弦定理と同等であることがわかる．また，（3.3-4）を

$$\boldsymbol{x}\cdot\boldsymbol{y} = \|\boldsymbol{x}\|\|\boldsymbol{y}\|\cos\theta \tag{3.3-7}$$

と書き改めることができる．とくに $\boldsymbol{x}$ が単位ベクトルのときは，$\boldsymbol{y}$ を $\boldsymbol{x}$ の上に正射影したベクトルは $(\boldsymbol{y}\cdot\boldsymbol{x})\boldsymbol{x}$ と表せる（図3-6）．

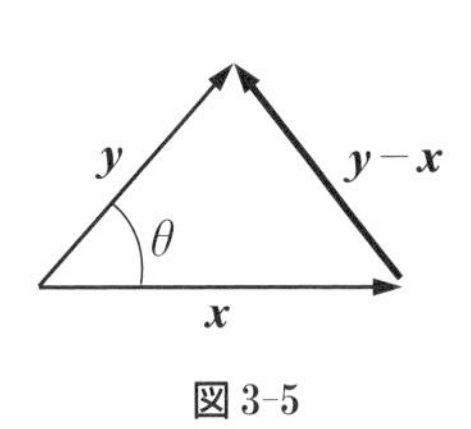

図 3-5

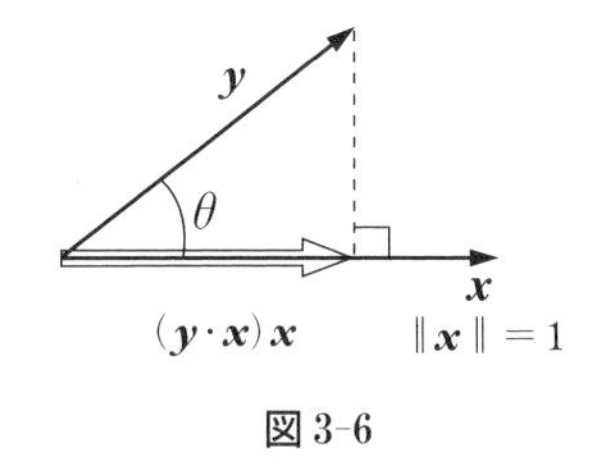

図 3-6

例 4　3 項実列ベクトル $\boldsymbol{a}=\begin{pmatrix}1\\1\\0\end{pmatrix}$, $\boldsymbol{b}=\begin{pmatrix}1\\2\\2\end{pmatrix}$ について，$\boldsymbol{a}, \boldsymbol{b}$ の長さ $\|\boldsymbol{a}\|$, $\|\boldsymbol{b}\|$, 標準内積 $\boldsymbol{a}\cdot\boldsymbol{b}$ および $\boldsymbol{a}$ と $\boldsymbol{b}$ のなす角 θ を求めよ．

解　$\|\boldsymbol{a}\|=\sqrt{1^2+1^2+0^2}=\sqrt{2}$, 同様にして $\|\boldsymbol{b}\|=3$ である．標準内積は

$$\boldsymbol{a}\cdot\boldsymbol{b}=1\cdot 1+1\cdot 2+0\cdot 2=3$$

である．よって，

$$\cos\theta=\frac{\boldsymbol{a}\cdot\boldsymbol{b}}{\|\boldsymbol{a}\|\|\boldsymbol{b}\|}=\frac{1}{\sqrt{2}}$$

$(0\leqq\theta\leqq\pi)$ から $\theta=\dfrac{\pi}{4}$ を得る．▒

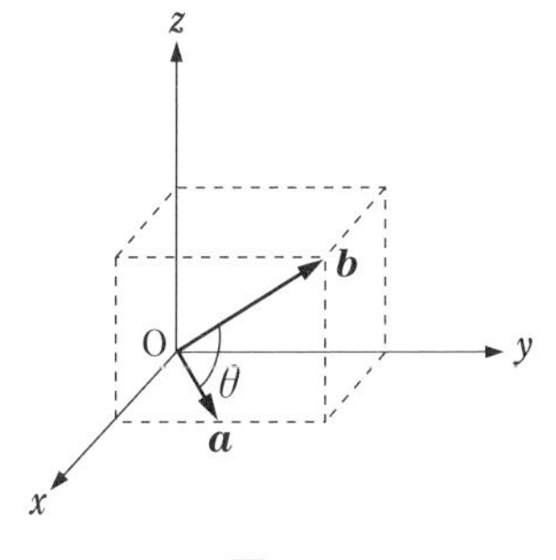

図 3-7

n 項実列ベクトル $\boldsymbol{x}$ と $\boldsymbol{y}$ は $\boldsymbol{x}\cdot\boldsymbol{y}=0$ のとき**直交**するといい，$\boldsymbol{x}\perp\boldsymbol{y}$ で表す．$\boldsymbol{0}$ でない 2 つのベクトル $\boldsymbol{x}, \boldsymbol{y}$ は (3.3-4) から $\theta=\dfrac{\pi}{2}$ のとき直交する．

例 5　xyz 座標空間において，2 点 A(1, 2, 3), B(2, 3, 5) を通る直線 l に垂直で，点 A を通る平面 π の方程式を求めよ．

解　平面 π 上の点を $\mathrm{P}(x, y, z)$ とする．$\overrightarrow{\mathrm{AB}}\perp\overrightarrow{\mathrm{AP}}$ であるから，$\overrightarrow{\mathrm{AB}}\cdot\overrightarrow{\mathrm{AP}}=0$. よって

$$\begin{pmatrix}1\\1\\2\end{pmatrix}\cdot\begin{pmatrix}x-1\\y-2\\z-3\end{pmatrix}=x-1+y-2+2(z-3)=0.$$

したがって，平面 π の方程式は $x+y+2z=9$ である．▒

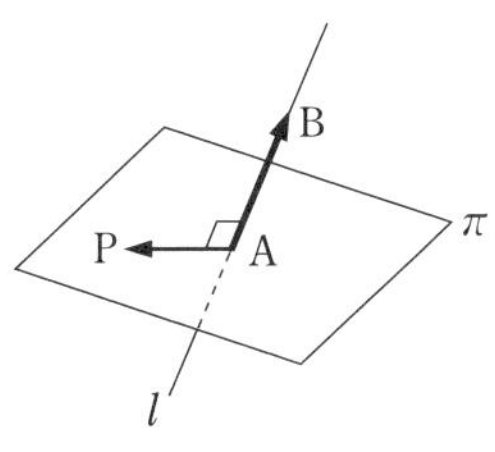

図 3-8

3.4　3項実列ベクトルにおける外積

この節では，列ベクトルはすべて3項実列ベクトルとする．

複素数の和や積は平面上で幾何学的意味をもつ．3次元空間においては，どのような数体系が同様な役割をするのであろうか？ **ハミルトン**（W. R. Hamilton, 1805-1865）は積が次の（3.4-1）に従う“四元数” $d+ai+bj+ck$（a, b, c, d は実数）を考案した：

$$i^2=j^2=k^2=-1, \quad ij=k, \quad jk=i, \quad ki=j,$$
$$ji=-k, \quad kj=-i, \quad ik=-j. \tag{3.4-1}$$

そして，d を実数部，$ai+bj+ck$ をベクトル部とよんだ．“ベクトル”という用語が数学で初めて登場．（3.4-1）に従って，ベクトル部の積を計算すると，

$$(ai+bj+ck)(xi+yj+zk)$$
$$=-(ax+by+cz)+(bz-cy)i+(cx-az)j+(ay-bx)k \tag{3.4-2}$$

となる．（3.4-2）の右辺のベクトル部を“外積”という．本書では触れないが，四元数の積は空間内の回転と密接な関係がある．

3項実列ベクトルの外積　（3.4-2）のベクトル部の形をもとに定義する．

$\boldsymbol{a}=\begin{pmatrix} a \\ b \\ c \end{pmatrix}, \quad \boldsymbol{x}=\begin{pmatrix} x \\ y \\ z \end{pmatrix}$ に対して，**外積** $\boldsymbol{a}\times\boldsymbol{x}$ を

$$\boldsymbol{a}\times\boldsymbol{x}=\begin{pmatrix} bz-cy \\ cx-az \\ ay-bx \end{pmatrix}=\begin{vmatrix} b & y \\ c & z \end{vmatrix}\boldsymbol{e}_1-\begin{vmatrix} a & x \\ c & z \end{vmatrix}\boldsymbol{e}_2+\begin{vmatrix} a & x \\ b & y \end{vmatrix}\boldsymbol{e}_3 \tag{3.4-3}$$

で定義する（（3.2-3）の表示を用いた）．$\boldsymbol{a}\times\boldsymbol{x}$ はギッブス流の記号である．

命題1〈外積の代数的性質〉　3項実列ベクトル $\boldsymbol{a}, \boldsymbol{b}, \boldsymbol{c}$ および実数 k, l について，次の等式が成り立つ．“・”は標準内積を表す．

(1)　$(k\boldsymbol{a}+l\boldsymbol{b})\times\boldsymbol{c}=k\boldsymbol{a}\times\boldsymbol{c}+l\boldsymbol{b}\times\boldsymbol{c}$　(3.4-4)

(2)　$\boldsymbol{a}\times\boldsymbol{b}=-\boldsymbol{b}\times\boldsymbol{a}, \quad \boldsymbol{a}\times\boldsymbol{a}=\boldsymbol{0}$　(3.4-5)

(3)　$(\boldsymbol{a}\times\boldsymbol{b})\times\boldsymbol{c}=(\boldsymbol{a}\cdot\boldsymbol{c})\boldsymbol{b}-(\boldsymbol{b}\cdot\boldsymbol{c})\boldsymbol{a}$　(3.4-6)

(4)　$\boldsymbol{a}\cdot(\boldsymbol{b}\times\boldsymbol{c})=\boldsymbol{b}\cdot(\boldsymbol{c}\times\boldsymbol{a})=\boldsymbol{c}\cdot(\boldsymbol{a}\times\boldsymbol{b})$　(3.4-7)

証明　(1), (2) は定義式 (3.4-3) からただちにわかる．

(3)　$\boldsymbol{a} = \begin{pmatrix} a_1 \\ a_2 \\ a_3 \end{pmatrix}$, $\boldsymbol{b} = \begin{pmatrix} b_1 \\ b_2 \\ b_3 \end{pmatrix}$, $\boldsymbol{c} = \begin{pmatrix} c_1 \\ c_2 \\ c_3 \end{pmatrix}$, $\boldsymbol{a}\times\boldsymbol{b} = \begin{pmatrix} d_1 \\ d_2 \\ d_3 \end{pmatrix}$ とおく．

$$d_1 = \begin{vmatrix} a_2 & b_2 \\ a_3 & b_3 \end{vmatrix}, \quad d_2 = -\begin{vmatrix} a_1 & b_1 \\ a_3 & b_3 \end{vmatrix}, \quad d_3 = \begin{vmatrix} a_1 & b_1 \\ a_2 & b_2 \end{vmatrix}$$

である．等式の各成分を比較する．

$$(\boldsymbol{a}\times\boldsymbol{b})\times\boldsymbol{c} \text{ の第 1 成分} = \begin{vmatrix} d_2 & c_2 \\ d_3 & c_3 \end{vmatrix} = -c_3\begin{vmatrix} a_1 & b_1 \\ a_3 & b_3 \end{vmatrix} - c_2\begin{vmatrix} a_1 & b_1 \\ a_2 & b_2 \end{vmatrix}$$

$$= -c_3(a_1b_3 - a_3b_1) - c_2(a_1b_2 - a_2b_1) = b_1(a_2c_2 + a_3b_3) - a_1(b_2c_2 + b_3c_3)$$

$$= b_1(a_1c_1 + a_2c_2 + a_3c_3) - a_1(b_1c_1 + b_2c_2 + b_3c_3) = (\boldsymbol{a}\cdot\boldsymbol{c})\boldsymbol{b} - (\boldsymbol{b}\cdot\boldsymbol{c})\boldsymbol{a} \text{ の第 1 成分}$$

同様にして，対応する第 2 成分，第 3 成分が一致することがわかる．

(4)　(3) と同様の計算を行えばよい．　■

命題 2〈外積の幾何学的性質〉　$\boldsymbol{a}, \boldsymbol{b}$ を 3 項実列ベクトルとする．原点を O とする xyz 空間に $\overrightarrow{\mathrm{OA}} = \boldsymbol{a}$, $\overrightarrow{\mathrm{OB}} = \boldsymbol{b}$, $\overrightarrow{\mathrm{OC}} = \boldsymbol{a}\times\boldsymbol{b}$ となる点 A, B, C をとる．

(1)　$\boldsymbol{a} = \boldsymbol{0}$, $\boldsymbol{b} = \boldsymbol{0}$ または $\boldsymbol{a} /\!/ \boldsymbol{b}$ のとき，$\boldsymbol{a}\times\boldsymbol{b} = \boldsymbol{0}$ である．それ以外の場合は $\boldsymbol{a}\times\boldsymbol{b} \neq \boldsymbol{0}$ である．

以下，$\boldsymbol{a}\times\boldsymbol{b} \neq \boldsymbol{0}$ とする．

(2)　$\overrightarrow{\mathrm{OC}} \perp \overrightarrow{\mathrm{OA}}$, $\overrightarrow{\mathrm{OC}} \perp \overrightarrow{\mathrm{OB}}$ である．

(3)　$\|\overrightarrow{\mathrm{OC}}\|$ は OA, OB を 2 辺とする平行四辺形の面積である．

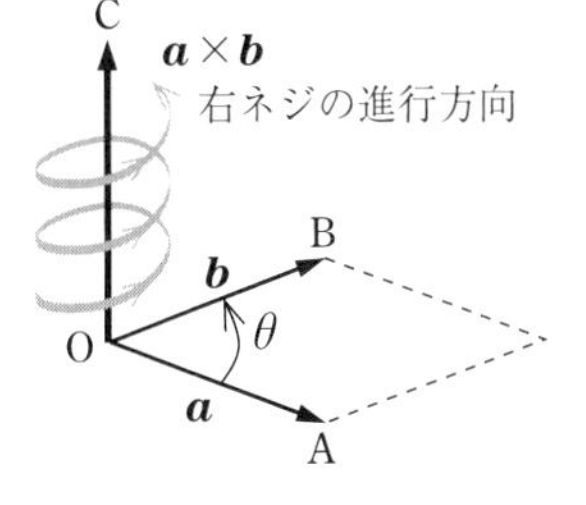

図 3-9

(4)　$\overrightarrow{\mathrm{OC}}$ は $\overrightarrow{\mathrm{OA}}$ を $\overrightarrow{\mathrm{OB}}$ の方向に回転したときの右ネジの進行方行に向きをもつ．

証明　(1)　$\boldsymbol{a} = \boldsymbol{0}$ または $\boldsymbol{b} = \boldsymbol{0}$ であれば，(3.4-4) で $k = l = 0$ とおく．$\boldsymbol{a} /\!/ \boldsymbol{b}$ のときは，$\boldsymbol{b} = k\boldsymbol{a}$ とおいて $\boldsymbol{a}\times\boldsymbol{b} = k\boldsymbol{a}\times\boldsymbol{a} = \boldsymbol{0}$ ((3.4-5) より)．逆に，$\boldsymbol{a} \neq \boldsymbol{0}$, $\boldsymbol{b} \neq \boldsymbol{0}$, $\boldsymbol{a}\times\boldsymbol{b} = \boldsymbol{0}$ と仮定すると，$\boldsymbol{a} /\!/ \boldsymbol{b}$ が次のようにしてわかる．

$$\boldsymbol{0} = (\boldsymbol{a}\times\boldsymbol{b})\times\boldsymbol{a} \underset{(3.4\text{-}6)\text{より}}{=} (\boldsymbol{a}\cdot\boldsymbol{a})\boldsymbol{b} - (\boldsymbol{b}\cdot\boldsymbol{a})\boldsymbol{a}$$

$$\therefore \quad \boldsymbol{b} = \frac{(\boldsymbol{b}\cdot\boldsymbol{a})}{(\boldsymbol{a}\cdot\boldsymbol{a})}\boldsymbol{a}$$

(2)

$$\boldsymbol{a}\cdot(\boldsymbol{a}\times\boldsymbol{b}) \underset{(3.4\text{-}7)\text{より}}{=} \boldsymbol{b}\cdot(\boldsymbol{a}\times\boldsymbol{a}) \underset{(3.4\text{-}5)\text{より}}{=} \boldsymbol{b}\cdot\boldsymbol{0} = 0$$

を得る．同様にして，$\boldsymbol{b}\cdot(\boldsymbol{a}\times\boldsymbol{b}) = 0$ がわかる．

(3)　$\boldsymbol{a}, \boldsymbol{b}$ のなす角を θ とする．

$$\|\boldsymbol{a}\times\boldsymbol{b}\|^2 = \underset{\sim\sim\sim}{(\boldsymbol{a}\times\boldsymbol{b})}\cdot(\boldsymbol{a}\times\boldsymbol{b}) \underset{(3.4\text{-}7)\text{より}}{=} \boldsymbol{a}\cdot(\boldsymbol{b}\times\underset{\sim\sim\sim}{(\boldsymbol{a}\times\boldsymbol{b})}) \underset{(3.4\text{-}5)\text{より}}{=} -\boldsymbol{a}\cdot((\boldsymbol{a}\times\boldsymbol{b})\times\boldsymbol{b})$$

$$\underset{(3.4\text{-}6)\text{より}}{=} -\boldsymbol{a}\cdot((\boldsymbol{a}\cdot\boldsymbol{b})\boldsymbol{b}-(\boldsymbol{b}\cdot\boldsymbol{b})\boldsymbol{a}) = \|\boldsymbol{a}\|^2\|\boldsymbol{b}\|^2-(\boldsymbol{a}\cdot\boldsymbol{b})^2$$

$$= \|\boldsymbol{a}\|^2\|\boldsymbol{b}\|^2(1-\cos^2\theta)$$

$$\therefore\quad \|\boldsymbol{a}\times\boldsymbol{b}\| = \|\boldsymbol{a}\|\|\boldsymbol{b}\|\sin\theta$$

(4)　3 点 O, A, B を通る平面を π とする．点 C が平面 π のいずれ側にあるかを知れば，この点は決まる．$\boldsymbol{a}\times\boldsymbol{b}\neq\boldsymbol{0}$ を保ちながら $\boldsymbol{a}$, $\boldsymbol{b}$ を連続的に変化させると，π も変化するわけであるが，点 C が平面 π のいずれ側にあるかは変わらない．何となれば，他の側に行くには途中で $\overline{\mathrm{OC}}=0$，すなわち $\boldsymbol{a}\times\boldsymbol{b}=\boldsymbol{0}$ となる必要があるからである．そこで，$\boldsymbol{a}\to\boldsymbol{e}_1$, $\boldsymbol{b}\to\boldsymbol{e}_2$ と変化させると，$\boldsymbol{a}\times\boldsymbol{b}\to\boldsymbol{e}_1\times\boldsymbol{e}_2=\boldsymbol{e}_3$ となる．したがって，$(\boldsymbol{e}_1, \boldsymbol{e}_2, \boldsymbol{e}_3)$ が右ネジの系であるから，$(\boldsymbol{a}, \boldsymbol{b}, \boldsymbol{a}\times\boldsymbol{b})$ もそうである．▮

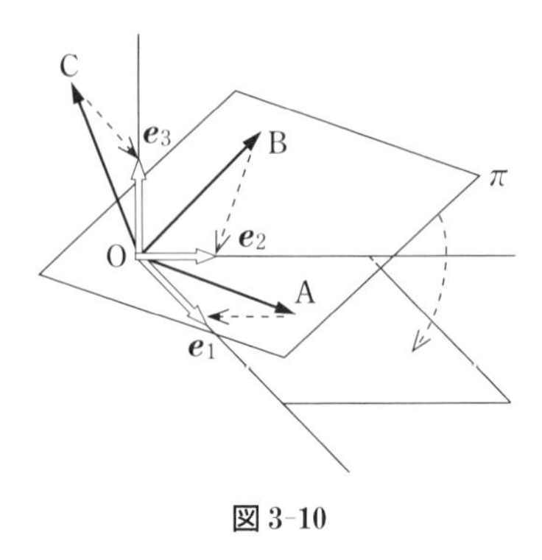

図 3-10

例 6（外積の応用）　原点 O を通る 2 直線

$$l_1: \frac{x}{2}=\frac{y}{-1}=\frac{z}{3}, \qquad l_2: \frac{x}{1}=\frac{y}{2}=\frac{z}{0}$$

について，次の直線 l および平面 π の方程式を求めよ．

(1)　原点を通り，l_1 と l_2 に垂直な直線 l.

(2)　原点を通り，l_1 と l_2 を含む平面 π.

解　直線 l_1, l_2 の方向ベクトルをそれぞれ $\boldsymbol{a}={}^t(2\ \ -1\ \ 3)$，$\boldsymbol{b}={}^t(1\ \ 2\ \ 0)$ とおくと，

$$\boldsymbol{a}\times\boldsymbol{b} = {}^t\left(\begin{vmatrix}-1 & 2\\ 3 & 0\end{vmatrix}\quad -\begin{vmatrix}2 & 1\\ 3 & 0\end{vmatrix}\quad \begin{vmatrix}2 & 1\\ -1 & 2\end{vmatrix}\right) = {}^t(-6\ \ 3\ \ 5)$$

である．

(1)　直線 l の方向ベクトルは $\boldsymbol{a}\times\boldsymbol{b}$ であるから，求める方程式は $x/(-6)=y/3=z/5$ である．

(2)　$\boldsymbol{a}\times\boldsymbol{b}$ は平面 π の法線ベクトルであるから，平面 π 上の点 $\mathrm{P}(x, y, z)$ について $(\boldsymbol{a}\times\boldsymbol{b})\cdot\overrightarrow{\mathrm{OP}}=0$ である．よって，$6x-3y-5z=0$ が π の方程式である．▮

演習問題

[16] 〈直線の方程式〉

次の直線の媒介変数表示および xyz 座標を用いた方程式を求めよ.

(1) 2 点 A$(-1,0,5)$, B$(2,3,7)$ を通る直線

(2) 2 点 A$(1,1,1)$, B$(2,1,2)$ を通る直線

[17] 〈平面の方程式〉

3 点 A$(1,-1,0)$, B$(2,0,1)$, C$(3,-1,3)$ を通る平面の媒介変数表示および xyz 座標を用いた方程式を求めよ.

[18] 〈外積の計算〉

(1) $\boldsymbol{e}_2\times\boldsymbol{e}_1$, $\boldsymbol{e}_3\times\boldsymbol{e}_1$ を求めよ.

(2) $(\boldsymbol{e}_1\times\boldsymbol{e}_1)\times\boldsymbol{e}_2 \neq \boldsymbol{e}_1\times(\boldsymbol{e}_1\times\boldsymbol{e}_2)$ を確かめよ.

[19] 〈外積の計算〉

$\boldsymbol{a}=\begin{pmatrix}1\\1\\-1\end{pmatrix}$, $\boldsymbol{b}=\begin{pmatrix}2\\-1\\2\end{pmatrix}$, $\boldsymbol{c}=\begin{pmatrix}1\\-2\\-1\end{pmatrix}$ のとき, 次を計算せよ.

(1) $\boldsymbol{a}\times\boldsymbol{b}$ (2) $(\boldsymbol{a}\times\boldsymbol{b})\times\boldsymbol{c}$ (3) $(\boldsymbol{a}\cdot\boldsymbol{c})\boldsymbol{b}-(\boldsymbol{b}\cdot\boldsymbol{c})\boldsymbol{a}$

[20] 〈ラグランジュの恒等式〉

3 項実列ベクトル $\boldsymbol{a}, \boldsymbol{b}, \boldsymbol{c}, \boldsymbol{d}$ について次の等式を証明せよ.

$$(\boldsymbol{a}\times\boldsymbol{b})\cdot(\boldsymbol{c}\times\boldsymbol{d})=(\boldsymbol{a}\cdot\boldsymbol{c})(\boldsymbol{b}\cdot\boldsymbol{d})-(\boldsymbol{a}\cdot\boldsymbol{d})(\boldsymbol{b}\cdot\boldsymbol{c})$$

[21] 〈外積の応用〉

原点 O を通る 2 直線

$$l_1 : \frac{x}{2}=\frac{y}{1}=\frac{z}{3}, \qquad l_2 : \frac{x}{1}=\frac{y}{3}=\frac{z}{2}$$

について, 次の直線 l および平面 π の方程式を求めよ.

(1) 原点を通り, l_1 と l_2 に垂直な直線 l.

(2) 原点を通り, l_1 と l_2 を含む平面 π.

行列式の定義

4.1 グラスマンの組合せ乗積

連立一次方程式

$$\begin{aligned} a_{11}x+a_{12}y &= b_1 \cdots ① \\ a_{21}x+a_{22}y &= b_2 \cdots ② \end{aligned} \tag{4.1-1}$$

をみたす x は，①×a_{22}−②×a_{12} を計算して

$$(a_{11}a_{22}-a_{12}a_{21})x = b_1a_{22}-b_2a_{12} \tag{4.1-2}$$

から $a_{11}a_{22}-a_{12}a_{21} \neq 0$ のとき求めることができる．(4.1-2) の x の係数は連立一次方程式 (4.1-1) の係数行列 $A=(a_{ij})$ の“行列式”とよばれ，$|A|$ と表される：

$$|A| = \begin{vmatrix} a_{11} & a_{12} \\ a_{21} & a_{22} \end{vmatrix} = a_{11}a_{22}-a_{12}a_{21}. \tag{4.1-3}$$

グラスマンの「組合せ乗積」を用いた連立一次方程式の解法を紹介しよう．記号や記述は読みやすいように変更している．A の第1列，第2列を $\boldsymbol{a}_1, \boldsymbol{a}_2$ とおいて，

$$\boldsymbol{a}_1 = \begin{pmatrix} a_{11} \\ a_{21} \end{pmatrix} = a_{11}\boldsymbol{e}_1 + a_{21}\boldsymbol{e}_2,$$

$$\boldsymbol{a}_2 = \begin{pmatrix} a_{12} \\ a_{22} \end{pmatrix} = a_{12}\boldsymbol{e}_1 + a_{22}\boldsymbol{e}_2$$

と表す．ここに，$\boldsymbol{e}_1$ と $\boldsymbol{e}_2$ は2項単位ベクトル (3.1節 (3.1-1)) である．

ここで，

$$\boldsymbol{e}_1 \wedge \boldsymbol{e}_1 = 0, \quad \boldsymbol{e}_2 \wedge \boldsymbol{e}_2 = 0, \quad \boldsymbol{e}_2 \wedge \boldsymbol{e}_1 = -\boldsymbol{e}_1 \wedge \boldsymbol{e}_2 \tag{4.1-4}$$

をみたす形式的な積“∧”を導入する．規則 (4.1-4) のもとに $\boldsymbol{a}_1 \wedge \boldsymbol{a}_2$ をゲームを楽しむかのように計算（展開）すると，

$$
\begin{aligned}
\boldsymbol{a}_1 \wedge \boldsymbol{a}_2 &= (a_{11}\boldsymbol{e}_1 + a_{21}\boldsymbol{e}_2) \\
&\quad \wedge (a_{12}\boldsymbol{e}_1 + a_{22}\boldsymbol{e}_2) \\
&= a_{11}a_{12}\boldsymbol{e}_1 \wedge \boldsymbol{e}_1 \\
&\quad + a_{11}a_{22}\boldsymbol{e}_1 \wedge \boldsymbol{e}_2 \\
&\quad + a_{21}a_{12}\boldsymbol{e}_2 \wedge \boldsymbol{e}_1 \\
&\quad + a_{21}a_{22}\boldsymbol{e}_2 \wedge \boldsymbol{e}_2 \\
&= (a_{11}a_{22} - a_{21}a_{12})\boldsymbol{e}_1 \wedge \boldsymbol{e}_2 \quad ((4.1\text{-}4) \text{ より})
\end{aligned}
$$

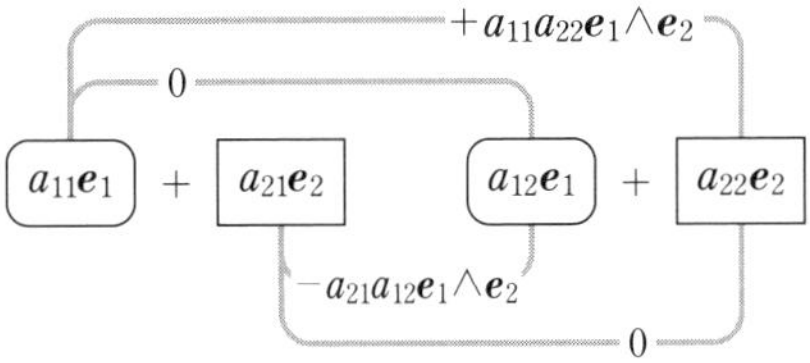

図 4-1

となる．$\boldsymbol{e}_1 \wedge \boldsymbol{e}_2$ の係数として，(4.1-3) が現れるのである．すなわち，

$$
\boldsymbol{a}_1 \wedge \boldsymbol{a}_2 = |A|\,\boldsymbol{e}_1 \wedge \boldsymbol{e}_2 \left(= \begin{vmatrix} a_{11} & a_{12} \\ a_{21} & a_{22} \end{vmatrix} \boldsymbol{e}_1 \wedge \boldsymbol{e}_2 \right) \tag{4.1-5}
$$

が成り立つ．このような積 $\wedge$ を**組合せ乗積**という．また，(4.1-5) の右辺に現れる $\boldsymbol{e}_1 \wedge \boldsymbol{e}_2$ を**第 2 段階の単位**という．“$\wedge$” は “ウェッジ” と読もう．

さらに，組合せ乗積を用いて，連立一次方程式 (4.1-1) を次のように解く．

$\boldsymbol{b} = \begin{pmatrix} b_1 \\ b_2 \end{pmatrix}$ とおけば，(4.1-1) は

$$
x\boldsymbol{a}_1 + y\boldsymbol{a}_2 = \boldsymbol{b} \tag{4.1-6}
$$

と表せる (2.2 節の (2.2-3) 参照)．$\boldsymbol{a}_i \wedge \boldsymbol{a}_i = 0\ (i = 1, 2)$ は簡単に確かめることができる．等式 (4.1-6) の両辺に右から $\boldsymbol{a}_2$ を掛けると，

$$
(x\boldsymbol{a}_1 + y\boldsymbol{a}_2) \wedge \boldsymbol{a}_2 = \boldsymbol{b} \wedge \boldsymbol{a}_2
$$

$$
\therefore \quad x\boldsymbol{a}_1 \wedge \boldsymbol{a}_2 = \boldsymbol{b} \wedge \boldsymbol{a}_2
$$

が成り立つ．よって，(4.1-5) から

$$
x|A|\,\boldsymbol{e}_1 \wedge \boldsymbol{e}_2 = \begin{vmatrix} b_1 & a_{12} \\ b_2 & a_{22} \end{vmatrix} \boldsymbol{e}_1 \wedge \boldsymbol{e}_2
$$

が得られる．$\boldsymbol{e}_1 \wedge \boldsymbol{e}_2$ の係数を比較することにより，解 x を求める式 (4.1-2) が現れる．

例 1　次の連立一次方程式を組合せ乗積を利用して解け．

$$
\begin{cases} x - 2y = 1 \\ -2x + 3y = 1 \end{cases} \tag{♯}
$$

解　$\boldsymbol{a}_1 = \begin{pmatrix} 1 \\ -2 \end{pmatrix}$，$\boldsymbol{a}_2 = \begin{pmatrix} -2 \\ 3 \end{pmatrix}$，$\boldsymbol{b} = \begin{pmatrix} 1 \\ 1 \end{pmatrix}$ とおくと，(♯) は，$x\boldsymbol{a}_1 + y\boldsymbol{a}_2 = \boldsymbol{b}$ となる．この両辺に右から $\boldsymbol{a}_2$，左から $\boldsymbol{a}_1$ を掛ける．$\boldsymbol{a}_1 \wedge \boldsymbol{a}_1 = \boldsymbol{a}_2 \wedge \boldsymbol{a}_2 = 0$ より，それぞれ

$$x\boldsymbol{a}_1\wedge\boldsymbol{a}_2=\boldsymbol{b}\wedge\boldsymbol{a}_2,\qquad y\boldsymbol{a}_1\wedge\boldsymbol{a}_2=\boldsymbol{a}_1\wedge\boldsymbol{b}$$

となる．

$$\begin{aligned}\boldsymbol{a}_1\wedge\boldsymbol{a}_2&=(\boldsymbol{e}_1-2\boldsymbol{e}_2)\wedge(-2\boldsymbol{e}_1+3\boldsymbol{e}_2)=-\boldsymbol{e}_1\wedge\boldsymbol{e}_2,\\ \boldsymbol{b}\wedge\boldsymbol{a}_2&=(\boldsymbol{e}_1+\boldsymbol{e}_2)\wedge(-2\boldsymbol{e}_1+3\boldsymbol{e}_2)=5\boldsymbol{e}_1\wedge\boldsymbol{e}_2,\\ \boldsymbol{a}_1\wedge\boldsymbol{b}&=(\boldsymbol{e}_1-2\boldsymbol{e}_2)\wedge(\boldsymbol{e}_1+\boldsymbol{e}_2)=3\boldsymbol{e}_1\wedge\boldsymbol{e}_2\end{aligned}$$

から

$$-x\boldsymbol{e}_1\wedge\boldsymbol{e}_2=5\boldsymbol{e}_1\wedge\boldsymbol{e}_2,\qquad -y\boldsymbol{e}_1\wedge\boldsymbol{e}_2=3\boldsymbol{e}_1\wedge\boldsymbol{e}_2$$

が導かれる．$\boldsymbol{e}_1\wedge\boldsymbol{e}_2$ の係数を比較することにより (♯) の解 $x=-5$, $y=-3$ を得る． ■

4.2 組合せ乗積の計算法

4.1 節で導入した組合せ乗積は n 項列ベクトルの場合に拡張される．n 項列ベクトル $\boldsymbol{a}$ と $\boldsymbol{b}$ の組合せ乗積 $\boldsymbol{a}\wedge\boldsymbol{b}$ はどのような規則に従って計算されるかを述べよう．

組合せ乗積の計算規則　以下，$\boldsymbol{a}, \boldsymbol{b}, \boldsymbol{c}$ は n 項列ベクトル，k と l はスカラーとする．まず，積のとり方を気にしないでよい：

● $(\boldsymbol{a}\wedge\boldsymbol{b})\wedge\boldsymbol{c}=\boldsymbol{a}\wedge(\boldsymbol{b}\wedge\boldsymbol{c})$　(4.2-1)

次に，通常の展開を行ってもよい：

● $(k\boldsymbol{a}+l\boldsymbol{b})\wedge\boldsymbol{c}=k\boldsymbol{a}\wedge\boldsymbol{c}+l\boldsymbol{b}\wedge\boldsymbol{c}$　(4.2-2)

同じ n 項列ベクトルの組合せ乗積は 0 である：

● $\boldsymbol{a}\wedge\boldsymbol{a}=0$　(4.2-3)

交換すると符号が変わる：

● $\boldsymbol{b}\wedge\boldsymbol{a}=-\boldsymbol{a}\wedge\boldsymbol{b}$　(4.2-4)

以上の 4 つの規則のもとに計算は実行される．(4.2-3) と (4.2-4) は，どちらか一方が成り立てば，他方も成り立つことに注意しておく．

組合せ乗積の相等　2 項列ベクトルにおける式 (4.1-5) の拡張を試みる．この式の右辺に現れた第 2 段階の単位 $\boldsymbol{e}_1\wedge\boldsymbol{e}_2$ に対応するものを以下に定義する．$\boldsymbol{e}_1,\cdots,\boldsymbol{e}_n$ を n 項基本ベクトル (3.1 節 (3.1-1)) とする．これらの p 個の積のうち

$$\boldsymbol{e}_{i_1}\wedge\boldsymbol{e}_{i_2}\wedge\cdots\wedge\boldsymbol{e}_{i_p}\quad(1\leqq i_1<i_2<\cdots<i_p\leqq n)\qquad(4.2\text{-}5)$$

の形のものを**第 $\boldsymbol{p}$ 段階の単位**とよぶ．たとえば，$\boldsymbol{e}_2$，$\boldsymbol{e}_1\wedge\boldsymbol{e}_2$，$\boldsymbol{e}_1\wedge\boldsymbol{e}_2\wedge\boldsymbol{e}_3$ はそれぞれ第1,2,3段階の単位である．4.1節で $\boldsymbol{e}_1\wedge\boldsymbol{e}_2$ の係数を比較した．組合せ乗積では

● 同じ単位の係数のみ比較できる　(4.2-6)

ものとする．

例2　$(\boldsymbol{e}_1-\boldsymbol{e}_2+\boldsymbol{e}_3)\wedge(a\boldsymbol{e}_1+b\boldsymbol{e}_2+\boldsymbol{e}_3)=\boldsymbol{e}_1\wedge\boldsymbol{e}_2-\boldsymbol{e}_1\wedge\boldsymbol{e}_3$ をみたす a,b を求めよ．

解　$(\boldsymbol{e}_1-\boldsymbol{e}_2+\boldsymbol{e}_3)\wedge(a\boldsymbol{e}_1+b\boldsymbol{e}_2+\boldsymbol{e}_3)=(b+a)\boldsymbol{e}_1\wedge\boldsymbol{e}_2-(1+b)\boldsymbol{e}_2\wedge\boldsymbol{e}_3+(1-a)\boldsymbol{e}_1\wedge\boldsymbol{e}_3$ と展開できる．$\boldsymbol{e}_1\wedge\boldsymbol{e}_2-\boldsymbol{e}_1\wedge\boldsymbol{e}_3$ と第2段階の単位の係数をすべて比較して，$b+a=1$，$-(1+b)=0$ と $1-a=-1$ を得る．よって，$a=2$，$b=-1$ である．■

3個以上のベクトルの組合せ乗積の計算法　組合せ乗積の特徴は，$\boldsymbol{b}\wedge\boldsymbol{a}=-\boldsymbol{a}\wedge\boldsymbol{b}$ ((4.2-4)) が成り立つことである．3個以上の列ベクトルの積においては，隣り合う2つの列ベクトルを交換すると，符号が変わることになる．隣り合わない2つの列ベクトルを交換したり，交換を何回か続けて行うと符号がどうなるかを知る必要がある（補題1）．また，3個以上の列ベクトルの積において，整式などと同様の展開ができることを確認する（補題2）．

例3　$\boldsymbol{a}_3\wedge\boldsymbol{a}_2\wedge\boldsymbol{a}_1=\pm\boldsymbol{a}_1\wedge\boldsymbol{a}_2\wedge\boldsymbol{a}_3$ の符号を決定せよ．

解　図4-2を参照しながら計算しよう．

$$\boldsymbol{a}_3\wedge\boldsymbol{a}_2\wedge\boldsymbol{a}_1\qquad\text{（1番目と2番目の交換）}$$

$$\underset{①}{=}-\boldsymbol{a}_2\wedge\boldsymbol{a}_3\wedge\boldsymbol{a}_1\qquad\text{（2番目と3番目の交換）}$$

$$\underset{②}{=}(-1)^2\boldsymbol{a}_2\wedge\boldsymbol{a}_1\wedge\boldsymbol{a}_3\qquad\text{（1番目と2番目の交換）}$$

$$\underset{③}{=}(-1)^3\boldsymbol{a}_1\wedge\boldsymbol{a}_2\wedge\boldsymbol{a}_3$$

であるから，符号は $(-1)^3=-1$ である．■

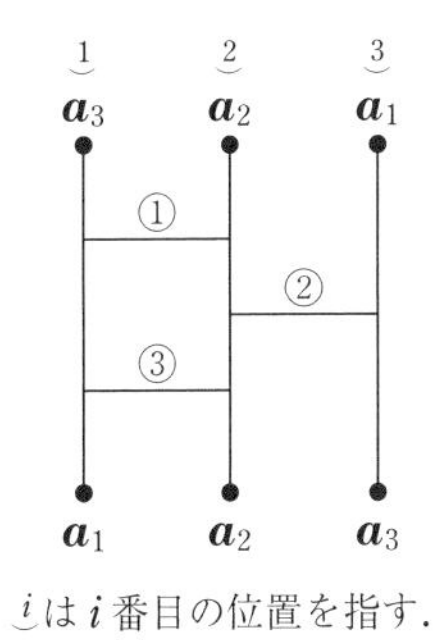

図4-2

補題1（ベクトルの交換）　p 個の n 項列ベクトルの積の2つの列ベクトルを交換した積はもとの積の (-1) 倍である．すなわち，$i<j$ とすると

$$\boldsymbol{a}_1\wedge\cdots\wedge\boldsymbol{a}_j\wedge\cdots\wedge\boldsymbol{a}_i\wedge\cdots\wedge\boldsymbol{a}_p=-\boldsymbol{a}_1\wedge\cdots\wedge\boldsymbol{a}_i\wedge\cdots\wedge\boldsymbol{a}_j\wedge\cdots\wedge\boldsymbol{a}_p\qquad(4.2\text{-}7)$$

が成り立つ．

証明　図4-3のように，$\boldsymbol{a}_1\wedge\cdots\wedge\boldsymbol{a}_j\wedge\cdots\wedge\boldsymbol{a}_i\wedge\cdots\wedge\boldsymbol{a}_p$ に i 番目と $i+1$ 番目，$i+1$ 番目と $i+2$ 番目，…，$j-2$ 番目と $j-1$ 番目，$j-1$ 番目と j 番目，$j-2$ 番目と $j-1$ 番目，…，$i+1$ 番目と $i+2$ 番目，i 番目と $i+1$ 番目の交換を順に，あわせて $2(j-i-1)+1$ 回行うと，$\boldsymbol{a}_1,\cdots,\boldsymbol{a}_i,\cdots,\boldsymbol{a}_j,\cdots,\boldsymbol{a}_p$ の順の積にできる．交換を1回行うごとに符号が変わるから，

$$\begin{aligned}\boldsymbol{a}_1\wedge\cdots\wedge\boldsymbol{a}_j\wedge\cdots\wedge\boldsymbol{a}_i\wedge\cdots\wedge\boldsymbol{a}_p &= (-1)^{2(j-i-1)+1}\boldsymbol{a}_1\wedge\cdots\wedge\boldsymbol{a}_i\wedge\cdots\wedge\boldsymbol{a}_j\wedge\cdots\wedge\boldsymbol{a}_p \\ &= -\boldsymbol{a}_1\wedge\cdots\wedge\boldsymbol{a}_i\wedge\cdots\wedge\boldsymbol{a}_j\wedge\cdots\wedge\boldsymbol{a}_p\end{aligned}$$

が成り立つ．

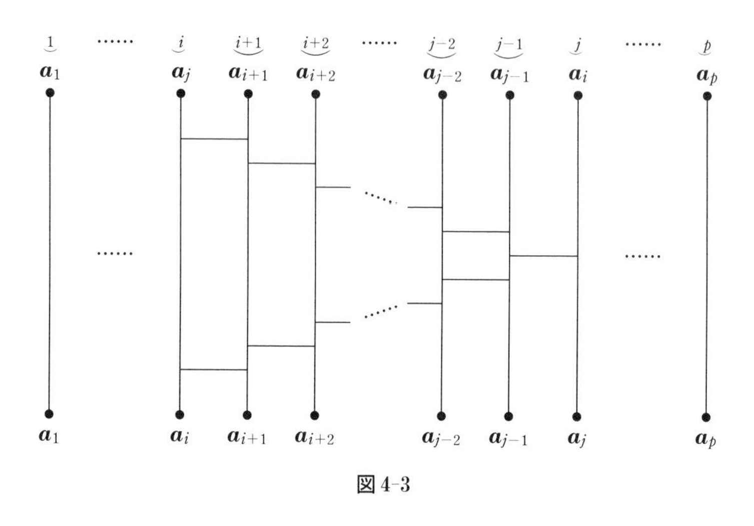

図4-3

■

立体アミダくじ　　補題1より，隣り合わなくても，2つの列ベクトルを1回交換すると符号が変わることがわかった．たとえば図4-4の(♮)である．こ

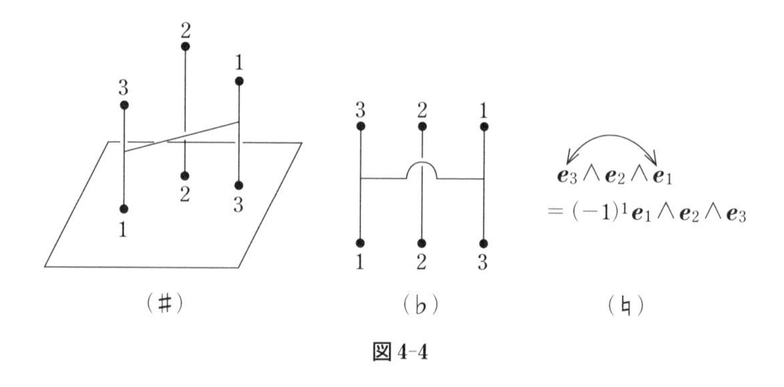

図4-4

れに対応するアミダくじを考えよう．図 4-2 の平面上に描かれたアミダくじを空間内では横棒 1 本で完成できる (図 4-4 (a))．このようなものを本書では**立体アミダくじ**とよぶことにする．また，この立体アミダくじを図 4-4 (b) のように表すことにする．もちろん，グラスマンがアミダくじや立体アミダくじを利用したわけではない．交換の様子を視察的に調べる道具である．

次に，$(i_1\, i_2 \cdots i_p)$ を $1, 2, \cdots, p$ の順列とする．$\boldsymbol{a}_{i1} \wedge \boldsymbol{a}_{i2} \wedge \cdots \wedge \boldsymbol{a}_{ip} = \pm \boldsymbol{a}_1 \wedge \boldsymbol{a}_2 \wedge \cdots \wedge \boldsymbol{a}_p$ の符号 $\pm$ について考えよう．いままでの議論からわかるように，$\boldsymbol{a}_{i1} \wedge \boldsymbol{a}_{i2} \wedge \cdots \wedge \boldsymbol{a}_{ip}$ の 2 つの列ベクトルの交換を r 回施して，$\boldsymbol{a}_1 \wedge \boldsymbol{a}_2 \wedge \cdots \wedge \boldsymbol{a}_p$ の配列に達したとき，符号は $(-1)^r$ となる．

符号 $\boldsymbol{\varepsilon(i_1\, i_2 \cdots i_p)}$　$1, 2, \cdots, p$ の順列 $(i_1\, i_2 \cdots i_p)$ が 2 数の交換を r 回施して順列 $(1\, 2 \cdots p)$ に達したとき，順列 $(i_1\, i_2 \cdots i_p)$ の**符号** $\varepsilon(i_1\, i_2 \cdots i_p)$ を

$$\varepsilon(i_1\, i_2 \cdots i_p) = (-1)^r \tag{4.2-8}$$

で定義する．このとき，

$$\boldsymbol{a}_{i_1} \wedge \boldsymbol{a}_{i_2} \wedge \cdots \wedge \boldsymbol{a}_{i_p} = \varepsilon(i_1\, i_2 \cdots i_p) \boldsymbol{a}_1 \wedge \boldsymbol{a}_2 \wedge \cdots \wedge \boldsymbol{a}_p \tag{4.2-9}$$

と表せる．また，

(4.2-8) の r は図 4-5 のような立体アミダくじ，または
アミダくじを完成するために必要な横棒の本数　　(4.2-10)

でもよいことは明らかであろう．横棒を引く方法はいろいろあるから，(4.2-8) の r は 1 通りではない．しかし，符号 $(-1)^r = \pm 1$ は引く方法にかかわらず一定であることが知られている．(4.2-10) より，符号は (立体) アミダくじをつくる方法さえ知れば求めることができる．立体アミダくじは横棒と縦棒のつながりをそのままにして，縦棒の配列を変えることができる利点がある．その有効性を 5.2 節で見る．

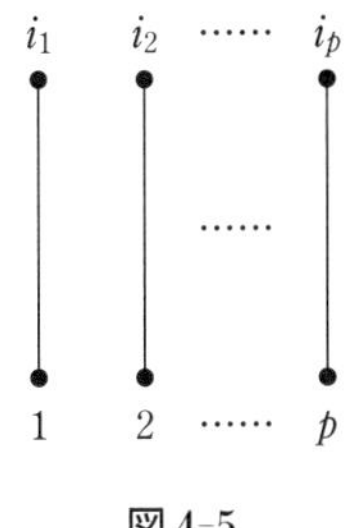

図 4-5

アミダくじのつくり方　順列の $i_1, i_2, \cdots, i_p$ を上段，$1, 2, \cdots, p$ を下段においたアミダくじをつくるには，どのように横棒を引けばよいかを簡単な例で述べよう．

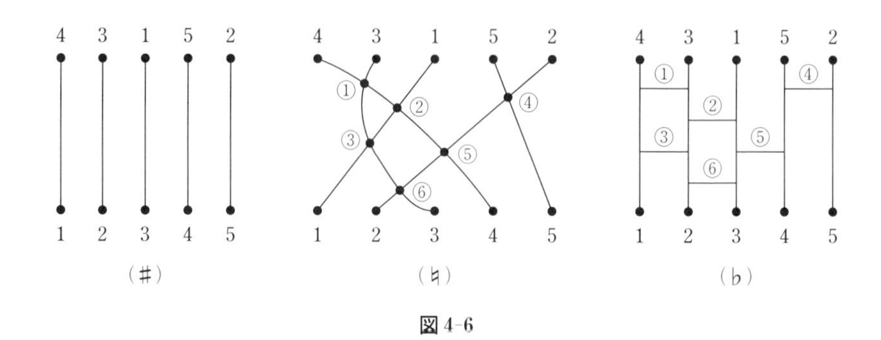

図 4-6

次に図 4-6 のように，$1, \cdots, 5$ の順列 $(4\,3\,1\,5\,2)$ を上段とする (♯) を考える．これに横棒を引いてアミダくじをつくりたい．まず，(♮) のように対応する数を交点が重ならないように曲線で結ぶ．交点を横棒で整えて (♭) のように完成する．

また，(♯) に対する立体アミダくじは次のようにつくればよい：

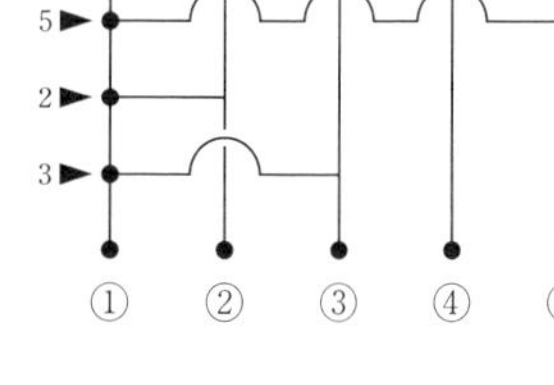

図 4-7

4 ▶：〈4〉から④まで“横棒”を引き，④の上の〈5〉を見つける．

5 ▶：〈4〉から⑤まで“横棒”を引き，⑤の上の〈2〉を見つける．

2 ▶：〈4〉から②まで“横棒”を引き，②の上の〈3〉を見つける．

3 ▶：〈4〉から③まで“横棒”を引き，完成する．

例 4　順列 $(4\,3\,1\,5\,2)$ の符号を求めよ．

解　4,3,1,5,2 を上段，1,2,3,4,5 を下段とするアミダくじ（立体アミダくじ）は 6 本（4 本）の横棒を引けば完成できることを上で見た．よって，(4.2-10) より

$$\varepsilon(4\,3\,1\,5\,2) = (-1)^6\,(= (-1)^4) = +1$$

である．■

補題 2（組合せ乗積の展開）　p 個の n 項列ベクトルの組合せ乗積について次が成り立つ．

（1）　同じ n 項列ベクトルがあれば，その積は 0 である．

（2）　$\boldsymbol{a}_1, \cdots, \boldsymbol{a}_p, \boldsymbol{a}_i'$ を n 項列ベクトル，k と l をスカラーとするとき，第 i 項での展開式は

$$\boldsymbol{a}_1 \wedge \cdots \wedge (k\boldsymbol{a}_i + l\boldsymbol{a}_i') \wedge \cdots \wedge \boldsymbol{a}_p = k\boldsymbol{a}_1 \wedge \cdots \wedge \boldsymbol{a}_i \wedge \cdots \wedge \boldsymbol{a}_p + l\boldsymbol{a}_1 \wedge \cdots \wedge \boldsymbol{a}_i' \wedge \cdots \wedge \boldsymbol{a}_p \quad (4.2\text{-}11)$$

である．

証明　（1）　補題 1 の式（4.2-7）に $\boldsymbol{a}_i = \boldsymbol{a}_j = \boldsymbol{b}$ を代入すると，

$$\boldsymbol{a}_1 \wedge \cdots \wedge \boldsymbol{b} \wedge \cdots \wedge \boldsymbol{b} \wedge \cdots \wedge \boldsymbol{a}_p = -\boldsymbol{a}_1 \wedge \cdots \wedge \boldsymbol{b} \wedge \cdots \wedge \boldsymbol{b} \wedge \cdots \wedge \boldsymbol{a}_p$$

である．よって，$\boldsymbol{a}_1 \wedge \cdots \wedge \boldsymbol{b} \wedge \cdots \wedge \boldsymbol{b} \wedge \cdots \wedge \boldsymbol{a}_p = 0$ となる．

（2）　$\boldsymbol{a}_1 \wedge \cdots \wedge (k\boldsymbol{a}_i + l\boldsymbol{a}_i') \wedge \cdots \wedge \boldsymbol{a}_p$

$$= -(k\boldsymbol{a}_i + l\boldsymbol{a}_i') \wedge \boldsymbol{a}_2 \wedge \cdots \wedge \overset{i}{\overbrace{\boldsymbol{a}_1}} \wedge \cdots \wedge \boldsymbol{a}_p \quad (\because \ \text{補題 1})$$

$$= -k\boldsymbol{a}_i \wedge \boldsymbol{a}_2 \wedge \cdots \wedge \overset{i}{\overbrace{\boldsymbol{a}_1}} \wedge \cdots \wedge \boldsymbol{a}_p - l\boldsymbol{a}_i' \wedge \boldsymbol{a}_2 \wedge \cdots \wedge \overset{i}{\overbrace{\boldsymbol{a}_1}} \wedge \cdots \wedge \boldsymbol{a}_p \quad ((4.2\text{-}2)\text{ より})$$

$$= k\boldsymbol{a}_1 \wedge \boldsymbol{a}_2 \wedge \cdots \wedge \overset{i}{\overbrace{\boldsymbol{a}_i}} \wedge \cdots \wedge \boldsymbol{a}_p + l\boldsymbol{a}_1 \wedge \boldsymbol{a}_2 \wedge \cdots \wedge \overset{i}{\overbrace{\boldsymbol{a}_i}} \wedge \cdots \wedge \boldsymbol{a}_p \quad (\because \ \text{補題 1})$$

▨

例 5（組合せ乗積の展開）　$\boldsymbol{a}_1 = \begin{pmatrix} a_{11} \\ a_{21} \end{pmatrix}$，$\boldsymbol{a}_2 = \begin{pmatrix} a_{12} \\ a_{22} \end{pmatrix}$，$\boldsymbol{a}_3 = \begin{pmatrix} a_{13} \\ a_{23} \end{pmatrix}$ のとき，$\boldsymbol{a}_1 \wedge \boldsymbol{a}_2 \wedge \boldsymbol{a}_3$ を計算せよ．

解　補題 2（2）より，通常の展開ができる．

$$\begin{aligned} \boldsymbol{a}_1 \wedge \boldsymbol{a}_2 \wedge \boldsymbol{a}_3 &= (a_{11}\boldsymbol{e}_1 + a_{21}\boldsymbol{e}_2) \wedge (a_{12}\boldsymbol{e}_1 + a_{22}\boldsymbol{e}_2) \wedge (a_{13}\boldsymbol{e}_1 + a_{23}\boldsymbol{e}_2) \\ &= \sum_{1 \leqq i,j,k \leqq 2} a_{i1}a_{j2}a_{k3}\boldsymbol{e}_i \wedge \boldsymbol{e}_j \wedge \boldsymbol{e}_k \end{aligned} \quad (4.2\text{-}12)$$

右辺は i, j, k が 1 と 2 をとるときできる 2^3 個の項 $a_{i1}a_{j2}a_{k3}\boldsymbol{e}_i \wedge \boldsymbol{e}_j \wedge \boldsymbol{e}_k$ の総和を表す．

この場合は i, j, k のうち少なくとも 2 つは一致する（“鳩の巣の原理” 演習問題 [29] 参照：3 羽の鳩 i, j, k と 2 個の巣 1, 2）．ゆえに補題 2（1）より，すべての i, j, k について $\boldsymbol{e}_i \wedge \boldsymbol{e}_j \wedge \boldsymbol{e}_k = 0$ である．これらを（4.2-12）に代入して

$$\boldsymbol{a}_1 \wedge \boldsymbol{a}_2 \wedge \boldsymbol{a}_3 = 0$$

が得られる．　▨

4.3 行列式の定義

n 次正方行列 A を n 個の n 項列ベクトル $\boldsymbol{a}_1, \boldsymbol{a}_2, \cdots, \boldsymbol{a}_n$ に列ベクトル分割する：

$$A=\begin{pmatrix} a_{11} & a_{12} & \cdots & a_{1n} \\ a_{21} & a_{22} & \cdots & a_{2n} \\ \vdots & \vdots & \ddots & \vdots \\ a_{n1} & a_{n2} & \cdots & a_{nn} \end{pmatrix}=(\boldsymbol{a}_1 \quad \boldsymbol{a}_2 \quad \cdots \quad \boldsymbol{a}_n).$$

n 項基本ベクトルを用いて

$$\boldsymbol{a}_1=a_{11}\boldsymbol{e}_1+\cdots+a_{n1}\boldsymbol{e}_n, \quad \boldsymbol{a}_2=a_{12}\boldsymbol{e}_1+\cdots+a_{n2}\boldsymbol{e}_n, \quad \cdots,$$
$$\boldsymbol{a}_n=a_{1n}\boldsymbol{e}_1+\cdots+a_{nn}\boldsymbol{e}_n$$

と表す．これらの組合せ乗積を展開すれば

$$\boldsymbol{a}_1\wedge\boldsymbol{a}_2\wedge\cdots\wedge\boldsymbol{a}_n=\sum_{1\leqq i_1,\cdots,i_n\leqq n} a_{i_11}a_{i_22}\cdots a_{i_nn}\boldsymbol{e}_{i_1}\wedge\boldsymbol{e}_{i_2}\wedge\cdots\wedge\boldsymbol{e}_{i_n} \tag{4.3-1}$$

である．右辺は $i_1, \cdots, i_n$ が $1 \leqq i_1, \cdots, i_n \leqq n$ をみたしながら動くときできる n^n 個の項 $a_{i_11}a_{i_22}\cdots a_{i_nn}\,\boldsymbol{e}_{i_1}\wedge\boldsymbol{e}_{i_2}\wedge\cdots\wedge\boldsymbol{e}_{i_n}$ の総和を表す．$i_1, \cdots, i_n$ のうち同じ数があれば 4.2 節の補題 2 (1) より $\boldsymbol{e}_{i_1}\wedge\cdots\wedge\boldsymbol{e}_{i_n}=0$ が成り立つ．ゆえに，(4.3-1) の右辺で残る項は $i_1, \cdots, i_n$ がすべて異なるものである．また，$1 \leqq i_1, \cdots, i_n \leqq n$ であるから，そのような $i_1, \cdots, i_n$ は $1, \cdots, n$ の順列である．よって，(4.3-1) は

$$\boldsymbol{a}_1\wedge\boldsymbol{a}_2\wedge\cdots\wedge\boldsymbol{a}_n=\sum_{(i_1 i_2 \cdots i_n)} a_{i_11}a_{i_22}\cdots a_{i_nn}\boldsymbol{e}_{i_1}\wedge\boldsymbol{e}_{i_2}\wedge\cdots\wedge\boldsymbol{e}_{i_n} \tag{4.3-2}$$

と書き改められる．右辺は $1, 2, \cdots, n$ のすべての順列についてつくられる $n!$ 個の項 $a_{i_11}a_{i_22}\cdots a_{i_nn}\boldsymbol{e}_{i_1}\wedge\boldsymbol{e}_{i_2}\wedge\cdots\wedge\boldsymbol{e}_{i_n}$ の総和である．(4.2-9) より

$$\boldsymbol{e}_{i_1}\wedge\boldsymbol{e}_{i_2}\wedge\cdots\wedge\boldsymbol{e}_{i_n}=\varepsilon(i_1\ i_2 \cdots i_n)\boldsymbol{e}_1\wedge\boldsymbol{e}_2\wedge\cdots\wedge\boldsymbol{e}_n$$

であるから，(4.3-2) は，さらに次のように書き換えられる：

$$\boldsymbol{a}_1\wedge\boldsymbol{a}_2\wedge\cdots\wedge\boldsymbol{a}_n=\Big(\sum_{(i_1 i_2 \cdots i_n)} \varepsilon(i_1\ i_2 \cdots i_n)a_{i_11}a_{i_22}\cdots a_{i_nn}\Big)\boldsymbol{e}_1\wedge\boldsymbol{e}_2\wedge\cdots\wedge\boldsymbol{e}_n. \tag{4.3-3}$$

したがって，n 個の n 項列ベクトルの積はつねに第 n 段階の単位 $\boldsymbol{e}_1\wedge\boldsymbol{e}_2\wedge\cdots\wedge\boldsymbol{e}_n$ のスカラー倍であるといえる．いまや (4.1-5) の式が拡張できる．

行列式の定義　n 次正方行列 A の列ベクトル分割を $A=(\boldsymbol{a}_1 \ \ \boldsymbol{a}_2 \ \ \cdots \ \ \boldsymbol{a}_n)$ とする．A の**行列式**を $|A|$ で表し，等式

$$\boldsymbol{a}_1 \wedge \boldsymbol{a}_2 \wedge \cdots \wedge \boldsymbol{a}_n = |A|\, \boldsymbol{e}_1 \wedge \boldsymbol{e}_2 \wedge \cdots \wedge \boldsymbol{e}_n \qquad (4.3\text{-}4)$$

をみたす数 $|A|$ と定義する．A の行列式は

$$\begin{vmatrix} a_{11} & \cdots & a_{1n} \\ & \cdots & \\ a_{n1} & \cdots & a_{nn} \end{vmatrix}, \quad |\boldsymbol{a}_1 \ \ \boldsymbol{a}_2 \ \ \cdots \ \ \boldsymbol{a}_n|, \quad \det A$$

などと表す．よって，定義式 (4.3-4) は

$$\begin{aligned} &\boldsymbol{a}_1 \wedge \cdots \wedge \boldsymbol{a}_n = |\boldsymbol{a}_1 \ \ \cdots \ \ \boldsymbol{a}_n|\, \boldsymbol{e}_1 \wedge \cdots \wedge \boldsymbol{e}_n, \\ &\begin{pmatrix} a_{11} \\ \vdots \\ a_{n1} \end{pmatrix} \wedge \cdots \wedge \begin{pmatrix} a_{1n} \\ \vdots \\ a_{nn} \end{pmatrix} = \begin{vmatrix} a_{11} & \cdots & a_{1n} \\ & \cdots & \\ a_{n1} & \cdots & a_{nn} \end{vmatrix} \boldsymbol{e}_1 \wedge \cdots \wedge \boldsymbol{e}_n \end{aligned} \qquad (4.3\text{-}4)'$$

とも表せる．

行列における用語，たとえば行，列，成分などを行列式でも同じように用いる．1 次の正方行列 $A=(a)$ については，$A=(\boldsymbol{a}_1)$，$\boldsymbol{a}_1=(a)$ であるから，$\boldsymbol{a}_1 = a\boldsymbol{e}_1$ となる．(4.3-4) より $|A| = a$ が成り立つ．

行列式の成分表示　(4.3-3) と (4.3-4) を見比べてただちに行列式のその成分による表示

$$\begin{vmatrix} a_{11} & a_{12} & \cdots & a_{1n} \\ a_{21} & a_{22} & \cdots & a_{2n} \\ \vdots & \vdots & \cdots & \vdots \\ a_{n1} & a_{n2} & \cdots & a_{nn} \end{vmatrix} = \sum_{(i_1 i_2 \cdots i_n)} \varepsilon(i_1\, i_2 \cdots i_n) a_{i_1 1} a_{i_2 2} \cdots a_{i_n n} \qquad (4.3\text{-}5)$$

が得られる．これは，多くの教科書で取り上げられているコーシー (A. L. Cauchy, 1789-1867) 流の定義式である．

いくつかの行列式の計算をしよう．例を通して第 2 段階の単位 $\boldsymbol{e}_1 \wedge \boldsymbol{e}_2$，第 3 段階の単位 $\boldsymbol{e}_1 \wedge \boldsymbol{e}_2 \wedge \boldsymbol{e}_3$ がそれぞれ "面積"，"体積" の単位と理解できることも見てほしい．

例 6　(1)　$A=\begin{pmatrix}1 & 0\\ 0 & 1\end{pmatrix}=(\boldsymbol{e}_1 \quad \boldsymbol{e}_2)$ とする．このとき，

$$\boldsymbol{e}_1\wedge\boldsymbol{e}_2=1\boldsymbol{e}_1\wedge\boldsymbol{e}_2 \quad \text{および} \quad \boldsymbol{e}_1\wedge\boldsymbol{e}_2=|A|\,\boldsymbol{e}_1\wedge\boldsymbol{e}_2$$

の係数を比較して，

$$\begin{vmatrix}1 & 0\\ 0 & 1\end{vmatrix}=1$$

を得る．

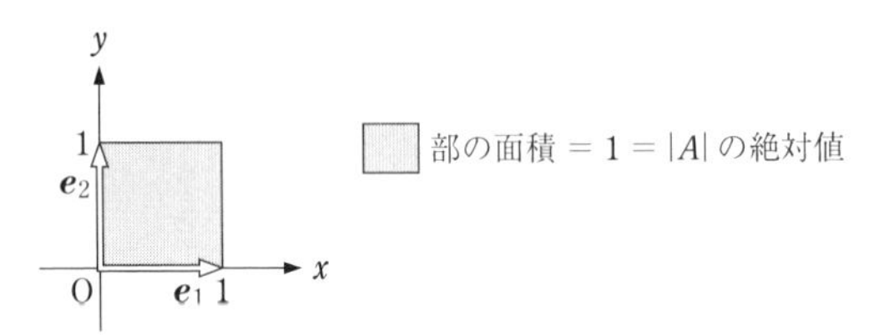

図 4-8

(2)　行列式 $\begin{vmatrix}1 & 2\\ 2 & 1\end{vmatrix}$ の値を求めてみよう．$A=\begin{pmatrix}1 & 2\\ 2 & 1\end{pmatrix}=(\boldsymbol{a}_1 \quad \boldsymbol{a}_2)$ とおく．

$$\boldsymbol{a}_1\wedge\boldsymbol{a}_2=(\boldsymbol{e}_1+2\boldsymbol{e}_2)\wedge(2\boldsymbol{e}_1+\boldsymbol{e}_2)=-3\boldsymbol{e}_1\wedge\boldsymbol{e}_2$$

である．定義式 (4.3-4) より $|A|=-3$ を得る．

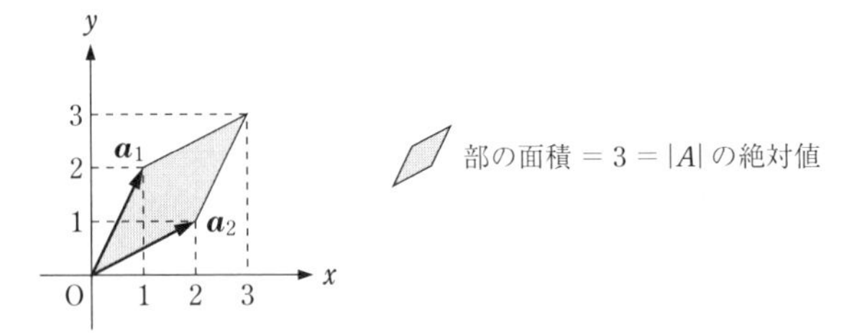

図 4-9

(3)　$A=\begin{pmatrix}1 & -1 & 1\\ 2 & 2 & 1\\ 0 & 0 & 2\end{pmatrix}=(\boldsymbol{a}_1 \quad \boldsymbol{a}_2 \quad \boldsymbol{a}_3)$ とする．

$$\boldsymbol{a}_1\wedge\boldsymbol{a}_2\wedge\boldsymbol{a}_3=(\boldsymbol{e}_1+2\boldsymbol{e}_2)\wedge(-\boldsymbol{e}_1+2\boldsymbol{e}_2)\wedge(\boldsymbol{e}_1+\boldsymbol{e}_2+2\boldsymbol{e}_3)=8\boldsymbol{e}_1\wedge\boldsymbol{e}_2\wedge\boldsymbol{e}_3$$

である．定義式 (4.3-4) より $|A|=8$ を得る (図 4-10 参照)．　■

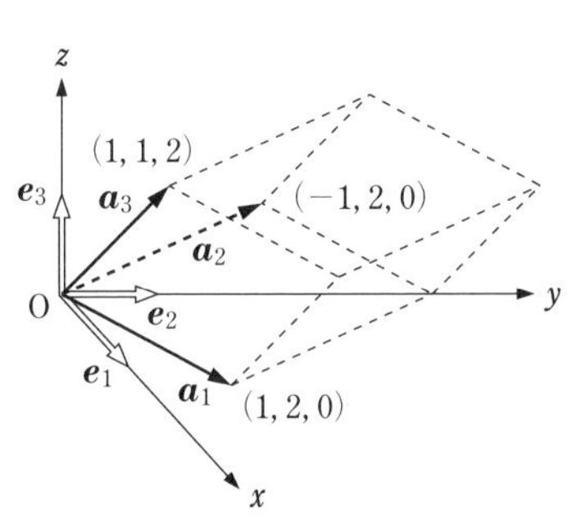

平行六面体の体積 ＝ 8 ＝ $|A|$ の絶対値

図 4-10

2 つのベクトルの積 $\boldsymbol{a}_1 \wedge \boldsymbol{a}_3$ についても考えてみよう．

$$\boldsymbol{a}_1 \wedge \boldsymbol{a}_3 = -\boldsymbol{e}_1 \wedge \boldsymbol{e}_2 + 4\boldsymbol{e}_2 \wedge \boldsymbol{e}_3 + 2\boldsymbol{e}_1 \wedge \boldsymbol{e}_3$$

である．この式に現れる係数 $-1, 4, 2$ の幾何学的意味を図で理解しよう．$\boldsymbol{a}_1$, $\boldsymbol{a}_3$ の xy, yz, xz 平面への正射影は表 4-1 のようになる．図 4-11 では $\boldsymbol{a}_1, \boldsymbol{a}_3$ の各正射影を $\boldsymbol{a}_1{}'$, $\boldsymbol{a}_3{}'$ とする．

表 4-1

	xy 平面	yz 平面	xz 平面
$\boldsymbol{a}_1$	$\boldsymbol{e}_1+2\boldsymbol{e}_2$	$2\boldsymbol{e}_2$	$\boldsymbol{e}_1$
$\boldsymbol{a}_3$	$\boldsymbol{e}_1+\boldsymbol{e}_2$	$\boldsymbol{e}_2+2\boldsymbol{e}_3$	$\boldsymbol{e}_1+2\boldsymbol{e}_3$

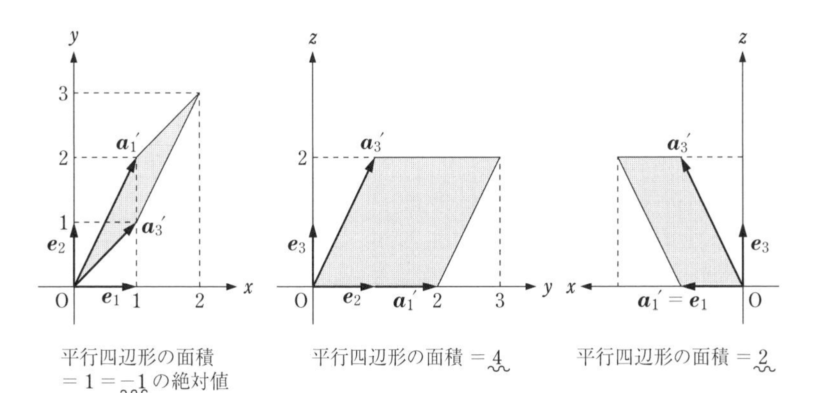

図 4-11

3 次の行列式　3 次の行列

$$A=\begin{pmatrix} a_{11} & a_{12} & a_{13} \\ a_{21} & a_{22} & a_{23} \\ a_{31} & a_{32} & a_{33} \end{pmatrix}=(\boldsymbol{a}_1 \quad \boldsymbol{a}_2 \quad \boldsymbol{a}_3)$$

の行列式の成分表示を書き下してみよう．行列式 $|A|$ は組合せ乗積 $\boldsymbol{a}_1\wedge\boldsymbol{a}_2\wedge\boldsymbol{a}_3$ の展開式における $\boldsymbol{e}_1\wedge\boldsymbol{e}_2\wedge\boldsymbol{e}_3$ の係数であった((4.3-4))．その展開を図 4-12 のように描いてみた．曲線で結ばれている 3 つのベクトルの積が展開式で残り，他の 3 つのベクトルの積はすべて 0 である．また，$\boldsymbol{e}_i\wedge\boldsymbol{e}_j\wedge\boldsymbol{e}_k$ が $\boldsymbol{e}_1\wedge\boldsymbol{e}_2\wedge\boldsymbol{e}_3$ になる積を右端に，$-\boldsymbol{e}_1\wedge\boldsymbol{e}_2\wedge\boldsymbol{e}_3$ になる積を左端に整理した．たとえば，左端の最上段の式は $a_{11}a_{32}a_{23}\boldsymbol{e}_1\wedge\boldsymbol{e}_3\wedge\boldsymbol{e}_2=-a_{11}a_{32}a_{23}\boldsymbol{e}_1\wedge\boldsymbol{e}_2\wedge\boldsymbol{e}_3$ である．

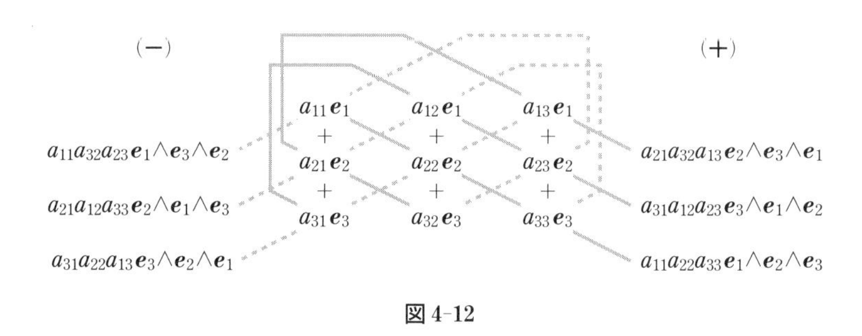

図 4-12

図 4-12 の両端の 6 つの組合せ乗積を加え，$\boldsymbol{e}_1\wedge\boldsymbol{e}_2\wedge\boldsymbol{e}_3$ の係数を見て，3 次の行列式は

$$\begin{vmatrix} a_{11} & a_{12} & a_{13} \\ a_{21} & a_{22} & a_{23} \\ a_{31} & a_{32} & a_{33} \end{vmatrix} = a_{11}a_{22}a_{33}+a_{31}a_{12}a_{23}+a_{21}a_{32}a_{13} \\ -a_{31}a_{22}a_{13}-a_{21}a_{12}a_{33}-a_{11}a_{32}a_{23} \qquad (4.3\text{-}6)$$

と展開されることがわかる．図 4-12 は (4.3-6) を記憶するのに役立つであろう．図 4-12 の実線(点線)が (4.3-6) の正(負)の項に対応している．

三角行列の行列式　行列式を計算する上で，三角行列の行列式を知っていると便利である．

定理〈三角行列の行列式〉

三角行列の行列式はその対角成分をすべて掛け合わせたものである：

$$\begin{vmatrix} a_{11} & 0 & \cdots & 0 \\ a_{21} & a_{22} & \ddots & \vdots \\ \vdots & \vdots & \ddots & 0 \\ a_{n1} & a_{n2} & \cdots & a_{nn} \end{vmatrix} = \begin{vmatrix} a_{11} & a_{12} & \cdots & a_{1n} \\ 0 & a_{22} & \cdots & a_{2n} \\ \vdots & \ddots & \ddots & \vdots \\ 0 & \cdots & 0 & a_{nn} \end{vmatrix} = a_{11}a_{22}\cdots a_{nn}.$$

証明 行列 A とその列ベクトル分割を次のようにおく：

$$\begin{pmatrix} a_{11} & 0 & \cdots & 0 \\ a_{21} & a_{22} & \ddots & \vdots \\ \vdots & \vdots & \ddots & 0 \\ a_{n1} & a_{n2} & \cdots & a_{nn} \end{pmatrix} = (\boldsymbol{a}_1 \quad \boldsymbol{a}_2 \quad \cdots \quad \boldsymbol{a}_n).$$

列ベクトルの積 $\boldsymbol{a}_1\wedge\boldsymbol{a}_2\wedge\cdots\wedge\boldsymbol{a}_n$ を $a_{ij}, \boldsymbol{e}_k$ を用いて表すと，

$$\begin{aligned}&\boldsymbol{a}_1\wedge\boldsymbol{a}_2\wedge\cdots\wedge\boldsymbol{a}_n \\ &\quad = (a_{11}\boldsymbol{e}_1+a_{21}\boldsymbol{e}_2+\cdots+a_{n1}\boldsymbol{e}_n)\wedge(a_{22}\boldsymbol{e}_2+\cdots+a_{n2}\boldsymbol{e}_n)\wedge\cdots\wedge(a_{nn}\boldsymbol{e}_n)\end{aligned}$$

である．この式の展開において，同じ基本ベクトルが積に現れればその項を 0 とおくのである（4.2 節の補題 2 (1)）から，右辺を後ろから順に計算すると，残る項は

$$a_{11}\boldsymbol{e}_1\wedge a_{22}\boldsymbol{e}_2\wedge\cdots\wedge a_{nn}\boldsymbol{e}_n = a_{11}a_{22}\cdots a_{nn}\boldsymbol{e}_1\wedge\boldsymbol{e}_2\wedge\cdots\wedge\boldsymbol{e}_n$$

のみである．ゆえに，定義式 (4.3-4) より $|A| = a_{11}a_{22}\cdots a_{nn}$ が成り立つ．

上三角行列についても同様に証明される． ▮

演 習 問 題

[22] 〈組合せ乗積の計算〉

2 項列ベクトル $\boldsymbol{a}_1 = \begin{pmatrix} 1 \\ -1 \end{pmatrix}$, $\boldsymbol{a}_2 = \begin{pmatrix} 2 \\ 0 \end{pmatrix}$, $\boldsymbol{a}_3 = \begin{pmatrix} 2 \\ 1 \end{pmatrix}$, $\boldsymbol{a}_4 = \begin{pmatrix} 2 \\ -2 \end{pmatrix}$ について，次の組合せ乗積を第 2 段階の単位 $\boldsymbol{e}_1\wedge\boldsymbol{e}_2$ を用いて表せ．

(1) $\boldsymbol{a}_1\wedge\boldsymbol{a}_2$ (2) $\boldsymbol{a}_1\wedge\boldsymbol{a}_3$ (3) $\boldsymbol{a}_1\wedge\boldsymbol{a}_4$ (4) $\boldsymbol{a}_1\wedge\boldsymbol{a}_2\wedge\boldsymbol{a}_3$

[23] 〈連立一次方程式の解法（組合せ乗積）〉

組合せ乗積を利用して，連立一次方程式 $\begin{cases} 2x + y = 4 \\ x - 3y = -5 \end{cases}$ を解け．

[24] 〈第 n 段階の単位〉

$\boldsymbol{e}_1, \boldsymbol{e}_2, \boldsymbol{e}_3$ を 3 項基本ベクトルとする．

(1) $(3\boldsymbol{e}_1+\boldsymbol{e}_2+\boldsymbol{e}_3)\wedge(\boldsymbol{e}_1-\boldsymbol{e}_2)\wedge(\boldsymbol{e}_2+\boldsymbol{e}_3)$ を第 3 段階の単位 $\boldsymbol{e}_1\wedge\boldsymbol{e}_2\wedge\boldsymbol{e}_3$ を用いて表せ．

(2) 次の等式をみたす a, b を求めよ．

$$(\boldsymbol{e}_1+a\boldsymbol{e}_2)\wedge(\boldsymbol{e}_1+2\boldsymbol{e}_2-\boldsymbol{e}_3)=3\boldsymbol{e}_1\wedge\boldsymbol{e}_2-\boldsymbol{e}_1\wedge\boldsymbol{e}_3+b\boldsymbol{e}_2\wedge\boldsymbol{e}_3$$

[25] 〈アミダくじと立体アミダくじ〉

図 P-1 のアミダくじおよび立体アミダくじについて答えよ．

(1) アミダくじ (♯) を完成せよ．

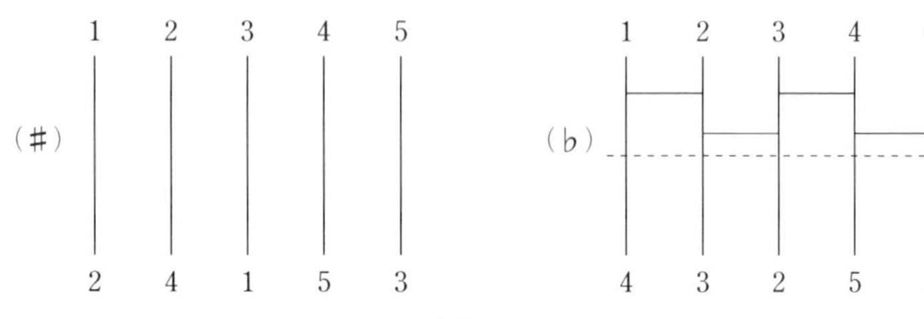

図 P-1

(2) 立体アミダくじ (♯) を完成せよ．

(3) (♭) においては，点線より下に何本かの横棒を引くことにより，アミダくじ (♭) を完成せよ．

[26] 〈行列式の定義〉

次の行列式を定義（組合せ乗積を用いた）に従って計算せよ．

(1) $\begin{vmatrix} 1 & 1 \\ 0 & 1 \end{vmatrix}$　(2) $\begin{vmatrix} 1 & 1 \\ 1 & 1 \end{vmatrix}$　(3) $\begin{vmatrix} 0 & 0 & 1 \\ 0 & 1 & 1 \\ 1 & 1 & 1 \end{vmatrix}$

(4) $\begin{vmatrix} 0 & \cdots & 0 & 1 \\ \vdots & \iddots & 1 & 0 \\ 0 & \iddots & & \vdots \\ 1 & 0 & \cdots & 0 \end{vmatrix}$ （n 次）

[27] 〈3 次の行列式の計算〉

次の 3 次の行列式をその成分表示 (4.3-6) を用いて計算せよ．

(1) $\begin{vmatrix} 1 & 2 & 3 \\ 2 & 3 & 1 \\ 3 & 1 & 2 \end{vmatrix}$　(2) $\begin{vmatrix} 1 & 2 & 3 \\ 1 & 1 & 1 \\ 2 & 5 & 8 \end{vmatrix}$　(3) $\begin{vmatrix} 0 & a & b \\ a & 0 & c \\ b & c & 0 \end{vmatrix}$

(4) $\begin{vmatrix} a & b & c \\ c & a & b \\ b & c & a \end{vmatrix}$

[28] 〈組合せ乗積と行列式の性質〉

A を 3×2 行列，$B=(b_{ij})$ を 2×3 行列とする．A の列ベクトル分割を $A=(\boldsymbol{a}_1\ \ \boldsymbol{a}_2)$ とする．AB の各列ベクトルを $\boldsymbol{a}_1, \boldsymbol{a}_2$ および $b_{ij}\,(1\leqq i\leqq 2,\ 1\leqq j\leqq 3)$ で表し，それらの組合せ乗積を計算することにより，$|AB|=0$ が成り立つこ

とを証明せよ．（一般に，$m \times n$ 行列 A と $n \times m$ 行列 B について，$m > n$ のとき $|AB| = 0$ が成り立つことも同様に証明できる．）

[29] 〈**鳩の巣の原理**〉

（1） 次の**鳩の巣の原理**（**ディリクレの部屋割り論法**）を証明せよ．

$kn+1$（$k \geqq 1$）羽の鳩と n 個の巣箱があり，すべての鳩がこれらの巣箱のいずれかに入れば，巣のうちのどれか 1 つは $k+1$ 羽以上の鳩が同居していることになる．

（2） 一辺が 2 の正方形の上に，5 個の点をどのようにとっても必ず互いの距離が $\sqrt{2}$ 以下の 2 個の点が存在することを，鳩の巣の原理（$k=1$ の場合）を利用して証明せよ．

5 行列式の性質

5.1 行列式の定義からただちに導かれる性質

行列式の性質は，4.2 節で述べた組合せ乗積の性質を行列式の定義式 (4.3-4)′

$$\boldsymbol{a}_1 \wedge \cdots \wedge \boldsymbol{a}_n = |\boldsymbol{a}_1 \quad \cdots \quad \boldsymbol{a}_n|\, \boldsymbol{e}_1 \wedge \cdots \wedge \boldsymbol{e}_n$$

で書き改め，$\boldsymbol{e}_1 \wedge \cdots \wedge \boldsymbol{e}_n$ の係数を比較することにより導かれる．

補題 1 $\boldsymbol{a}_1, \cdots, \boldsymbol{a}_i, \cdots, \boldsymbol{a}_n$ と $\boldsymbol{a}_i{}'$ を n 項列ベクトル，k と l をスカラーとする．このとき，

$$|\boldsymbol{a}_1 \quad \cdots \quad (k\boldsymbol{a}_i + l\boldsymbol{a}_i{}') \quad \cdots \quad \boldsymbol{a}_n|$$
$$= k|\boldsymbol{a}_1 \quad \cdots \quad \boldsymbol{a}_i \quad \cdots \quad \boldsymbol{a}_n| + l|\boldsymbol{a}_1 \quad \cdots \quad \boldsymbol{a}_i{}' \quad \cdots \quad \boldsymbol{a}_n|$$

が成り立つ．

証明 式変形

$$\begin{aligned}
&|\boldsymbol{a}_1 \quad \cdots \quad (k\boldsymbol{a}_i + l\boldsymbol{a}_i{}') \quad \cdots \quad \boldsymbol{a}_n|\, \boldsymbol{e}_1 \wedge \cdots \wedge \boldsymbol{e}_n \\
&= \boldsymbol{a}_1 \wedge \cdots \wedge (k\boldsymbol{a}_i + l\boldsymbol{a}_i{}') \wedge \cdots \wedge \boldsymbol{a}_n \quad \text{((4.3-4)′ より)} \\
&= k\boldsymbol{a}_1 \wedge \cdots \wedge \boldsymbol{a}_i \wedge \cdots \wedge \boldsymbol{a}_n + l\boldsymbol{a}_1 \wedge \cdots \wedge \boldsymbol{a}_i{}' \wedge \cdots \wedge \boldsymbol{a}_n \quad \text{((4.2-11) より)} \\
&= (k|\boldsymbol{a}_1 \quad \cdots \quad \boldsymbol{a}_i \quad \cdots \quad \boldsymbol{a}_n| + l|\boldsymbol{a}_1 \quad \cdots \quad \boldsymbol{a}_i{}' \quad \cdots \quad \boldsymbol{a}_n|)\, \boldsymbol{e}_1 \wedge \cdots \wedge \boldsymbol{e}_n \\
&\hspace{20em} \text{((4.3-4)′ より)}
\end{aligned}$$

の最初と最後の式の $\boldsymbol{e}_1 \wedge \cdots \wedge \boldsymbol{e}_n$ の係数を比較すればよい． ∎

定理 1〈行列式の性質 1〉

A を n 次正方行列，$A = (\boldsymbol{a}_1 \quad \cdots \quad \boldsymbol{a}_n)$ をその列ベクトル分割とする．

(1) 2 つの列が同じであれば，$|A| = 0$ である．

(2) A の 2 つの列を交換してできる行列の行列式は $-|A|$ である：

$|\boldsymbol{a}_1 \quad \cdots \quad \boldsymbol{a}_j \quad \cdots \quad \boldsymbol{a}_i \quad \cdots \quad \boldsymbol{a}_n| = -|\boldsymbol{a}_1 \quad \cdots \quad \boldsymbol{a}_i \quad \cdots \quad \boldsymbol{a}_j \quad \cdots \quad \boldsymbol{a}_n|$.

(3) k をスカラーとする．A の 1 つの列を k 倍してできる行列の行列式

は $k|A|$ である：

$$|\boldsymbol{a}_1 \quad \cdots \quad k\boldsymbol{a}_i \quad \cdots \quad \boldsymbol{a}_n| = k|\boldsymbol{a}_1 \quad \cdots \quad \boldsymbol{a}_i \quad \cdots \quad \boldsymbol{a}_n|.$$

(4)　k をスカラーとする．A の 1 つの列の k 倍を他の列に加えてできる行列の行列式は $|A|$ に等しい：

$$|\boldsymbol{a}_1 \quad \cdots \quad (\boldsymbol{a}_i + k\boldsymbol{a}_j) \quad \cdots \quad \boldsymbol{a}_j \quad \cdots \quad \boldsymbol{a}_n| = |\boldsymbol{a}_1 \quad \cdots \quad \boldsymbol{a}_i \quad \cdots \quad \boldsymbol{a}_j \quad \cdots \quad \boldsymbol{a}_n|.$$

(5)　1 つの列の成分がすべて 0 であれば，$|A| = 0$ である．

証明　(1), (2) については

$\boldsymbol{a}_i = \boldsymbol{a}_j\ (i \neq j)$ のとき，$\boldsymbol{a}_1 \wedge \cdots \wedge \boldsymbol{a}_i \wedge \cdots \wedge \boldsymbol{a}_j \wedge \cdots \wedge \boldsymbol{a}_n = 0$　(4.2 節補題 2 (1))

$\boldsymbol{a}_1 \wedge \cdots \wedge \boldsymbol{a}_j \wedge \cdots \wedge \boldsymbol{a}_i \wedge \cdots \wedge \boldsymbol{a}_n = -\boldsymbol{a}_1 \wedge \cdots \wedge \boldsymbol{a}_i \wedge \cdots \wedge \boldsymbol{a}_j \wedge \cdots \wedge \boldsymbol{a}_n$　(4.2-7)

を用いて，補題 1 と同様に証明できる．たとえば，(2) の $n = 3$ の場合を見てみよう．上の第 2 式から

$$\boldsymbol{a}_3 \wedge \boldsymbol{a}_2 \wedge \boldsymbol{a}_1 = -\boldsymbol{a}_1 \wedge \boldsymbol{a}_2 \wedge \boldsymbol{a}_3$$

$\therefore$　$|\boldsymbol{a}_3 \quad \boldsymbol{a}_2 \quad \boldsymbol{a}_1|\boldsymbol{e}_1 \wedge \boldsymbol{e}_2 \wedge \boldsymbol{e}_3 = -|\boldsymbol{a}_1 \quad \boldsymbol{a}_2 \quad \boldsymbol{a}_3|\boldsymbol{e}_1 \wedge \boldsymbol{e}_2 \wedge \boldsymbol{e}_3$　((4.3-4)′ より)

$\boldsymbol{e}_1 \wedge \boldsymbol{e}_2 \wedge \boldsymbol{e}_3$ の係数を比較して，$|\boldsymbol{a}_3 \quad \boldsymbol{a}_2 \quad \boldsymbol{a}_1| = -|\boldsymbol{a}_1 \quad \boldsymbol{a}_2 \quad \boldsymbol{a}_3|$ を得る．

(3), (5) については，補題 1 において，それぞれ $l = 0$，$k = l = 0$ とおけばよい．

(4) については，

$|\boldsymbol{a}_1 \quad \cdots \quad (\boldsymbol{a}_i + k\boldsymbol{a}_j) \quad \cdots \quad \boldsymbol{a}_j \quad \cdots \quad \boldsymbol{a}_n|$

$= |\boldsymbol{a}_1 \quad \cdots \quad \boldsymbol{a}_i \quad \cdots \quad \boldsymbol{a}_j \quad \cdots \quad \boldsymbol{a}_n| + k|\boldsymbol{a}_1 \quad \cdots \quad \boldsymbol{a}_j \quad \cdots \quad \boldsymbol{a}_j \quad \cdots \quad \boldsymbol{a}_n|$ (補題 1 より)

$= |\boldsymbol{a}_1 \quad \cdots \quad \boldsymbol{a}_i \quad \cdots \quad \boldsymbol{a}_j \quad \cdots \quad \boldsymbol{a}_n|$　((1) より)

と証明される．　■

この定理と三角行列の行列式 (4.3 節の定理) を用いると，行列式のプラクティカルな計算が可能である．

例 1　(1)

$$\overset{\xrightarrow{\;-1\;}}{\begin{vmatrix} 1 & 1 & 1 \\ x & y & z \\ x^2 & y^2 & z^2 \end{vmatrix}} \underset{①}{=} \overset{\xrightarrow{\qquad -1 \qquad}}{\begin{vmatrix} 1 & 0 & 1 \\ x & y-x & z \\ x^2 & y^2-x^2 & z^2 \end{vmatrix}}$$

$$\underset{②}{=} \begin{vmatrix} 1 & \overset{\substack{\text{因子}\,(y-x)\\ \uparrow}}{0} & 0 \\ x & y-x & z-x \\ x^2 & y^2-x^2 & \underset{\substack{\downarrow\\ \text{因子}\,(z-x)}}{z^2-x^2} \end{vmatrix}$$

$$\underset{③}{=}(y-x)(z-x)\begin{vmatrix} 1 & 0 & 0 \\ x & 1 & 1 \\ x^2 & y+x & z+x \end{vmatrix}$$

（第2列の -1 倍を第3列へ）

$$\underset{④}{=}(y-x)(z-x)\begin{vmatrix} 1 & 0 & 0 \\ x & 1 & 0 \\ x^2 & y+x & z-y \end{vmatrix}$$

$$\underset{⑤}{=}(y-x)(z-x)(z-y)=(x-y)(y-z)(z-x)$$

上の変形を記号とあわせて説明しよう．括弧(…)内に用いた性質を書いた．

① 第1列の -1 倍を第2列に加えた(定理1(4))．

② 第1列の -1 倍を第3列に加えた(定理1(4))．

③ 第2列の共通因子 $y-x$ と第3列の共通因子 $z-x$ を行列式の前に出し，行列式の第2列，第3列をそれぞれ $y-x, z-x$ で割った(定理1(3))．

④ 第2列の -1 倍を第3列に加えた(定理1(4))．

⑤ 下三角行列の行列式を用いた(4.3節の定理)．

(2)（第1列と第2列を入れかえ）

$$\begin{vmatrix} 2 & 1 & -1 & 1 \\ 1 & 2 & 1 & -1 \\ 2 & -1 & 3 & 0 \\ 1 & 0 & 1 & 1 \end{vmatrix} \underset{⑥}{=} - \begin{vmatrix} 1 & 2 & -1 & 1 \\ 2 & 1 & 1 & -1 \\ -1 & 2 & 3 & 0 \\ 0 & 1 & 1 & 1 \end{vmatrix}$$

（第1列の -2 倍を第2列へ，$+1$ 倍を第3列へ，-1 倍を第4列へ）

$$\underset{⑦}{=} - \begin{vmatrix} 1 & 0 & 0 & 0 \\ 2 & -3 & 3 & -3 \\ -1 & 4 & 2 & 1 \\ 0 & 1 & 1 & 1 \end{vmatrix} = - \begin{vmatrix} 1 & 0 & 0 & 0 \\ 2 & -3 & 0 & 0 \\ -1 & 4 & 6 & -3 \\ 0 & 1 & 2 & 0 \end{vmatrix}$$

（第2列の $+1$ 倍を第3列へ，-1 倍を第4列へ；第3列に因子 2）

$$
= -2\begin{vmatrix} 1 & 0 & 0 & 0 \\ 2 & -3 & 0 & 0 \\ -1 & 4 & 3 & -3 \\ 0 & 1 & 1 & 0 \end{vmatrix} = -2\begin{vmatrix} 1 & 0 & 0 & 0 \\ 2 & -3 & 0 & 0 \\ -1 & 4 & 3 & 0 \\ 0 & 1 & 1 & 1 \end{vmatrix}
$$

(第3列から第4列へ +1)

$$
= -2\times\{1\times(-3)\times 3\times 1\} = 18
$$

⑥ 第1列と第2列を交換した(定理1(2)).

⑦ 第1列の -2 倍, $+1$ 倍, -1 倍をそれぞれ第2列, 第3列, 第4列に加えた(定理1(4)). ▒

5.2 転置行列の行列式

符号 $\varepsilon(i_1 \cdots i_n)$ は, $i_1, \cdots, i_n$ を上段, $1, \cdots, n$ を下段とする立体アミダくじをつくるに必要な本数を r としたとき, $\varepsilon(i_1 \cdots i_n) = (-1)^r$ で与えられるのであった(4.2節の(4.2-8)と(4.2-10)). この考え方を用いると, 符号に関する次の性質が簡単に証明できる.

補題2 $(i_1\, i_2 \cdots i_n)$ を $1, 2, \cdots, n$ の順列とする. 数の組 $(1, i_1), (2, i_2), \cdots, (n, i_n)$ を並べ換えて, $(j_1, 1), (j_2, 2), \cdots, (j_n, n)$ になったとする. このとき, 順列 $(j_1\, j_2 \cdots j_n)$ の符号について

$$
\varepsilon(j_1\, j_2 \cdots j_n) = \varepsilon(i_1\, i_2 \cdots i_n)
$$

が成り立つ.

証明 図5-1の立体アミダくじ(♯)と(♭)が同じ個数の横棒を用いて完成できることをいえばよい((4.2-10)). (♯)は(♮)の上下を反転させたもの, (♭)は(♮)の縦棒の配列を変えたものである. いずれも縦棒と横棒のつながりはそのままで変える

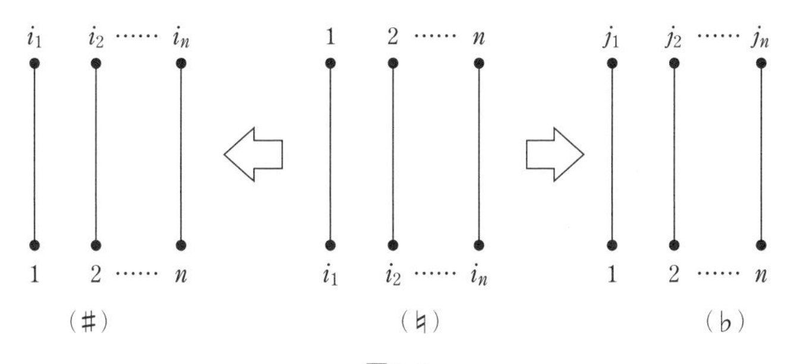

図5-1 ▒

ことができる．したがって，(♯) と (♭) は (♮) と同じ個数の横棒を用いて完成できる．

定理 2〈転置行列の行列式〉

正方行列 A とその転置行列 ${}^tA$ について

$$|{}^tA| = |A|$$

が成り立つ．

証明　A を n 次正方行列とする．$A = (a_{ij})$，${}^tA = (a_{ij}{}')$ とおく．このとき，$a_{ij}{}' = a_{ji}$ であった ((1.1-1))．行列式の成分表示 (4.3-5) を用いて証明する．

$$\begin{aligned}
|{}^tA| &= \sum_{(i_1 \cdots i_n)} \varepsilon(i_1\, i_2 \cdots i_n) a_{i_11}{}' a_{i_22}{}' \cdots a_{i_nn}{}' \\
&= \sum_{(i_1 \cdots i_n)} \varepsilon(i_1\, i_2 \cdots i_n) a_{1i_1} a_{2i_2} \cdots a_{ni_n} \\
&= \sum_{(i_1 \cdots i_n)} \varepsilon(i_1\, i_2 \cdots i_n) a_{j_11} a_{j_22} \cdots a_{j_nn} \quad (a_{1i_1} \cdots a_{ni_n} \text{を並べ換えた}) \\
&= \sum_{(j_1 \cdots j_n)} \varepsilon(j_1\, j_2 \cdots j_n) a_{j_11} a_{j_22} \cdots a_{j_nn} \quad (\text{補題 2 より}) \\
&= |A|
\end{aligned}$$

■

この定理を利用すれば，行列式のある性質が列に関して成り立てば，全く同様のことが行に関しても成り立ち，その逆のこともいえることが簡単に証明できる．5.1 節の列についての定理 1 に対応する行についての性質は次のようになる．

定理 3〈行列式の性質 2〉

A を正方行列，k をスカラーとする．

(1)　2 つの行が同じであれば，$|A| = 0$ である．

(2)　A の 2 つの行を交換してできる行列の行列式は $-|A|$ である．

(3)　A の 1 つの行を k 倍してできる行列の行列式は $k|A|$ である．

(4)　A の 1 つの行の k 倍を他の行に加えてできる行列の行列式は $|A|$ に等しい．

(5)　1 つの行の成分がすべて 0 であれば，$|A| = 0$ である．

証明　(4) を 3 次正方行列の場合に証明する．一般の n 次正方行列の場合および他の (1), (2), (3), (5) の証明も全く同様の流れである．A を 3 次正方行列とする．A

の行ベクトル分割

$$A = \begin{pmatrix} a_{11} & a_{12} & a_{13} \\ a_{21} & a_{22} & a_{23} \\ a_{31} & a_{32} & a_{33} \end{pmatrix} = \begin{pmatrix} \boldsymbol{b}_1 \\ \boldsymbol{b}_2 \\ \boldsymbol{b}_3 \end{pmatrix}; \quad \begin{matrix} \boldsymbol{b}_1 = (a_{11} \quad a_{12} \quad a_{13}) \\ \boldsymbol{b}_2 = (a_{21} \quad a_{22} \quad a_{23}) \\ \boldsymbol{b}_3 = (a_{31} \quad a_{32} \quad a_{33}) \end{matrix}$$

を考える．A の 3 行の k 倍を 1 行に加えてできる行列の行列式は

$$\begin{vmatrix} \boldsymbol{b}_1 + k\boldsymbol{b}_3 \\ \boldsymbol{b}_2 \\ \boldsymbol{b}_3 \end{vmatrix} \underset{①}{=} |{}^t\boldsymbol{b}_1 + k\,{}^t\boldsymbol{b}_3 \quad {}^t\boldsymbol{b}_2 \quad {}^t\boldsymbol{b}_3|$$

$$\underset{②}{=} |{}^t\boldsymbol{b}_1 \quad {}^t\boldsymbol{b}_2 \quad {}^t\boldsymbol{b}_3|$$

$$\underset{③}{=} \begin{vmatrix} \boldsymbol{b}_1 \\ \boldsymbol{b}_2 \\ \boldsymbol{b}_3 \end{vmatrix}$$

から $|A|$ と一致する．① では，定理 2 を用いて行の話を列のそれに移す．② は 5.1 節の列についての定理 1 (4) である．③ で再び定理 2 により行の話にもどした．▯

例 2　定理 3 を利用して行列式の値を求めてみよう．

$$\begin{vmatrix} 1 & -1 & 2 & -4 \\ -1 & 2 & -3 & 6 \\ 2 & -2 & 3 & -6 \\ -3 & 3 & 4 & 7 \end{vmatrix} \begin{matrix} +1 \quad -2 \quad +3 \end{matrix} \underset{①}{=} \begin{vmatrix} 1 & -1 & 2 & -4 \\ 0 & 1 & -1 & 2 \\ 0 & 0 & -1 & 2 \\ 0 & 0 & 10 & -5 \end{vmatrix} \to \text{因子 } 5$$

$$\underset{②}{=} 5 \begin{vmatrix} 1 & -1 & 2 & -4 \\ 0 & 1 & -1 & 2 \\ 0 & 0 & -1 & 2 \\ 0 & 0 & 2 & -1 \end{vmatrix} {+2} = 5 \begin{vmatrix} 1 & -1 & 2 & -4 \\ 0 & 1 & -1 & 2 \\ 0 & 0 & -1 & 2 \\ 0 & 0 & 0 & 3 \end{vmatrix}$$

$$\underset{③}{=} 5 \times \{1 \times 1 \times (-1) \times 3\} = -15$$

① 第 1 行の +1 倍，−2 倍，+3 倍をそれぞれ第 2 行，第 3 行，第 4 行に加えた．

② 第 4 行の共通因子 5 を行列式の前に出し，行列式の第 4 行を 5 で割った．

③ 上三角行列の行列式 (4.3 節の定理) を用いた．▯

5.1 節の補題 1 に対応する行に関する性質は次のようになる．定理 3 の証明と同じ論法で示せるから証明は略す．

補題 2　$\boldsymbol{b}_1, \cdots, \boldsymbol{b}_i, \cdots, \boldsymbol{b}_n$ と $\boldsymbol{b}_i{}'$ を n 項行ベクトル，k と l をスカラーとする．このとき，

$$\begin{vmatrix} \boldsymbol{b}_1 \\ \vdots \\ k\boldsymbol{b}_i + l\boldsymbol{b}_i{}' \\ \vdots \\ \boldsymbol{b}_n \end{vmatrix} = k \begin{vmatrix} \boldsymbol{b}_1 \\ \vdots \\ \boldsymbol{b}_i \\ \vdots \\ \boldsymbol{b}_n \end{vmatrix} + l \begin{vmatrix} \boldsymbol{b}_1 \\ \vdots \\ \boldsymbol{b}_i{}' \\ \vdots \\ \boldsymbol{b}_n \end{vmatrix}$$

が成り立つ．■

演 習 問 題

[30]〈行列式の因数分解（基本変形）〉

次の行列式の計算において，x を求め，行列式を因数分解せよ．

（第2列 +1，第3列 +1 を第1列へ；第1列から因子 x；第1列の $-b$ 倍を第2列・第3列へ）

$$\begin{vmatrix} a & b & b \\ b & a & b \\ b & b & a \end{vmatrix} = \begin{vmatrix} x & b & b \\ x & a & b \\ x & b & a \end{vmatrix} = x \begin{vmatrix} 1 & b & b \\ 1 & a & b \\ 1 & b & a \end{vmatrix} = \cdots$$

[31]〈行列式の計算（基本変形）〉

次の行列式を計算せよ．

(1) $\begin{vmatrix} 1 & 2 & 0 & 1 \\ 0 & 1 & 2 & -1 \\ 1 & 3 & -1 & 2 \\ 1 & 2 & 3 & -1 \end{vmatrix}$　　(2) $\begin{vmatrix} 1 & 2 & 1/5 & 4 \\ -1/3 & -2/3 & 1/5 & 1/3 \\ -2 & 2 & 0 & -3 \\ 0 & -3 & 2/5 & 0 \end{vmatrix}$

[32]〈転置行列の行列式〉

$A = \begin{pmatrix} 0 & a & b \\ -a & 0 & c \\ -b & -c & 0 \end{pmatrix}$ とする．${}^tA = -A$ であることを利用して，$|A| = 0$ を証明せよ．

[33]〈行列式の性質〉

(1)　$\boldsymbol{a}$ を 3 項列ベクトル，k, l, m をスカラーとする．

$$|k\boldsymbol{a}+\boldsymbol{e}_1 \quad l\boldsymbol{a}+\boldsymbol{e}_2 \quad m\boldsymbol{a}+\boldsymbol{e}_3| = k|\boldsymbol{a} \quad \boldsymbol{e}_2 \quad \boldsymbol{e}_3| + l|\boldsymbol{e}_1 \quad \boldsymbol{a} \quad \boldsymbol{e}_3| + m|\boldsymbol{e}_1 \quad \boldsymbol{e}_2 \quad \boldsymbol{a}| + |\boldsymbol{e}_1 \quad \boldsymbol{e}_2 \quad \boldsymbol{e}_3|$$

が成り立つことを証明せよ．

(2) (1) を用いて，行列式 $\begin{vmatrix} a^2+1 & ab & ac \\ ab & b^2+1 & bc \\ ac & bc & c^2+1 \end{vmatrix}$ を計算せよ．

[34] 〈行列式の因数分解（基本変形）〉

次の等式を証明せよ．

(1) $\begin{vmatrix} 1 & 1 & 1 \\ a & b & c \\ a^3 & b^3 & c^3 \end{vmatrix} = (a-b)(b-c)(c-a)(a+b+c)$

(2) $\begin{vmatrix} a+1 & 1 & 1 \\ 1 & b+1 & 1 \\ 1 & 1 & c+1 \end{vmatrix} = abc\left(1+\dfrac{1}{a}+\dfrac{1}{b}+\dfrac{1}{c}\right)$

(3) $\begin{vmatrix} x & a & b & 1 \\ a & x & b & 1 \\ a & b & x & 1 \\ a & b & c & 1 \end{vmatrix} = (x-a)(x-b)(x-c)$

(4) $\begin{vmatrix} a+1 & 1 & \cdots & 1 \\ 1 & a+1 & \ddots & \vdots \\ \vdots & \ddots & \ddots & 1 \\ 1 & \cdots & 1 & a+1 \end{vmatrix} = (a+n)a^{n-1}$ （n 次）

行列式の展開と行列の積の行列式

6.1 行列式の展開

5章で学んだ行列式の計算方法は，5.1節定理1と5.2節定理3を利用して行列式を三角行列の行列式に変形して求めるものであった．この章では，行列式をそれより低次の行列式に展開して計算する方法について述べよう．

4.3節の式変形(4.3-1)〜(4.3-4),(4.3-4)′を眺めれば，次の補題は容易に理解できる．

補題 $\boldsymbol{a}_1, \cdots, \boldsymbol{a}_p$ を n 項列ベクトルとする．ベクトル $\boldsymbol{b}_1, \cdots, \boldsymbol{b}_p$ が

$$\begin{aligned}\boldsymbol{b}_1 &= b_{11}\boldsymbol{a}_1 + b_{21}\boldsymbol{a}_2 + \cdots + b_{p1}\boldsymbol{a}_p,\\ \boldsymbol{b}_2 &= b_{12}\boldsymbol{a}_1 + b_{22}\boldsymbol{a}_2 + \cdots + b_{p2}\boldsymbol{a}_p,\\ &\cdots\cdots\cdots\cdots\cdots\\ \boldsymbol{b}_p &= b_{1p}\boldsymbol{a}_1 + b_{2p}\boldsymbol{a}_2 + \cdots + b_{pp}\boldsymbol{a}_p\end{aligned}$$

と表されているとき，

$$\boldsymbol{b}_1 \wedge \boldsymbol{b}_2 \wedge \cdots \wedge \boldsymbol{b}_p = \begin{vmatrix} b_{11} & b_{12} & \cdots & b_{1p} \\ b_{21} & b_{22} & \cdots & b_{2p} \\ \vdots & \vdots & \ddots & \vdots \\ b_{p1} & b_{p2} & \cdots & b_{pp} \end{vmatrix} \boldsymbol{a}_1 \wedge \boldsymbol{a}_2 \wedge \cdots \wedge \boldsymbol{a}_p$$

が成り立つ．ここに，$b_{11}, \cdots, b_{pp}$ はスカラーである． ∎

例1 $(2\boldsymbol{a}_1 - \boldsymbol{a}_2) \wedge (\boldsymbol{a}_1 + 3\boldsymbol{a}_2) = \begin{vmatrix} 2 & 1 \\ -1 & 3 \end{vmatrix} \boldsymbol{a}_1 \wedge \boldsymbol{a}_2 = 7\boldsymbol{a}_1 \wedge \boldsymbol{a}_2$ ∎

次数を下げて行列式の計算をするには，次の公式が基本的である．証明は次の例2から推測できるであろう．

命題　A を r 次正方行列，B を s 次正方行列，C を $r\times s$ 行列，D を $s\times r$ 行列とするとき

$$\begin{vmatrix} A & C \\ O_{sr} & B \end{vmatrix} = |A||B|, \qquad \begin{vmatrix} A & O_{rs} \\ D & B \end{vmatrix} = |A||B|$$

が成り立つ．

例 2　組合せ乗積と (4.3-4)′ を利用して，次の等式を証明せよ．

$$\begin{vmatrix} a & b & p & q \\ c & d & r & s \\ 0 & 0 & x & y \\ 0 & 0 & z & w \end{vmatrix} = \begin{vmatrix} a & b \\ c & d \end{vmatrix}\begin{vmatrix} x & y \\ z & w \end{vmatrix}$$

解

$$\begin{vmatrix} a & b & p & q \\ c & d & r & s \\ 0 & 0 & x & y \\ 0 & 0 & z & w \end{vmatrix} \boldsymbol{e}_1\wedge\boldsymbol{e}_2\wedge\boldsymbol{e}_3\wedge\boldsymbol{e}_4 = \begin{pmatrix} a \\ c \\ 0 \\ 0 \end{pmatrix}\wedge\begin{pmatrix} b \\ d \\ 0 \\ 0 \end{pmatrix}\wedge\begin{pmatrix} p \\ r \\ x \\ z \end{pmatrix}\wedge\begin{pmatrix} q \\ s \\ y \\ w \end{pmatrix}$$

$$= (a\boldsymbol{e}_1+c\boldsymbol{e}_2)\wedge(b\boldsymbol{e}_1+d\boldsymbol{e}_2)\wedge(p\boldsymbol{e}_1+r\boldsymbol{e}_2+x\boldsymbol{e}_3+z\boldsymbol{e}_4)\wedge(q\boldsymbol{e}_1+s\boldsymbol{e}_2+y\boldsymbol{e}_3+w\boldsymbol{e}_4)$$

$$\underset{①}{=} \begin{vmatrix} a & b \\ c & d \end{vmatrix} \boldsymbol{e}_1\wedge\boldsymbol{e}_2\wedge(\underline{p\boldsymbol{e}_1+r\boldsymbol{e}_2}+x\boldsymbol{e}_3+z\boldsymbol{e}_4)\wedge(\underline{q\boldsymbol{e}_1+s\boldsymbol{e}_2}+y\boldsymbol{e}_3+w\boldsymbol{e}_4)$$

$$\underset{②}{=} \begin{vmatrix} a & b \\ c & d \end{vmatrix} \boldsymbol{e}_1\wedge\boldsymbol{e}_2\wedge(x\boldsymbol{e}_3+z\boldsymbol{e}_4)\wedge(y\boldsymbol{e}_3+w\boldsymbol{e}_4)$$

$$\underset{③}{=} \begin{vmatrix} a & b \\ c & d \end{vmatrix} \boldsymbol{e}_1\wedge\boldsymbol{e}_2\wedge\begin{vmatrix} x & y \\ z & w \end{vmatrix} \boldsymbol{e}_3\wedge\boldsymbol{e}_4$$

$$= \begin{vmatrix} a & b \\ c & d \end{vmatrix}\begin{vmatrix} x & y \\ z & w \end{vmatrix} \boldsymbol{e}_1\wedge\boldsymbol{e}_2\wedge\boldsymbol{e}_3\wedge\boldsymbol{e}_4$$

である．最初と最後の式の $\boldsymbol{e}_1\wedge\boldsymbol{e}_2\wedge\boldsymbol{e}_3\wedge\boldsymbol{e}_4$ の係数を比較すればよい．① と ③ では，波線部分に補題を用いた．② では，$\boldsymbol{e}_1\wedge\boldsymbol{e}_2$ と下線の項の組合せ乗積が 0 であることを用いた．

系　(1)
$$\begin{vmatrix} a_{11} & a_{12} & \cdots & a_{1n} \\ 0 & a_{22} & \cdots & a_{2n} \\ \vdots & \vdots & \ddots & \vdots \\ 0 & a_{n2} & \cdots & a_{nn} \end{vmatrix} = a_{11}\begin{vmatrix} a_{22} & \cdots & a_{2n} \\ \vdots & \ddots & \vdots \\ a_{n2} & \cdots & a_{nn} \end{vmatrix}$$

$$
(2)\quad \begin{vmatrix} 0 & a_{12} & \cdots & a_{1n} \\ \vdots & \vdots & & \vdots \\ a_{i1} & a_{i2} & \cdots & a_{in} \\ \vdots & \vdots & & \vdots \\ 0 & a_{n2} & \cdots & a_{nn} \end{vmatrix} = a_{i1}(-1)^{i+1} \begin{vmatrix} a_{12} & \cdots & a_{1n} \\ \cdots & \cdots & \cdots \\ a_{i2} & \cdots & a_{in} \\ \cdots & \cdots & \cdots \\ a_{n2} & \cdots & a_{nn} \end{vmatrix} < i
$$

（$< i$ は i 行を除くことを表す）

証明　(1) は，命題において，$A=(a_{11})$，$B=\begin{pmatrix} a_{22} & \cdots & a_{2n} \\ \vdots & \ddots & \vdots \\ a_{n2} & \cdots & a_{nn} \end{pmatrix}$ とおけばよい．

(2)　左辺の行列式において，第 i 行と第 $i-1$ 行の交換，第 $i-1$ 行と第 $i-2$ 行の交換，…，第 2 行と第 1 行の交換を順に，あわせて $i-1$ 回の行の交換を行うと，

$$
(-1)^{i-1} \begin{vmatrix} a_{i1} & a_{i2} & \cdots & a_{in} \\ 0 & a_{12} & \cdots & a_{1n} \\ \vdots & & \cdots & \\ a_{i1} & a_{i2} & \cdots & a_{in} \\ \vdots & & \cdots & \\ 0 & a_{n2} & \cdots & a_{nn} \end{vmatrix} < i
$$

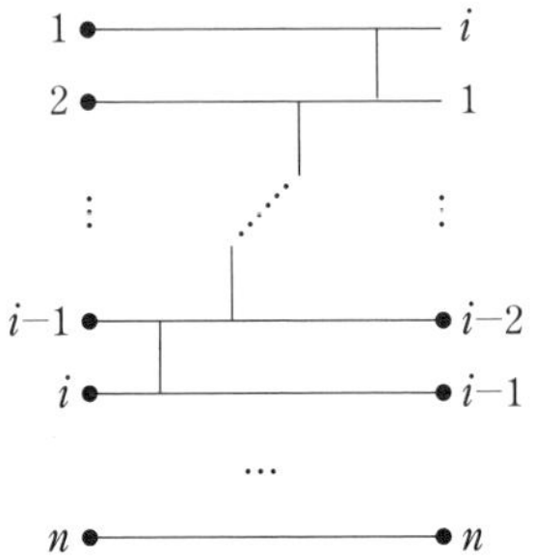

となる．これに (1) を適用し，$(-1)^{i-1}=(-1)^{i+1}$ に注意して (2) が得られる．　■

図 6-1

余因子　系の (2) に現れた行列式について述べよう．一般に，A の第 i 行と第 j 列を取り除いて得られる $n-1$ 次の部分行列の行列式に符号 $(-1)^{i+j}$ をつけた式

$$
A_{ij} = (-1)^{i+j} \begin{vmatrix} a_{11} & \cdots & a_{1j} & \cdots & a_{1n} \\ & \cdots & \vdots & \cdots & \\ a_{i1} & \cdots & a_{ij} & \cdots & a_{in} \\ & \cdots & \vdots & \cdots & \\ a_{n1} & \cdots & a_{nj} & \cdots & a_{nn} \end{vmatrix} < i \qquad (6.1\text{-}1)
$$

（$< i$ は第 i 行を，$\overset{j}{\vee}$ は第 j 列を除くことを表す）

を行列 A（または行列式 $|A|$）の **(i, j) 余因子**という．$A=(\boldsymbol{a}_1\quad \boldsymbol{a}_2\quad \cdots$

$\boldsymbol{a}_n$) とおく．余因子を用いて系 (2) は

$$|(a_{i1}\boldsymbol{e}_i)\boldsymbol{a}_2 \quad \cdots \quad \boldsymbol{a}_n| = a_{i1}A_{i1} \tag{6.1-2}$$

と簡潔に表せる．

例 3 $A = \begin{pmatrix} 1 & 2 & -1 \\ -2 & 4 & 1 \\ 0 & -1 & 3 \end{pmatrix}$ の余因子 A_{11}, A_{23} を求めよ．

解 $A_{11} = (-1)^{1+1}\begin{vmatrix} 1 & 2 & -1 \\ -2 & 4 & 1 \\ 0 & -1 & 3 \end{vmatrix} = (-1)^{1+1}\begin{vmatrix} 4 & 1 \\ -1 & 3 \end{vmatrix} = 13,$

$A_{23} = (-1)^{2+3}\begin{vmatrix} 1 & 2 & -1 \\ -2 & 4 & 1 \\ 0 & -1 & 3 \end{vmatrix} = (-1)^{2+3}\begin{vmatrix} 1 & 2 \\ 0 & -1 \end{vmatrix} = 1$

行列式の展開　n 次正方行列 A とその列ベクトル分割を

$$A = \begin{pmatrix} a_{11} & \cdots & a_{1n} \\ \vdots & \ddots & \vdots \\ a_{n1} & \cdots & a_{nn} \end{pmatrix} = (\boldsymbol{a}_1 \quad \cdots \quad \boldsymbol{a}_n)$$

とする．5.1 節補題 1 を第 1 列に適用すると，

$$\begin{aligned}
&|\boldsymbol{a}_1 \quad \boldsymbol{a}_2 \quad \cdots \quad \boldsymbol{a}_n| \\
&= |(a_{11}\boldsymbol{e}_1 + a_{21}\boldsymbol{e}_2 + \cdots + a_{n1}\boldsymbol{e}_n)\boldsymbol{a}_2 \quad \cdots \quad \boldsymbol{a}_n| \\
&= |(a_{11}\boldsymbol{e}_1)\boldsymbol{a}_2 \quad \cdots \quad \boldsymbol{a}_n| + |(a_{21}\boldsymbol{e}_2)\boldsymbol{a}_2 \quad \cdots \quad \boldsymbol{a}_n| + \cdots + |(a_{n1}\boldsymbol{e}_n)\boldsymbol{a}_2 \quad \cdots \quad \boldsymbol{a}_n| \\
&= a_{11}A_{11} + a_{21}A_{21} + \cdots + a_{n1}A_{n1} \quad ((6.1\text{-}2)\text{ より})
\end{aligned}$$

となり，$|A|$ の**第 1 列に関する展開**

$$|A| = a_{11}A_{11} + a_{21}A_{21} + \cdots + a_{n1}A_{n1} \tag{6.1-3}$$

が導ける．

定理 1〈行列式の展開〉

n 次正方行列 $A = (a_{ij})$ について

$$|A| = a_{1j}A_{1j} + a_{2j}A_{2j} + \cdots + a_{nj}A_{nj},$$

$$|A| = a_{i1}A_{i1} + a_{i2}A_{i2} + \cdots + a_{in}A_{in}$$

が成り立つ．これらをそれぞれ**第 j 列，第 i 行に関する展開**という．

証明 第1列に関する展開(6.1-3)を用いて示す．証明をわかりやすくするため，A の第 i 行と第 j 列を取り除いて得られる部分行列の行列式を B_{ij} とおく．(6.1-1)より

$$A_{ij}=(-1)^{i+j}B_{ij} \qquad \therefore \quad B_{ij}=(-1)^{i+j}A_{ij} \qquad (\sharp)$$

である．第 j 列に関する展開式は

$$|A|=\begin{vmatrix} a_{11} & \cdots & a_{1j} & \cdots & a_{1n} \\ & \cdots & & \cdots & \\ a_{k1} & \cdots & a_{kj} & \cdots & a_{kn} \\ & \cdots & & \cdots & \\ a_{n1} & \cdots & a_{nj} & \cdots & a_{nn} \end{vmatrix} = (-1)^{j-1}\begin{vmatrix} a_{1j} & a_{11} & \cdots & a_{1j} & \cdots & a_{1n} \\ a_{kj} & a_{k1} & \cdots & a_{kj} & \cdots & a_{kn} \\ a_{nj} & a_{n1} & \cdots & a_{nj} & \cdots & a_{nn} \end{vmatrix} \quad \text{(第 } j \text{ 列を第 1 列に移動した)}$$

$$=(-1)^{j-1}(a_{1j}(-1)^{1+1}B_{1j}+\cdots+a_{kj}(-1)^{k+1}B_{kj}+\cdots+a_{nj}(-1)^{n+1}B_{nj}) \quad \text{((6.1-3) より)}$$

$$=a_{1j}(-1)^{1+j}B_{1j}+\cdots+a_{kj}(-1)^{k+j}B_{kj}+\cdots+a_{nj}(-1)^{n+j}B_{nj}$$

$$=a_{1j}A_{1j}+\cdots+a_{kj}A_{kj}+\cdots+a_{nj}A_{nj} \quad \text{((}\sharp\text{) より)}$$

で証明された．第 i 行に関する展開は第 i 列に関する展開を転置することにより容易に証明できる． ■

例 4 4 次の行列式を 2 通りの方法で求めてみよう．

(1) 行列式を 3 次の行列式に展開して，それぞれを 3 次の行列式の成分表示 (4.3-6) で計算する．

$$\begin{vmatrix} 2 & -2 & 0 & 1 \\ 3 & 1 & 2 & 4 \\ 4 & -1 & 1 & 3 \\ 5 & 3 & -1 & 1 \end{vmatrix} \underset{\text{第1列に関する展開}}{=} 2\cdot(-1)^{1+1}\begin{vmatrix} 1 & 2 & 4 \\ -1 & 1 & 3 \\ 3 & -1 & 1 \end{vmatrix} + 3\cdot(-1)^{2+1}\begin{vmatrix} -2 & 0 & 1 \\ -1 & 1 & 3 \\ 3 & -1 & 1 \end{vmatrix}$$

$$+4\cdot(-1)^{3+1}\begin{vmatrix} -2 & 0 & 1 \\ 1 & 2 & 4 \\ 3 & -1 & 1 \end{vmatrix} + 5\cdot(-1)^{4+1}\begin{vmatrix} -2 & 0 & 1 \\ 1 & 2 & 4 \\ -1 & 1 & 3 \end{vmatrix}$$

$$=2\times 16-3\times(-10)+4\times(-19)-5\times(-1) \quad \text{((4.3-6) を用いた)}$$

$$=-9$$

(2) 行列式の展開，5.1 節の定理 1 および 5.2 節の定理 3 を適宜利用しながら計算する．

$$\begin{vmatrix} 2 & -2 & 0 & 1 \\ 3 & 1 & 2 & 4 \\ 4 & -1 & 1 & 3 \\ 5 & 3 & -1 & 1 \end{vmatrix} = \begin{vmatrix} 0 & 0 & 0 & 1 \\ -5 & 9 & 2 & 4 \\ -2 & 5 & 1 & 3 \\ 3 & 5 & -1 & 1 \end{vmatrix} \underset{\text{第1行に関する展開}}{=} 1\times(-1)^{1+4}\begin{vmatrix} -5 & 9 & 2 \\ -2 & 5 & 1 \\ 3 & 5 & -1 \end{vmatrix}$$

（第1列に第4列の -2 倍，第2列に第4列の $+2$ 倍を加える．第1行に第3行の $+2$ 倍，第2行に第3行の $+1$ 倍を加える．）

$$= -\begin{vmatrix} 1 & 19 & 0 \\ 1 & 10 & 0 \\ 3 & 5 & -1 \end{vmatrix} \underset{\text{第3列に関する展開}}{=} -(-1)\cdot(-1)^{3+3}\begin{vmatrix} 1 & 19 \\ 1 & 10 \end{vmatrix} = -9$$

■

例 5（ヴァンデルモンド (Vandermonde) の行列式）

$$\begin{vmatrix} 1 & 1 & \cdots & 1 \\ x_1 & x_2 & \cdots & x_n \\ {x_1}^2 & {x_2}^2 & \cdots & {x_n}^2 \\ \cdots & & \cdots & \\ {x_1}^{n-1} & {x_2}^{n-1} & \cdots & {x_n}^{n-1} \end{vmatrix} = \begin{aligned} &(x_2-x_1)(x_3-x_1)(x_4-x_1)\cdots(x_n-x_1) \\ &\cdot(x_3-x_2)(x_4-x_2)\cdots(x_n-x_2) \\ &\cdots \qquad \cdots \\ &\cdot(x_n-x_{n-1}) \end{aligned}$$

が成り立つ．$n=3$ の場合を証明せよ．

解

$$\underbrace{\begin{vmatrix} 1 & 1 & 1 \\ x_1 & x_2 & x_3 \\ {x_1}^2 & {x_2}^2 & {x_3}^2 \end{vmatrix}}_{n=3\text{の形}} \underset{①}{=} \begin{vmatrix} 1 & 1 & 1 \\ 0 & x_2-x_1 & x_3-x_1 \\ 0 & (x_2-x_1)x_2 & (x_3-x_1)x_3 \end{vmatrix} \underset{②}{=} (x_2-x_1)(x_3-x_1)\begin{vmatrix} 1 & 1 \\ x_2 & x_3 \end{vmatrix}$$

$$= (x_2-x_1)(x_3-x_1)\cdot(x_3-x_2)$$

①：第3行から第2行の x_1 倍を引き，次に第2行から第1行の x_1 倍を引いた．

②：第1列に関する展開（または6.1節系 (1)）を行い，次に第1列，第2列それぞれの共通因子をくくり出した． ■

6.2 行列の積の行列式

行列の積と行列式の間には次のような著しい関係がある．

定理 2〈行列の積の行列式〉

A, B を n 次正方行列とするとき，

$$|AB| = |A||B|$$

が成り立つ．

証明　行列 $A=(a_{ij})$，$B=(b_{ij})$ に対して，$C=AB$ とおき，$C=(c_{ij})$ と表すことにする．$A=(\boldsymbol{a}_1 \ \cdots \ \boldsymbol{a}_n)$，$C=(\boldsymbol{c}_1 \ \cdots \ \boldsymbol{c}_n)$ をそれぞれ列ベクトル分割とする．$c_{ij}=a_{i1}b_{1j}+\cdots+a_{in}b_{nj}$ であるから，$\boldsymbol{c}_j$ は $\boldsymbol{a}_k$ を用いて

$$\boldsymbol{c}_j = \begin{pmatrix} a_{11}b_{1j}+\cdots+a_{1n}b_{nj} \\ \cdots\cdots \\ a_{n1}b_{1j}+\cdots+a_{nn}b_{nj} \end{pmatrix} = b_{1j}\begin{pmatrix} a_{11} \\ \vdots \\ a_{n1} \end{pmatrix} + \cdots + b_{nj}\begin{pmatrix} a_{1n} \\ \vdots \\ a_{nn} \end{pmatrix}$$
$$= \sum_{k=1}^{n} b_{kj}\boldsymbol{a}_k$$

と表せる．いつものように，組合せ乗積を計算する．

$$\begin{aligned} |C|\,\boldsymbol{e}_1\wedge\cdots\wedge\boldsymbol{e}_n &= \boldsymbol{c}_1\wedge\cdots\wedge\boldsymbol{c}_n \quad ((4.3\text{-}4)\text{ より}) \\ &= \left(\sum_{k=1}^{n} b_{k1}\boldsymbol{a}_k\right)\wedge\cdots\wedge\left(\sum_{k=1}^{n} b_{kn}\boldsymbol{a}_k\right) \\ &= |B|\,\boldsymbol{a}_1\wedge\cdots\wedge\boldsymbol{a}_n \quad (6.1\text{ 節の補題}) \\ &= |B||A|\,\boldsymbol{e}_1\wedge\cdots\wedge\boldsymbol{e}_n \quad ((4.3\text{-}4)\text{ より}) \end{aligned}$$

が成り立つから，$\boldsymbol{e}_1\wedge\cdots\wedge\boldsymbol{e}_n$ の係数を比較して $|C|=|B||A|$ を得る．■

例 6　行列の積の行列式を利用して次の恒等式

$$(a^2+b^2)(c^2+d^2)=(ac-bd)^2+(ad+bc)^2$$

を証明せよ．

解　$A=\begin{pmatrix} a & b \\ -b & a \end{pmatrix}$，$B=\begin{pmatrix} c & d \\ -d & c \end{pmatrix}$ とする．2 つの行列式

$$|AB| = \begin{vmatrix} ac-bd & ad+bc \\ -(ad+bc) & ac-bd \end{vmatrix} = (ac-bd)^2+(ad+bc)^2,$$
$$|A||B| = (a^2+b^2)(c^2+d^2)$$

を等号で結んで (定理 2)，恒等式が得られる．■

演 習 問 題

[35] 〈行列式の計算（展開＆基本変形）〉

次の行列式を計算せよ．

(1) $\begin{vmatrix} 1 & 2 & 3 & 1 \\ 2 & 3 & 2 & 0 \\ 4 & 3 & 0 & 0 \\ 4 & 0 & 0 & 0 \end{vmatrix}$　　(2) $\begin{vmatrix} 0 & 1 & 2 & -3 \\ 1 & 2 & -3 & 1 \\ -1 & 3 & -2 & 1 \\ 0 & 1 & -1 & 1 \end{vmatrix}$

(3) $\begin{vmatrix} 1 & 2 & 99 & 54 \\ 2 & 1 & 97 & 45 \\ 0 & 0 & 9 & 4 \\ 0 & 0 & 11 & 5 \end{vmatrix}$

[36] 〈行列式の計算（展開＆基本変形）〉

次の等式を証明せよ．

(1) $\begin{vmatrix} 0 & a & b & a \\ a & 0 & a & b \\ a & b & 0 & b \\ b & a & b & 0 \end{vmatrix} = -(a^2+b^2-ab)(a^2+b^2+ab)$

(2) $\begin{vmatrix} a & -b & -a & b \\ b & a & -b & -a \\ c & -d & c & -d \\ d & c & d & c \end{vmatrix} = 4(a^2+b^2)(c^2+d^2)$

[37] 〈ヴァンデルモンドの行列式〉

ヴァンデルモンドの行列式を，6.1 節例 5 にならって，n に関する帰納法で証明せよ．

[38] 〈ヴァンデルモンドの行列式〉

$A = \begin{pmatrix} 1 & 1 & 1 & 1 \\ 1 & 2 & 3 & 4 \\ 1^2 & 2^2 & 3^2 & 4^2 \\ 1^3 & 2^3 & 3^3 & 4^3 \end{pmatrix}$ とする．

(1) A の余因子 (6.1-1) のうち，$A_{11}, A_{12}, A_{13}, A_{14}$ を計算せよ．

(2) $|A|$ の第 1 行に関する展開式 $|A| = A_{11}+A_{12}+A_{13}+A_{14}$ を確かめよ．

[39] 〈行列の分割による計算〉

正方行列 A, B に対して，$\begin{vmatrix} A & B \\ B & A \end{vmatrix} = |A-B||A+B|$ が成り立つことを証明せよ．（演習問題［10］を利用せよ．）

[**40**]〈**行列式の積**〉

$A=\begin{pmatrix}1 & -1 & 1\\ 2 & -1 & 3\\ 3 & -2 & 6\end{pmatrix}$ とする.

(1) $|A^n|, |A^{-1}|$ を求めよ.

(2) $|A^n-A^{n-1}|$ を求めよ.

[**41**]〈**行列式の積と不等式**〉

2×2 実行列 $A=\begin{pmatrix}a_1 & a_2\\ b_1 & b_2\end{pmatrix}$ に対して, $|A^tA|$ に着目することにより

$$({a_1}^2+{a_2}^2)({b_1}^2+{b_2}^2) \geqq (a_1b_1+a_2b_2)^2$$

が成り立つことを証明せよ(**シュワルツ**(Schwarz)**の不等式**).

7 クラーメルの公式

7.1 クラーメルの公式

n 個の未知数 $x_1,\cdots,x_n$ に関する連立一次方程式

$$\begin{cases} a_{11}x_1+a_{12}x_2+\cdots+a_{1n}x_n=b_1 \\ a_{21}x_1+a_{22}x_2+\cdots+a_{2n}x_n=b_2 \\ \qquad\cdots\cdots \\ a_{n1}x_1+a_{n2}x_2+\cdots+a_{nn}x_n=b_n \end{cases} \tag{7.1-1}$$

の1つの解法について述べよう．もう1つの解法は8章で学ぶ．(7.1-1) の係数行列を A とし，その列ベクトル分割および $\boldsymbol{b}$ を

$$A=(\boldsymbol{a}_1 \quad \boldsymbol{a}_2 \quad \cdots \quad \boldsymbol{a}_n), \qquad \boldsymbol{b}=\begin{pmatrix} b_1 \\ \vdots \\ b_n \end{pmatrix}$$

とする．このとき，(7.1-1) は列ベクトル方程式

$$x_1\boldsymbol{a}_1+\cdots+x_i\boldsymbol{a}_i+\cdots+x_n\boldsymbol{a}_n=\boldsymbol{b} \tag{2.2-3}$$

で表された (2.2 節)．この式の両辺に左から $\boldsymbol{a}_1\wedge\cdots\wedge\boldsymbol{a}_{i-1}$ を，右から $\boldsymbol{a}_{i+1}\wedge\cdots\wedge\boldsymbol{a}_n$ を掛けると

左辺は　$\boldsymbol{a}_1\wedge\cdots\wedge\boldsymbol{a}_{i-1}\wedge(x_1\boldsymbol{a}_1+\cdots+x_i\boldsymbol{a}_i+\cdots+x_n\boldsymbol{a}_n)\wedge\boldsymbol{a}_{i+1}\wedge\cdots\wedge\boldsymbol{a}_n$

$=x_i\,\boldsymbol{a}_1\wedge\cdots\wedge\boldsymbol{a}_{i-1}\wedge\boldsymbol{a}_i\wedge\boldsymbol{a}_{i+1}\wedge\cdots\wedge\boldsymbol{a}_n$　(4.2 節補題 2 (1) より)

$=x_i|A|\boldsymbol{e}_1\wedge\cdots\wedge\boldsymbol{e}_n$　((4.3-4) より)

右辺は　$\boldsymbol{a}_1\wedge\cdots\wedge\boldsymbol{a}_{i-1}\wedge\boldsymbol{b}\wedge\boldsymbol{a}_{i+1}\wedge\cdots\wedge\boldsymbol{a}_n$

$=|\boldsymbol{a}_1 \quad \cdots \quad \boldsymbol{a}_{i-1} \quad \boldsymbol{b} \quad \boldsymbol{a}_{i+1} \quad \cdots \quad \boldsymbol{a}_n|\boldsymbol{e}_1\wedge\cdots\wedge\boldsymbol{e}_n$　((4.3-4)′ より)

となる．第 n 段階の単位 $\boldsymbol{e}_1\wedge\cdots\wedge\boldsymbol{e}_n$ の係数を比較して次の公式が導かれる．

定理 1〈クラーメルの公式〉

連立一次方程式 (7.1-1) の係数行列を A とする．A が $|A| \neq 0$ をみたすとき，その解 $x_i\,(i=1,\cdots,n)$ は

$$x_i = \frac{|\,\boldsymbol{a}_1 \;\cdots\; \overset{i}{\boldsymbol{b}} \;\cdots\; \boldsymbol{a}_n\,|}{|\,\boldsymbol{a}_1 \;\cdots\; \boldsymbol{a}_i \;\cdots\; \boldsymbol{a}_n\,|} = \frac{1}{|A|}\begin{vmatrix} a_{11} & \cdots & \overset{i}{b_1} & \cdots & a_{1n} \\ a_{21} & \cdots & b_2 & \cdots & a_{2n} \\ & \cdots & & \cdots & \\ a_{n1} & \cdots & b_n & \cdots & a_{nn} \end{vmatrix}$$

で与えられる．

例 1　クラーメルの公式を用いて連立一次方程式

$$\begin{cases} x-2y+z=5 \\ -x+y-4z=-7 \\ 3x+3y+z=4 \end{cases}$$

を解け．

解　係数行列を A とする．

$$|A| = \begin{vmatrix} 1 & -2 & 1 \\ -1 & 1 & -4 \\ 3 & 3 & 1 \end{vmatrix} \begin{matrix} \\ \leftarrow +1 \\ \leftarrow -3 \end{matrix} = \begin{vmatrix} 1 & -2 & 1 \\ 0 & -1 & -3 \\ 0 & 9 & -2 \end{vmatrix} = \begin{vmatrix} -1 & -3 \\ 9 & -2 \end{vmatrix} = 29 \neq 0$$

であるから，クラーメルの公式が適用できる．

$$x = \frac{1}{|A|}\begin{vmatrix} 5 & -2 & 1 \\ -7 & 1 & -4 \\ 4 & 3 & 1 \end{vmatrix} = \frac{1}{29}\times 58 = 2,$$

$$y = \frac{1}{|A|}\begin{vmatrix} 1 & 5 & 1 \\ -1 & -7 & -4 \\ 3 & 4 & 1 \end{vmatrix} = \frac{1}{29}\times(-29) = -1,$$

$$z = \frac{1}{|A|}\begin{vmatrix} 1 & -2 & 5 \\ -1 & 1 & -7 \\ 3 & 3 & 4 \end{vmatrix} = \frac{1}{29}\times 29 = 1$$

7.2 逆行列の求め方（行列式）

余因子行列　n 次正方行列 A の (i,j) 余因子を A_{ij} とする．(i,j) 成分が A_{ji} である n 次正方行列を A の**余因子行列**といい，$\tilde{A}$ で表すことにする．したがって，

$$\tilde{A}=\begin{pmatrix} A_{11} & A_{21} & \cdots & A_{n1} \\ A_{12} & A_{22} & \cdots & A_{n2} \\ \vdots & \vdots & \ddots & \vdots \\ A_{1n} & A_{2n} & \cdots & A_{nn} \end{pmatrix} \tag{7.2-1}$$

である．A とその余因子行列の関係は次のとおりである．

補題　A を n 次正方行列，A の余因子行列を $\tilde{A}$ とするとき

$$A\tilde{A}=\begin{pmatrix} |A| & \cdots & 0 \\ \vdots & \ddots & \vdots \\ 0 & \cdots & |A| \end{pmatrix}=|A|E$$

および $\tilde{A}A=|A|E$ の関係にある．

証明　$A=(a_{ij})$ とすると，

$$A\tilde{A}\text{ の }(i,j)\text{ 成分}=a_{i1}A_{j1}+a_{i2}A_{j2}+\cdots+a_{in}A_{jn} \tag{♯}$$

である．6.1 節定理 1 より

$$|A|=a_{i1}A_{i1}+a_{i2}A_{i2}+\cdots+a_{in}A_{in} \tag{♭1}$$

であり，$i \neq j$ のとき A の第 j 行を第 i 行で置き換えると

$$0=\begin{array}{r} \\ i) \\ \\ j) \\ \\ \end{array}\begin{vmatrix} \cdots & & \cdots & \cdots \\ a_{i1} & a_{i2} & \cdots & a_{in} \\ & \cdots & \cdots & \\ a_{i1} & a_{i2} & \cdots & a_{in} \\ & \cdots & \cdots & \end{vmatrix} \underset{j\text{ 行で展開}}{=} a_{i1}A_{j1}+a_{i2}A_{j2}+\cdots+a_{in}A_{jn} \tag{♭2}$$

が成り立つ．最初の等号は 5.2 節定理 3 (1) による．(♭1) と (♭2) から (♯) は

$$A\tilde{A}\text{ の }(i,j)\text{ 成分}=\begin{cases} |A| & (i=j) \\ 0 & (i \neq j) \end{cases}$$

と書ける．同様にして（“行” を “列” に代えて），$\tilde{A}A=|A|E$ を得る．■

定理 2〈逆行列の求め方〉

A を n 次正方行列とする．A が正則であるための必要十分条件は A が $|A| \neq 0$ をみたすことである．このとき，A の逆行列 A^{-1} は次で与えられ

る：

$$A^{-1} = \frac{1}{|A|}\tilde{A}. \qquad (7.2\text{-}2)$$

証明　A は正則とする．$AA^{-1} = E$ と書いて，両辺の行列式をとると，6.2 節定理 2 より

$$|A||A^{-1}| = |AA^{-1}| = |E| = 1$$

となる．よって $|A| \neq 0$ である．逆に，$|A| \neq 0$ とする．$B = (1/|A|)\tilde{A}$ とおく．補題より

$$AB = \frac{1}{|A|}A\tilde{A} = E, \qquad BA = \frac{1}{|A|}\tilde{A}A = E$$

であるから，A は正則で，B が A の逆行列である．∎

系　A を n 次正方行列とする．$AX = E$ をみたす n 次正方行列 X があれば，この X は $XA = E$ もみたす．

証明　$AX = E$ の両辺の行列式をとって，$|A| \neq 0$ がわかる．定理 2 より，A は逆行列 A^{-1} をもつ．$AX = E$ の両辺に左から A^{-1}，右から A をかけて

$$A^{-1}AXA = A^{-1}EA \qquad \therefore \quad XA = E$$

を得る．∎

例 2　$A = \begin{pmatrix} 1 & -2 & 1 \\ -1 & 1 & -4 \\ 3 & 3 & 1 \end{pmatrix}$ の逆行列 A^{-1} を求めよ．

解　A の行列式は例 1 で計算しており，$|A| = 29$ である．

$$A_{11} = (-1)^{1+1}\begin{vmatrix} 1 & -4 \\ 3 & 1 \end{vmatrix} = 13, \qquad A_{21} = (-1)^{2+1}\begin{vmatrix} -2 & 1 \\ 3 & 1 \end{vmatrix} = 5,$$

$$A_{31} = (-1)^{3+1}\begin{vmatrix} -2 & 1 \\ 1 & -4 \end{vmatrix} = 7,$$

$$A_{12} = (-1)^{1+2}\begin{vmatrix} -1 & -4 \\ 3 & 1 \end{vmatrix} = -11, \qquad A_{22} = (-1)^{2+2}\begin{vmatrix} 1 & 1 \\ 3 & 1 \end{vmatrix} = -2,$$

$$A_{32} = (-1)^{3+2}\begin{vmatrix} 1 & 1 \\ -1 & -4 \end{vmatrix} = 3,$$

$$A_{13} = (-1)^{1+3}\begin{vmatrix} -1 & 1 \\ 3 & 3 \end{vmatrix} = -6, \qquad A_{23} = (-1)^{2+3}\begin{vmatrix} 1 & -2 \\ 3 & 3 \end{vmatrix} = -9,$$

$$A_{33} = (-1)^{3+3}\begin{vmatrix} 1 & -2 \\ -1 & 1 \end{vmatrix} = -1$$

を定理 2 の式 (7.2-2) に代入して求める．

$$A^{-1} = \frac{1}{|A|}\begin{pmatrix} A_{11} & A_{21} & A_{31} \\ A_{12} & A_{22} & A_{32} \\ A_{13} & A_{23} & A_{33} \end{pmatrix} = \frac{1}{29}\begin{pmatrix} 13 & 5 & 7 \\ -11 & -2 & 3 \\ -6 & -9 & -1 \end{pmatrix}$$

■

演 習 問 題

[42] 〈クラーメルの公式と連立一次方程式〉

クラーメルの公式を用いて，次の連立一次方程式を解け．

(1) $\begin{cases} x-2y = 1 \\ 2x-y+z = 0 \\ 3y+2z = 0 \end{cases}$ (2) $\begin{cases} x-2y = 0 \\ 2x-y+z = 1 \\ 3y+2z = 0 \end{cases}$

(3) $\begin{cases} x-2y = 0 \\ 2x-y+z = 0 \\ 3y+2z = 1 \end{cases}$

[43] 〈逆行列 (余因子)〉

次の行列の逆行列を求めよ．

(1) $\begin{pmatrix} 1 & -2 & 0 \\ 2 & -1 & 1 \\ 0 & 3 & 2 \end{pmatrix}$ (2) $\begin{pmatrix} 1 & 0 & 0 \\ 1 & 1 & 0 \\ 1 & 1 & 1 \end{pmatrix}$

[44] 〈クラーメルの公式と連立一次方程式〉

クラーメルの公式を用いて，次の連立一次方程式を解け．

(1) $\begin{cases} x+y+z+w = 1 \\ x+2y+3z+4w = 5 \\ x+2^2y+3^2z+4^2w = 5^2 \\ x+2^3y+3^3z+4^3w = 5^3 \end{cases}$ (2) $\begin{cases} x+2y+3z+4w = 1 \\ 2x+3y+4z+w = 2 \\ 3x+4y+z+2w = 3 \\ 4x+y+2z+3w = 4 \end{cases}$

連立一次方程式と掃き出し法

8.1 掃き出し法

連立一次方程式の解法としては，代入法と未知数を消去する方法がある．この節では消去法の解法過程をその係数のみに着目して，行列で表現した**掃き出し法（ガウスの消去法）**について述べる．

次のように連立一次方程式（♯）に，（♯）の係数行列に右辺の数からつくられる3項列ベクトルをつけ加えてつくられる**拡大係数行列**（♭）を対応させる．

$$(\sharp)\ \begin{cases} 2x+5y = 12 \\ x+2y-z = 4 \\ -x+y+2z = 3 \end{cases} \qquad (\flat)\ \left(\begin{array}{ccc|c} 2 & 5 & 0 & 12 \\ 1 & 2 & -1 & 4 \\ -1 & 1 & 2 & 3 \end{array}\right)$$

拡大係数行列（♭）の中に書いた縦線は見やすくするためのもので，なくてもよい．

連立一次方程式（♯）を消去法で解き，それに対応する拡大係数行列（♭）の変形を記号の説明もあわせて併記しよう．

$$(\sharp)\ \begin{cases} 2x+5y = 12 \\ x+2y-z = 4 \\ -x+y+2z = 3 \end{cases} \qquad (\flat)\ \left(\begin{array}{ccc|c} 2 & 5 & 0 & 12 \\ 1 & 2 & -1 & 4 \\ -1 & 1 & 2 & 3 \end{array}\right)$$

↓ 1式と2式を交換する　　　↓ 第1行と第2行を交換する

$$\begin{cases} x+2y-z = 4 \\ 2x+5y = 12 \\ -x+y+2z = 3 \end{cases} \qquad \left(\begin{array}{ccc|c} 1 & 2 & -1 & 4 \\ 2 & 5 & 0 & 12 \\ -1 & 1 & 2 & 3 \end{array}\right) \ -2$$

↓ 1式の −2 倍を2式に加える　　　↓ 第1行の −2 倍を第2行に加える

$$\begin{cases} x+2y-z = 4 \\ y+2z = 4 \\ -x+y+2z = 3 \end{cases} \qquad \left(\begin{array}{ccc|c} 1 & 2 & -1 & 4 \\ 0 & 1 & 2 & 4 \\ -1 & 1 & 2 & 3 \end{array}\right) \ +1$$

$\downarrow$ 1式を3式に加える

$$\begin{cases} x+2y-z=4 \\ \quad\ y+2z=4 \\ \quad 3y+z=7 \end{cases}$$

$\downarrow$ 第1行を第3行に加える

$$\left(\begin{array}{ccc|c} 1 & 2 & -1 & 4 \\ 0 & 1 & 2 & 4 \\ 0 & 3 & 1 & 7 \end{array}\right) \begin{array}{l} \leftarrow \urcorner -2 \\ \lrcorner \\ \urcorner -3 \end{array}$$

$\downarrow$ 2式の -2 倍を1式に加える
2式の -3 倍を3式に加える

$$\begin{cases} x \quad\ -5z=-4 \\ \quad y+2z=4 \\ \quad\ -5z=-5 \end{cases}$$

$\downarrow$ 第2行の -2 倍を第1行に加える
第2行の -3 倍を第3行に加える

$$\left(\begin{array}{ccc|c} 1 & 0 & -5 & -4 \\ 0 & 1 & 2 & 4 \\ 0 & 0 & -5 & -5 \end{array}\right) \times(-1/5)$$

$\downarrow$ 3式に $-\dfrac{1}{5}$ をかける

$$\begin{cases} x \quad\ -5z=-4 \\ \quad y+2z=4 \\ \qquad\quad z=1 \end{cases}$$

$\downarrow$ 第3行に $-\dfrac{1}{5}$ をかける

$$\left(\begin{array}{ccc|c} 1 & 0 & -5 & -4 \\ 0 & 1 & 2 & 4 \\ 0 & 0 & 1 & 1 \end{array}\right) \begin{array}{l} \leftarrow +5 \\ \leftarrow -2 \\ \end{array}$$

$\downarrow$ 3式の5倍を1式に加える
3式の -2 倍を2式に加える

$$\begin{cases} x \qquad\quad =1 \\ \quad y \qquad =2 \\ \qquad\quad z=1 \end{cases}$$

$\downarrow$ 第3行の5倍を第1行に加える
第3行の -2 倍を第2行に加える

$$\left(\begin{array}{ccc|c} 1 & 0 & 0 & 1 \\ 0 & 1 & 0 & 2 \\ 0 & 0 & 1 & 1 \end{array}\right)$$

最後の式が(♯)の解を表し，その右の拡大係数行列が(♭)の最終形で(♯)の解に対応するものである．また，式の変形において，各変形の前後では式をみたす x, y, z(解)は全く変わらないことに注意しよう．

例1　次の連立一次方程式を掃き出し法で解け．

$$\begin{cases} x+2y-z=0 \\ 2x+4y+3z=5 \\ 3x+6y+7z=10 \end{cases}$$

解　連立一次方程式に対応する拡大係数行列を変形する．

$$\left(\begin{array}{ccc|c} 1 & 2 & -1 & 0 \\ 2 & 4 & 3 & 5 \\ 3 & 6 & 7 & 10 \end{array}\right) \begin{array}{l} \urcorner -2 \\ \leftarrow \quad -3 \\ \leftarrow \end{array} \longrightarrow \left(\begin{array}{ccc|c} 1 & 2 & -1 & 0 \\ 0 & 0 & 5 & 5 \\ 0 & 0 & 10 & 10 \end{array}\right) \begin{array}{l} \\ \times(1/5) \\ \times(1/10) \end{array} \longrightarrow$$

$$\left(\begin{array}{ccc|c} 1 & 2 & -1 & 0 \\ 0 & 0 & 1 & 1 \\ 0 & 0 & 1 & 1 \end{array}\right) \begin{array}{l} \leftarrow +1 \\ \\ \leftarrow -1 \end{array} \longrightarrow \left(\begin{array}{ccc|c} 1 & 2 & 0 & 1 \\ 0 & 0 & 1 & 1 \\ 0 & 0 & 0 & 0 \end{array}\right) \quad \Leftarrow \text{“階段行列”}$$

最後の拡大係数行列を連立一次方程式にもどすと

$$\begin{cases} x+2y \quad =1 \\ \qquad\quad z=1 \end{cases} \text{すなわち} \begin{cases} x=-2y+1 \\ z=1 \end{cases}$$

である．解は3項列ベクトルを用いて

$$\begin{pmatrix} x \\ y \\ z \end{pmatrix} = \begin{pmatrix} -2y+1 \\ y \\ 1 \end{pmatrix} = y\begin{pmatrix} -2 \\ 1 \\ 0 \end{pmatrix} + \begin{pmatrix} 1 \\ 0 \\ 1 \end{pmatrix} \quad (y\text{ は任意の数})$$

と表される． ▮

行列の基本変形　行列や拡大係数行列に施す3つの変形

- 2つの行を交換する　(8.1-1)
- 1つの行をスカラー倍したものを他の行に加える　(8.1-2)
- 1つの行に0でない数をかける　(8.1-3)

を行列の**行基本変形**という．(8.1-1, -2, -3) において，行をすべて列に変えた変形を**列基本変形**といい，これらをあわせて行列の**基本変形**という．

例2　例1の拡大係数行列の変形はすべて行基本変形である．この変形をさらに進めて，第2列と第3列の交換

$$\begin{array}{c} \quad x \quad y \quad z \\ \left(\begin{array}{ccc|c} 1 & 2 & 0 & 1 \\ 0 & 0 & 1 & 1 \\ 0 & 0 & 0 & 0 \end{array}\right) \end{array} \longrightarrow \begin{array}{c} \quad x \quad z \quad y \\ \left(\begin{array}{ccc|c} 1 & 0 & 2 & 1 \\ 0 & 1 & 0 & 1 \\ 0 & 0 & 0 & 0 \end{array}\right) \end{array} \Leftarrow \text{“台形行列”}$$

を行う．変形後の拡大係数行列に対応する連立一次方程式は

$$\begin{cases} x \qquad\quad +2y = 1 \\ \qquad z \qquad\ \ = 1 \end{cases}$$

である．単に未知数の位置を変えただけであるが，上のような台形の形の行列は今後の議論で重要な役割を果たす． ▮

例3　例1，例2において，係数行列のみに着目して，さらに列基本変形を進める．第1列の -2 倍を第3列に加えて，“標準形”の形になる．

$$\begin{pmatrix} 1 & 2 & -1 \\ 2 & 4 & 3 \\ 3 & 6 & 7 \end{pmatrix} \xrightarrow[\text{例1}]{} \cdots \longrightarrow \begin{pmatrix} 1 & 2 & 0 \\ 0 & 0 & 1 \\ 0 & 0 & 0 \end{pmatrix} \xrightarrow[\text{例2}]{} \begin{pmatrix} 1 & 0 & 2 \\ 0 & 1 & 0 \\ 0 & 0 & 0 \end{pmatrix} \longrightarrow \begin{pmatrix} 1 & 0 & 0 \\ 0 & 1 & 0 \\ 0 & 0 & 0 \end{pmatrix}$$

⇧“標準形”

連立一次方程式，その係数行列 A および列ベクトル $\boldsymbol{b}$ を次のようにおく．

$$\begin{cases} a_{11}x_1+\cdots+a_{1n}x_n = b_1 \\ \cdots\cdots \\ a_{m1}x_1+\cdots+a_{mn}x_n = b_m \end{cases}, \quad A=\begin{pmatrix} a_{11} & \cdots & a_{1n} \\ & \cdots\cdots & \\ a_{m1} & \cdots & a_{mn} \end{pmatrix}, \quad \boldsymbol{b}=\begin{pmatrix} b_1 \\ \vdots \\ b_m \end{pmatrix} \tag{8.1-4}$$

掃き出し法において，拡大係数行列 $(A \mid \boldsymbol{b})$ をどのような形まで変形するのであろうか？　$\boldsymbol{b}$ は A の行基本変形にともなって変形される．行列 A の変形の“最終形”について述べる．次の定理の証明は例1，例2，例3を眺めれば推測できるので省略する．

定理1〈行列の簡約〉

$m\times n$ 行列 A は行基本変形を有限回施して，

$$\begin{pmatrix} 0 \cdots 0 & 1 & * \cdots * & 0 & * \cdots * & 0 & * & \cdots & 0 & * \cdots * \\ 0 & \cdots & 0 & 1 & * \cdots * & 0 & * & \cdots & 0 & * \cdots * \\ 0 & \cdots & & \cdots & 0 & 1 & * & \cdots & 0 & * \cdots * \\ & & & & & & & \cdots & & \cdots \\ 0 & \cdots & & \cdots & & & & 0 & 1 & * \cdots * \\ 0 & \cdots & & \cdots & & & & \cdots & & 0 \\ \vdots & & & & & & & & & \vdots \\ 0 & \cdots & & \cdots & & & & \cdots & & 0 \end{pmatrix} \begin{matrix} \left.\right] r \\ \left.\right] m-r \end{matrix} \tag{8.1-5}$$

の形にすることができる．ここで，$*$ は必ずしも 0 でない数を表す．この形の行列を **r 階の階段行列**という．

次に，列の交換を適当な順序で行って

$$\begin{matrix} r \left[\right. \\ \\ m-r \left[\right. \end{matrix} \overbrace{}^{r}\overbrace{}^{n-r} \begin{pmatrix} 1 & & 0 & a'_{1\,r+1} & \cdots & a'_{1n} \\ & \ddots & & & \cdots & \\ 0 & & 1 & a'_{r\,r+1} & \cdots & a'_{rn} \\ 0 & \cdots & 0 & 0 & \cdots & 0 \\ \vdots & & \vdots & \vdots & & \vdots \\ 0 & \cdots & 0 & 0 & \cdots & 0 \end{pmatrix} \tag{8.1-6}$$

の形にすることができる．この形の行列を**台形行列**とよぶことにする．

さらに，列の基本変形を何回か施して

$$\begin{array}{c} \\ r\left\{ \begin{array}{c} \\ \\ \\ \end{array}\right. \\ m-r\left\{ \begin{array}{c} \\ \\ \\ \end{array}\right. \end{array} \overset{\qquad\quad r \qquad\qquad n-r}{\begin{pmatrix} 1 & & 0 & 0 & \cdots & 0 \\ & \ddots & & \vdots & & \vdots \\ 0 & & 1 & 0 & \cdots & 0 \\ 0 & \cdots & 0 & 0 & \cdots & 0 \\ \vdots & & \vdots & \vdots & & \vdots \\ 0 & \cdots & 0 & 0 & \cdots & 0 \end{pmatrix}} \tag{8.1-7}$$

の形にすることができる．これを A の**標準形**という．

注　掃き出し法による連立一次方程式の解法においては，係数行列に対して基本変形を階段行列，必要があれば台形行列になるまで行う．

例 4　3×4 行列は，行基本変形と列の変換を何回か施すと，

$$\begin{pmatrix} 1 & 0 & 0 & * \\ 0 & 1 & 0 & * \\ 0 & 0 & 1 & * \end{pmatrix}, \quad \begin{pmatrix} 1 & 0 & * & * \\ 0 & 1 & * & * \\ 0 & 0 & 0 & 0 \end{pmatrix}, \quad \begin{pmatrix} 1 & * & * & * \\ 0 & 0 & 0 & 0 \\ 0 & 0 & 0 & 0 \end{pmatrix}, \quad O_{34}$$

の形になる．

例 5（いろいろな解）　次の連立一次方程式を解け．

$$(1)\ \begin{cases} x \qquad\ \ -z-2w=0 \\ x+2y-5z-4w=4 \\ x+\ y-3z-3w=2 \end{cases} \qquad (2)\ \begin{cases} \ \ x+y+\ z=1 \\ 2x-y-4z=2 \\ 4x+y-2z=1 \end{cases}$$

解　(1)　連立一次方程式を拡大係数行列で表し，それを変形する．

$$\left(\begin{array}{cccc|c} 1 & 0 & -1 & -2 & 0 \\ 1 & 2 & -5 & -4 & 4 \\ 1 & 1 & -3 & -3 & 2 \end{array}\right) \begin{array}{l} \\ \leftarrow -1 \\ \leftarrow -1 \end{array} \longrightarrow \left(\begin{array}{cccc|c} 1 & 0 & -1 & -2 & 0 \\ 0 & 2 & -4 & -2 & 4 \\ 0 & 1 & -2 & -1 & 2 \end{array}\right) \times\frac{1}{2} \longrightarrow$$

$$\left(\begin{array}{cccc|c} 1 & 0 & -1 & -2 & 0 \\ 0 & 1 & -2 & -1 & 2 \\ 0 & 1 & -2 & -1 & 2 \end{array}\right) \begin{array}{l} \\ \\ \leftarrow -1 \end{array} \longrightarrow \left(\begin{array}{cc:cc|c} 1 & 0 & -1 & -2 & 0 \\ 0 & 1 & -2 & -1 & 2 \\ \hdashline 0 & 0 & 0 & 0 & 0 \end{array}\right)$$

最後の拡大係数行列を連立一次方程式にもどすと

$$\begin{cases} x \qquad -z-2w=0 \\ \quad y-2z-\ w=2 \end{cases} \quad \text{すなわち} \quad \begin{cases} x=\ \ z+2w \\ y=2z+\ w+2 \end{cases}$$

である．解は 4 項列ベクトルを用いて次のように表される．

$$\begin{pmatrix} x \\ y \\ z \\ w \end{pmatrix} = \begin{pmatrix} z+2w \\ 2z+w+2 \\ z \\ w \end{pmatrix} = z\begin{pmatrix} 1 \\ 2 \\ 1 \\ 0 \end{pmatrix} + w\begin{pmatrix} 2 \\ 1 \\ 0 \\ 1 \end{pmatrix} + \begin{pmatrix} 0 \\ 2 \\ 0 \\ 0 \end{pmatrix} \quad (z, w \text{ は任意の数})$$

(2) 対応する拡大係数行列を変形する.

$$\left(\begin{array}{ccc|c} 1 & 1 & 1 & 1 \\ 2 & -1 & -4 & 2 \\ 4 & 1 & -2 & 1 \end{array}\right) \begin{array}{l} \\ -2 \\ -4 \end{array} \longrightarrow \left(\begin{array}{ccc|c} 1 & 1 & 1 & 1 \\ 0 & -3 & -6 & 0 \\ 0 & -3 & -6 & -3 \end{array}\right) \begin{array}{l} \\ \times(-1/3) \\ \times(-1/3) \end{array} \longrightarrow$$

$$\left(\begin{array}{ccc|c} 1 & 1 & 1 & 1 \\ 0 & 1 & 2 & 0 \\ 0 & 1 & 2 & 1 \end{array}\right) \begin{array}{l} -1 \\ \\ -1 \end{array} \longrightarrow \left(\begin{array}{cc:c|c} 1 & 0 & -1 & 1 \\ 0 & 1 & 2 & 0 \\ \hdashline 0 & 0 & 0 & 1 \end{array}\right)$$

最後の拡大係数行列を連立一次方程式にもどすと

$$\begin{cases} x \quad - z = 1 \\ \quad y + 2z = 0 \\ \qquad\quad 0 = 1 \end{cases}$$

である. 第3式は成り立たないから, (2) をみたす解は存在しない. ■

8.2 基本行列

A を $m \times n$ 行列とする. A に基本変形を施すことが, A に適当な行列をかけることと同等であることを見よう. 次のように定義される n 次正方行列 $P_n(i,j)$, $P_n(i,j\,;k)$, $P_n(i\,;k)$ を**基本行列**という. ただし, $1 \leqq i, j \leqq n$, $i \neq j$, k はスカラーであり $P_n(i\,;k)$ については $k \neq 0$ とする.

$$P_n(i,j) : \begin{cases} (s,s) \text{ 成分} = 1 \quad (s \neq i, j) \\ (i,j), (j,i) \text{ 成分} = 1 \\ \text{他の成分} = 0 \end{cases}$$

$$(\text{例}) \quad P_3(2,3) = \begin{pmatrix} 1 & 0 & 0 \\ 0 & 0 & 1 \\ 0 & 1 & 0 \end{pmatrix}$$

$$P_n(i,j\,;k) : \begin{cases} (s,s) \text{ 成分} = 1 \quad (s = 1, \cdots, n) \\ (i,j) \text{ 成分} = k \\ \text{他の成分} = 0 \end{cases}$$

$$（例）\quad P_3(1,2\,;\,k)=\begin{pmatrix}1&k&0\\0&1&0\\0&0&1\end{pmatrix}$$

$$P_n(i\,;\,k):\begin{cases}(s,s)\text{成分}=1 & (s\neq i)\\(i,i)\text{成分}=k\neq 0\\\text{他の成分}=0\end{cases}$$

$$（例）\quad P_3(2\,;\,k)=\begin{pmatrix}1&0&0\\0&k&0\\0&0&1\end{pmatrix}$$

行列 A に基本行列を左からかけると

$$P_m(i,j)A \quad = A\text{の第}\,i\,\text{行と第}\,j\,\text{行を交換してできる行列} \tag{8.2-1}$$

$$P_m(i,j\,;\,k)A = A\text{の第}\,j\,\text{行の}\,k\,\text{倍を第}\,i\,\text{行に加えてできる行列} \tag{8.2-2}$$

$$P_m(i\,;\,k)A \quad = A\text{の第}\,i\,\text{行を}\,k\,\text{倍してできる行列} \tag{8.2-3}$$

が成り立つことが容易にわかる．これらはそれぞれ行基本変形（8.1-1, -2, -3）と同等である．単位行列に行基本変形を施せば，基本行列を再現できることに注意しよう．また，列基本変形は A に基本行列を右からかけることと同等であり，

$$AP_n(i,j) \quad = A\text{の}\,i\,\text{列と}\,j\,\text{列を交換してできる行列} \tag{8.2-1$'$}$$

$$AP_n(i,j\,;\,k) = A\text{の}\,i\,\text{列の}\,k\,\text{倍を}\,j\,\text{列に加えてできる行列} \tag{8.2-2$'$}$$

$$AP_n(i\,;\,k) \quad = A\text{の}\,i\,\text{列を}\,k\,\text{倍してできる行列} \tag{8.2-3$'$}$$

が成り立つ．

$$\left.\begin{aligned}A \underset{\text{行基本変形}}{\longrightarrow} A' &\iff A'=PA\\ A \underset{\text{列基本変形}}{\longrightarrow} A' &\iff A'=AP\end{aligned}\right.\quad（P\text{ は基本行列}）$$

例 6 $A=\begin{pmatrix}a&b\\c&d\end{pmatrix}\!\rceil k \longrightarrow \begin{pmatrix}a+kc&b+kd\\c&d\end{pmatrix}=PA,$

$$E=\begin{pmatrix}1&0\\0&1\end{pmatrix}\!\rceil k \longrightarrow \begin{pmatrix}1&k\\0&1\end{pmatrix}=PE=P$$ ∎

補題 1 （1） 基本行列は正則であり，その逆行列および転置行列も基本行列

である．

(2) 基本行列の有限個の積は正則行列である．

証明 (1) 各基本行列の逆行列については

$P_n(i,j)^{-1} = P_n(i,j), \quad P_n(i,j\,;\,k)^{-1} = P_n(i,j\,;\,-k)$ および

$P_n(i\,;\,k)^{-1} = P_n(i\,;\,1/k)$

である．また，転置行列については

${}^tP_n(i,j) = P_n(i,j), \quad {}^tP_n(i,j\,;\,k) = P_n(j,i\,;\,k)$ および

${}^tP_n(i\,;\,k) = P_n(i\,;\,k)$

が成り立つ．

(2) 2.5 節定理 3 (2) より基本行列の積は正則であることがわかる． ▮

行列に基本変形を何回か施すことと基本行列を何個かかけることは同等である．

定理 2 〈行基本変形と基本行列〉

$m\times n$ 行列 A (B) に行基本変形 (列基本変形) を何回か施して

$$A \underset{①}{\longrightarrow} A_1 \underset{②}{\longrightarrow} A_2 \longrightarrow \cdots \underset{ⓤ}{\longrightarrow} A_u = A'$$

$$(B \underset{\boxed{1}}{\longrightarrow} B_1 \underset{\boxed{2}}{\longrightarrow} B_2 \longrightarrow \cdots \underset{\boxed{v}}{\longrightarrow} B_v = B')$$

を得たとする．行基本変形 ①, ②, …, ⓤ (列基本変形 $\boxed{1}, \boxed{2}, \cdots, \boxed{v}$) に対応する基本行列をそれぞれ $P_1, P_2, \cdots, P_u$ ($Q_1, Q_2, \cdots, Q_v$) とおく．

(1) $A' = P_u \cdots P_2 P_1 A$ ($B' = BQ_1Q_2\cdots Q_v$) である．

(2) $P = P_u \cdots P_2 P_1$ ($Q = Q_1Q_2\cdots Q_v$) は正則である．また，P (Q) は，次のように基本変形で計算できる．

$$E_m \underset{①}{\longrightarrow} E^{(1)} \underset{②}{\longrightarrow} \cdots \underset{ⓤ}{\longrightarrow} E^{(u)} = P$$

$$(E_n \underset{\boxed{1}}{\longrightarrow} E^{[1]} \underset{\boxed{2}}{\longrightarrow} \cdots \underset{\boxed{v}}{\longrightarrow} E^{[v]} = Q)$$

ここで E_m, E_n はそれぞれ m 次，n 次単位行列である．

証明 行基本変形についてのみ証明する．列基本変形についても同様である．

(1) $A_1 = P_1 A$，$A_2 = P_2 A_1$，…，$A_u = P_u A_{u-1}$ より明らかである．

(2) 補題 1 (2) より P は正則である．また，(1) において $A = E$ とおいた式 $P_u \cdots P_2 P_1 E = P$ が P の計算法を与えている． ▮

定理1の(8.1-7)について，行列の言葉で次のように述べることができる．

系　$m\times n$ 行列 A は適当な m 次正則行列 P と n 次正則行列 Q を用いて

$$PAQ=\begin{pmatrix} E_r & O_{r\ n-r} \\ O_{m-r\ r} & O_{m-r\ n-r} \end{pmatrix}$$

とできる．ここに，P, Q は基本行列の有限個の積である．■

例7　$A=\begin{pmatrix} 1 & 1 & 2 \\ -1 & 0 & -1 \end{pmatrix}$ の標準形 M と $PAQ=M$ となる正則行列 P, Q を一組あげよ．

解

$$A=\begin{pmatrix} 1 & 1 & 2 \\ -1 & 0 & -1 \end{pmatrix}\!\!\rceil^{+1}\xrightarrow[①]{}\begin{pmatrix} 1 & 1 & 2 \\ 0 & 1 & 1 \end{pmatrix}\!\!\rceil^{-1}\xrightarrow[②]{}\overset{\ulcorner -1 \urcorner}{\begin{pmatrix} 1 & 0 & 1 \\ 0 & 1 & 1 \end{pmatrix}}$$

$$\xrightarrow[\boxed{3}]{}\overset{\ulcorner -1 \urcorner}{\begin{pmatrix} 1 & 0 & 0 \\ 0 & 1 & 1 \end{pmatrix}}\xrightarrow[\boxed{4}]{}\begin{pmatrix} 1 & 0 & 0 \\ 0 & 1 & 0 \end{pmatrix}\qquad \therefore\quad M=\begin{pmatrix} 1 & 0 & 0 \\ 0 & 1 & 0 \end{pmatrix} \tag{♯}$$

である．定理2(2)から P は E_2 に(♯)の行基本変形，Q は E_3 に(♯)の列基本変形を施して

$$\begin{pmatrix} 1 & 0 \\ 0 & 1 \end{pmatrix}\!\!\rceil^{+1}\xrightarrow[①]{}\begin{pmatrix} 1 & 0 \\ 1 & 1 \end{pmatrix}\!\!\rceil^{-1}\xrightarrow[②]{}\begin{pmatrix} 0 & -1 \\ 1 & 1 \end{pmatrix}=P$$

$$\overset{\ulcorner -1 \urcorner}{\begin{pmatrix} 1 & 0 & 0 \\ 0 & 1 & 0 \\ 0 & 0 & 1 \end{pmatrix}}\xrightarrow[\boxed{3}]{}\overset{\ulcorner -1 \urcorner}{\begin{pmatrix} 1 & 0 & -1 \\ 0 & 1 & 0 \\ 0 & 0 & 1 \end{pmatrix}}\xrightarrow[\boxed{4}]{}\begin{pmatrix} 1 & 0 & -1 \\ 0 & 1 & -1 \\ 0 & 0 & 1 \end{pmatrix}=Q$$

と求まる．したがって，

$$\begin{pmatrix} 0 & -1 \\ 1 & 1 \end{pmatrix}A\begin{pmatrix} 1 & 0 & -1 \\ 0 & 1 & -1 \\ 0 & 0 & 1 \end{pmatrix}=\begin{pmatrix} 1 & 0 & 0 \\ 0 & 1 & 0 \end{pmatrix}$$

■

基本変形の可逆性　　変形 $[A\longrightarrow A']$ は，A' を A にもどす同種の変形 $[A'\longrightarrow A]$ が存在するとき**可逆**であるとよばれる．行および列の基本変形は可逆である．たとえば変形(8.1-2)の可逆性は

$$A=\begin{pmatrix} \cdots \\ \cdots \end{pmatrix}\!\!\rceil^{k}\longrightarrow A'=\begin{pmatrix} \cdots \\ \cdots \end{pmatrix}\!\!\rceil^{-k}\longrightarrow A$$

からわかる．

定理 3〈階段行列の階数の一意性〉

定理 1 における r は基本変形の仕方によらず一定である．

証明　$m\times n$ 行列 A に何回かの基本変形を施して

$$A \longrightarrow \cdots \longrightarrow M(r) = \begin{pmatrix} E_r & O_{r\ n-r} \\ O_{m-r\ r} & O_{m-r\ n-r} \end{pmatrix},$$

$$A \longrightarrow \cdots \longrightarrow M(s) = \begin{pmatrix} E_s & O_{s\ n-s} \\ O_{m-s\ s} & O_{m-s\ n-s} \end{pmatrix}$$

となったとする．$r \leqq s$ と仮定して $r = s$ を示そう．基本変形の可逆性から，A を経由して $M(r)$ は $M(s)$ まで基本変形のみで変形される：

$$M(r) \longrightarrow \cdots \longrightarrow A \longrightarrow \cdots \longrightarrow M(s).$$

系より，適当な m 次正則行列 P と n 次正則行列 Q を用いて $PM(r)Q = M(s)$ と表せる．これを

$$PM(r) = M(s)Q^{-1} \qquad (\sharp)$$

と変形しておく．P, Q^{-1} を次のように分割する：

$$P = \begin{pmatrix} P_{11} & P_{12} \\ P_{21} & P_{22} \end{pmatrix}, \qquad Q^{-1} = \begin{pmatrix} Q_{11} & Q_{12} \\ Q_{21} & Q_{22} \end{pmatrix}.$$

（P_{11} は r 行 r 列，Q_{11} は s 行 s 列）

このとき，$(\sharp)$ は

$$\begin{pmatrix} P_{11} & O \\ P_{21} & O \end{pmatrix} = \begin{pmatrix} Q_{11} & Q_{12} \\ O & O \end{pmatrix} \qquad \therefore\ Q_{11} = \begin{pmatrix} P_{11} & O \\ * & O \end{pmatrix} \qquad (\flat)$$

（Q_{11} の行は r，$s-r$，列は r，$s-r$ に分割）

と表される．さらに，$Q_{12} = O_{s\ n-s}$ であるから 6.1 節の命題より $|Q^{-1}| = |Q_{11}||Q_{22}|$ である．Q^{-1} が正則であるから $|Q^{-1}| \neq 0$ となる (7.2 節定理 2)．ところが，もし $r < s$ であれば，$(\flat)$ と 5.1 節定理 1 (5) より $|Q_{11}| = 0$ となり矛盾である．よって，$r = s$ でなければならない． ■

8.3　行列方程式の解および逆行列の求め方（掃き出し法）

行列方程式の解法　　$m\times n$ 行列 A，$m\times p$ 行列 B について行列方程式

$$AX = B \qquad (8.3\text{-}1)$$

をみたす $n\times p$ 行列 X を掃き出し法で求める方法を述べよう．(8.3-1) の A，B に同じ行基本変形

$$A \underset{(*)}{\longrightarrow \cdots \longrightarrow} A', \quad B \underset{(*)}{\longrightarrow \cdots \longrightarrow} B' \tag{8.3-2}$$

を施したとき，8.2 節定理 2 より (∗) に対応する基本行列 $P_1, \cdots, P_u$ を用いて $A' = P_u \cdots P_1 A$，$B' = P_u \cdots P_1 B$ と表せる．(8.3-1) の両辺に行列 $P_u \cdots P_1$ を左からかければ，

$$A'X = B' \tag{8.3-3}$$

を得る．(8.3-2) の行基本変形 (∗) を A' が階段行列になるまで行えば，(8.3-3) は簡単な形になる．行基本変形の可逆性から，(8.3-1) と (8.3-3) の解 X は同一であることがわかる．また，(8.3-2) の変形をまとめて

$$(A \mid B) \underset{(*)}{\longrightarrow \cdots \longrightarrow} (A' \mid B')$$

のように同時に変形すれば経済的である．

例 8　$A = \begin{pmatrix} 1 & 2 & 3 \\ 1 & 3 & 4 \\ 2 & 4 & 7 \end{pmatrix}$，$B = \begin{pmatrix} 3 & 0 \\ 4 & 0 \\ 6 & 1 \end{pmatrix}$ のとき，$AX = B$ をみたす行列 X を求めよ．

解

$$\left(\begin{array}{ccc|cc} 1 & 2 & 3 & 3 & 0 \\ 1 & 3 & 4 & 4 & 0 \\ 2 & 4 & 7 & 6 & 1 \end{array}\right) \begin{matrix} \rceil -1 \\ \\ -2 \end{matrix} \longrightarrow \left(\begin{array}{ccc|cc} 1 & 2 & 3 & 3 & 0 \\ 0 & 1 & 1 & 1 & 0 \\ 0 & 0 & 1 & 0 & 1 \end{array}\right) \begin{matrix} \rceil -2 \\ \\ \\ \end{matrix}$$

$$\longrightarrow \left(\begin{array}{ccc|cc} 1 & 0 & 1 & 1 & 0 \\ 0 & 1 & 1 & 1 & 0 \\ 0 & 0 & 1 & 0 & 1 \end{array}\right) \begin{matrix} -1 \\ -1 \\ \\ \end{matrix} \longrightarrow \left(\begin{array}{ccc|cc} 1 & 0 & 0 & 1 & -1 \\ 0 & 1 & 0 & 1 & -1 \\ 0 & 0 & 1 & 0 & 1 \end{array}\right)$$

より

$$\begin{pmatrix} 1 & 0 & 0 \\ 0 & 1 & 0 \\ 0 & 0 & 1 \end{pmatrix} X = \begin{pmatrix} 1 & -1 \\ 1 & -1 \\ 0 & 1 \end{pmatrix} \qquad \therefore \quad X = \begin{pmatrix} 1 & -1 \\ 1 & -1 \\ 0 & 1 \end{pmatrix}$$

■

　行基本変形のみで単位行列 E にできる正方行列について議論する．

補題 2　正方行列 A に，いくつかの行基本変形を施して A' を得たとする．このとき $|A| \neq 0$ であれば $|A'| \neq 0$ であり，その逆も成り立つ．

証明　定理 2 から，A' は正則行列 P を用いて $A' = PA$ と表せる．7.2 節の定理 2 より $|P| \neq 0$ である．したがって，$|A'| = |P||A|$ (6.2 節定理 2) から $|A'| \neq 0 \iff |A| \neq 0$ がわかる．■

定理 4〈正則行列と行基本変形〉

正則行列は有限回の行基本変形を施して単位行列にできる．逆に，そのように変形できる行列は正則である．

したがって，正則行列は基本行列の有限個の積で表せる．

証明　A を正則な n 次正方行列，E を n 次単位行列とする．8.1 節の定理 1 より A に有限回の行基本変形を施して階段行列 (8.1-5)

$$A' = \begin{pmatrix} a_{11}' & a_{12}' & \cdots & a_{1n}' \\ 0 & a_{22}' & \cdots & a_{2n}' \\ \vdots & \ddots & \ddots & \vdots \\ 0 & \cdots & 0 & a_{nn}' \end{pmatrix}$$

にできる．ただし，a_{ii}' は 0 または 1 であり，

$$a_{ii}' = 1 \quad のときは \quad a_{1i}' = \cdots = a_{i-1\,i}' = 0 \qquad (\sharp)$$

となっている．A が正則であるから 7.2 節の定理 2 より $|A| \neq 0$ となる．補題 2 より $|A'| \neq 0$ を得る．したがって，$|A'| = a_{11}'a_{22}'\cdots a_{nn}' \neq 0$ (4.3 節の定理) である．ゆえに $a_{11}' = a_{22}' = \cdots = a_{nn}' = 1$ が成り立ち，($\sharp$) から $A' = E$ が導かれる．

逆に，いくつかの行基本変形で $A \longrightarrow \cdots \longrightarrow E$ とできたとする．定理 2 (1) より基本行列 $P_1, \cdots, P_u$ を用いて $E = P_u \cdots P_1 A$ と表せる．よって，A は正則であり，

$$A = (P_u \cdots P_1)^{-1} = P_1^{-1} \cdots P_u^{-1} \quad (2.5 節定理 3 より)$$

と書ける．さらに，8.2 節補題 1 (1) から $P_1^{-1}, \cdots, P_u^{-1}$ は基本行列である．■

定理 5〈基本変形と行列の等式〉

A を $m \times n$ 行列とする．適当な m 次正則行列 P と n 次正則行列 Q を用いて，次の同等性を得る：

$$A \underset{行基本変形}{\longrightarrow \cdots \longrightarrow} A' \iff A' = PA,$$

$$A \underset{列基本変形}{\longrightarrow \cdots \longrightarrow} A' \iff A' = AQ,$$

$$A \underset{基本変形}{\longrightarrow \cdots \longrightarrow} A' \iff A' = PAQ.$$

証明　定理 4 より，行列に正則行列をかけることはいくつかの基本行列をかけることと同じである．このことと，定理 2 より明らかである．■

逆行列の求め方　正則な n 次正方行列 A の逆行列 A^{-1} は，行列方程式

$AX=E$ の解 X である．この節のはじめで述べた解法は，行基本変形 $(A \mid E) \longrightarrow \cdots \longrightarrow (A' \mid E')$ により，簡単な行列方程式 $A'X=E'$ に変形して解くというものであった．定理 4 より，行基本変形 $A \longrightarrow \underset{(*)}{\cdots} \longrightarrow E$ が可能である．このとき，

$$(A \mid E) \longrightarrow \underset{(*)}{\cdots} \longrightarrow (E \mid C) \quad \text{であれば}$$

$$EX = C \quad \therefore \quad X = C, \qquad \text{すなわち} \quad \underline{A^{-1} = C}$$

が成り立つ．

例 9　$A=\begin{pmatrix}1 & 1 & 1\\ 2 & -1 & -4\\ 4 & 1 & -1\end{pmatrix}$ の逆行列 A^{-1} を掃き出し法で求めよ．

解

$$\left(\begin{array}{ccc|ccc}1 & 1 & 1 & 1 & 0 & 0\\ 2 & -1 & -4 & 0 & 1 & 0\\ 4 & 1 & -1 & 0 & 0 & 1\end{array}\right) \begin{matrix} \\ \leftarrow -2 \\ \leftarrow -4\end{matrix} \longrightarrow \left(\begin{array}{ccc|ccc}1 & 1 & 1 & 1 & 0 & 0\\ 0 & -3 & -6 & -2 & 1 & 0\\ 0 & -3 & -5 & -4 & 0 & 1\end{array}\right) \begin{matrix}\leftarrow +1/3 \\ \\ \leftarrow -1\end{matrix} \longrightarrow$$

$$\left(\begin{array}{ccc|ccc}1 & 0 & -1 & 1/3 & 1/3 & 0\\ 0 & -3 & -6 & -2 & 1 & 0\\ 0 & 0 & 1 & -2 & -1 & 1\end{array}\right) \begin{matrix}\leftarrow +1 \\ \leftarrow +6 \\ \\ \end{matrix} \longrightarrow \left(\begin{array}{ccc|ccc}1 & 0 & 0 & -5/3 & -2/3 & 1\\ 0 & -3 & 0 & -14 & -5 & 6\\ 0 & 0 & 1 & -2 & -1 & 1\end{array}\right) \times(-1/3)$$

$$\longrightarrow \left(\begin{array}{ccc|ccc}1 & 0 & 0 & -5/3 & -2/3 & 1\\ 0 & 1 & 0 & 14/3 & 5/3 & -2\\ 0 & 0 & 1 & -2 & -1 & 1\end{array}\right)$$

より，逆行列 A^{-1} は次のようになる．

$$A^{-1}=\begin{pmatrix}-5/3 & -2/3 & 1\\ 14/3 & 5/3 & -2\\ -2 & -1 & 1\end{pmatrix}=\frac{1}{3}\begin{pmatrix}-5 & -2 & 3\\ 14 & 5 & -6\\ -6 & -3 & 3\end{pmatrix}$$ ■

演 習 問 題

[**45**] 〈掃き出し法による連立一次方程式の解法〉

次の連立一次方程式を掃き出し法で解け．解は列ベクトルで表せ．

(1) $\begin{cases} x+2y+3z=3\\ x+3y+4z=4\\ 2x+4y+7z=6\end{cases}$　　(2) $\begin{cases} x \qquad -z=1\\ 2x+\ y \qquad =3\\ 3x+2y+z=5\end{cases}$

(3) $\begin{cases} x+\ \ y+3z = \ \ \ 0 \\ x-\ \ y+\ \ z = -3 \\ x+2y+4z = \ \ \ 2 \end{cases}$ (4) $\begin{cases} \ \ x+2y \qquad\ -w = 1 \\ 2x+4y+\ \ z-w = 4 \\ 3x+6y+2z-w = 7 \end{cases}$

(5) $\begin{cases} x \qquad +az = \ \ 2a \\ \qquad y-2z = -1 \\ x+y-\ \ z = \ \ a^2 \end{cases}$ (a は定数)

[**46**] 〈逆行列（掃き出し法）〉

次の行列の逆行列を掃き出し法を用いて求めよ．

(1) $\begin{pmatrix} 1 & 2 & 0 \\ 0 & 1 & 2 \\ 2 & 3 & -1 \end{pmatrix}$ (2) $\begin{pmatrix} 1 & 1 & 1 & 1 \\ 1 & 0 & 1 & 1 \\ 0 & 0 & 2 & 3 \\ 3 & 0 & 2 & 1 \end{pmatrix}$ (3) $\begin{pmatrix} 1 & 1 & 1 & 1 \\ 1 & 2 & 1 & 1 \\ 0 & 0 & 1 & 1 \\ 0 & 0 & 1 & 2 \end{pmatrix}$

[**47**] 〈行列方程式の解法（掃き出し法）〉

次の行列 A, B について，行列方程式 $AX = B$ をみたす解 X を求めよ．

(1) $A = \begin{pmatrix} 1 & 2 & 1 \\ 2 & 2 & 1 \\ 3 & 3 & 2 \end{pmatrix}$, $B = \begin{pmatrix} 1 & 1 \\ 1 & -1 \\ 1 & 1 \end{pmatrix}$

(2) $A = \begin{pmatrix} 1 & 0 & -1 \\ 0 & 2 & -4 \\ 1 & 1 & -3 \end{pmatrix}$, $B = \begin{pmatrix} 1 & 2 \\ -4 & -2 \\ -1 & 1 \end{pmatrix}$

[**48**] 〈正則行列の基本行列の積への分解〉

行列 A を次のように E まで変形した：

$$A = \begin{pmatrix} 1 & 2 & 0 \\ 0 & 3 & 0 \\ 1 & 2 & 1 \end{pmatrix} \times \tfrac{1}{3} \xrightarrow[①]{} \begin{pmatrix} 1 & 2 & 0 \\ 0 & 1 & 0 \\ 1 & 2 & 1 \end{pmatrix} \begin{matrix} \rceil^{-1} \\ \\ \leftarrow\rfloor \end{matrix} \xrightarrow[②]{} \begin{pmatrix} 1 & 2 & 0 \\ 0 & 1 & 0 \\ 0 & 0 & 1 \end{pmatrix} \begin{matrix} \leftarrow\rceil^{-2} \\ \rfloor \\ \ \end{matrix}$$

$$\xrightarrow[③]{} \begin{pmatrix} 1 & 0 & 0 \\ 0 & 1 & 0 \\ 0 & 0 & 1 \end{pmatrix}$$

(1) 行基本変形 ①, ②, ③ に対応する基本行列は何か？

(2) A を基本行列の積で表せ．

[**49**] 〈$\boldsymbol{PAQ}$ = 標準形〉

$A = \begin{pmatrix} 1 & 2 & 2 \\ 2 & 2 & 3 \\ 3 & 4 & 5 \end{pmatrix}$ に対して，$PAQ = \begin{pmatrix} 1 & 0 & 0 \\ 0 & 1 & 0 \\ 0 & 0 & 0 \end{pmatrix}$ となる正則行列 P, Q を求めよ．

行列の階数と斉次連立一次方程式

9.1 行列の階数と掃き出し法

$m\times n$ 行列 A にいくつかの行基本変形を施して r 階の階段行列 A' に，さらに A' に適当な列の交換をいくつか行えば，台形行列

$$A''=\begin{pmatrix} E_r & D \\ O_{m-r\,r} & O_{m-r\,n-r} \end{pmatrix};\quad \begin{array}{l} E_r \text{ は } r \text{ 次単位行列} \\ D \text{ は } r\times(n-r) \text{ 行列} \end{array}$$

にできることを8.1節の定理1(8.1-6)で学んだ．ここに現れる r を行列 A の**階数**といい，$\mathrm{rank}\,A$ で表す．

例1　次の行列 A, B の階数を求めよ．

$$A=\begin{pmatrix} 2 & 5 & 0 \\ 1 & 2 & -1 \\ -1 & 1 & 2 \end{pmatrix},\quad B=\begin{pmatrix} 1 & 0 & -1 & -2 \\ 1 & 2 & -5 & -4 \\ 1 & 1 & -3 & -3 \end{pmatrix}$$

解　A, B に行基本変形を何回か施すと，

$$A\longrightarrow\cdots\longrightarrow\begin{pmatrix} 1 & 0 & 0 \\ 0 & 1 & 0 \\ 0 & 0 & 1 \end{pmatrix},\quad B\longrightarrow\cdots\longrightarrow\begin{pmatrix} 1 & 0 & -1 & -2 \\ 0 & 1 & -2 & -1 \\ 0 & 0 & 0 & 0 \end{pmatrix}$$

であった(8.1節の導入部(♯)と例5(1)の連立一次方程式の係数行列の変形を参照)．したがって，$\mathrm{rank}\,A=3$，$\mathrm{rank}\,B=2$ である．∎

斉次連立一次方程式　連立一次方程式

$$\begin{cases} a_{11}x_1+a_{12}x_2+\cdots+a_{1n}x_n=0 \\ a_{21}x_1+a_{22}x_2+\cdots+a_{2n}x_n=0 \\ \qquad\cdots\cdots \\ a_{m1}x_1+a_{m2}x_2+\cdots+a_{mn}x_n=0 \end{cases}\tag{9.1-1}$$

を考えよう．このような，右辺がすべて0である方程式を**斉次連立一次方程式**

という．$x_1 = x_2 = \cdots = x_n = 0$ はつねに解である．これを (9.1-1) の**自明な解**という．(9.1-1) が自明な解のみをもつか，自明でない解をもつかの判定に (9.1-1) の係数行列 A の階数 rank A を用いる方法について述べよう．

拡大係数行列は何回かの行基本変形と列の交換により

$$\begin{array}{c}\underline{x_1 \quad \cdots \quad x_n} \\ \left(\begin{array}{ccc|c} a_{11} & \cdots & a_{1n} & 0 \\ & \cdots\cdots & & \vdots \\ a_{m1} & \cdots & a_{mn} & 0 \end{array}\right)\end{array} \longrightarrow \cdots \longrightarrow \begin{array}{c}\underline{x_1' \ \cdots \ x_r' \quad x_{r+1}' \quad \cdots \quad x_n'} \\ \left(\begin{array}{ccc:ccc|c} 1 & & 0 & a_{1\,r+1}' & \cdots & a_{1n}' & 0 \\ & \ddots & & & \cdots\cdots & & \vdots \\ 0 & & 1 & a_{r\,r+1}' & \cdots & a_{rn}' & 0 \\ \hdashline & 0 & & & 0 & & 0 \end{array}\right)\end{array}$$

のような変形ができる．ここに，$x_1', \cdots, x_n'$ は列の交換にともなう $x_1, \cdots, x_n$ の順列である．最後の拡大係数行列の形を分類してみよう．

$m > n$ のとき： ① rank $A < n$ ② rank $A = n$

$$\left(\begin{array}{ccc:c|c} 1 & & 0 & & 0 \\ & \ddots & & * & \vdots \\ 0 & & 1 & & 0 \\ \hdashline & 0 & & 0 & 0 \end{array}\right) \qquad \left(\begin{array}{ccc|c} 1 & & 0 & 0 \\ & \ddots & & \vdots \\ 0 & & 1 & 0 \\ \hdashline & 0 & & 0 \end{array}\right)$$

$m = n$ のとき： ③ rank $A < n$ ④ rank $A = n$

$$\left(\begin{array}{ccc:c|c} 1 & & 0 & & 0 \\ & \ddots & & * & \vdots \\ 0 & & 1 & & 0 \\ \hdashline & 0 & & 0 & 0 \end{array}\right) \qquad \left(\begin{array}{ccc|c} 1 & & 0 & 0 \\ & \ddots & & \vdots \\ 0 & & 1 & 0 \end{array}\right)$$

$m < n$ のとき： ⑤ rank $A < m$ ⑥ rank $A = m$

$$\left(\begin{array}{ccc:c|c} 1 & & 0 & & 0 \\ & \ddots & & * & \vdots \\ 0 & & 1 & & 0 \\ \hdashline & 0 & & 0 & 0 \end{array}\right) \qquad \left(\begin{array}{ccc:c|c} 1 & & 0 & & 0 \\ & \ddots & & * & \vdots \\ 0 & & 1 & & 0 \end{array}\right)$$

ここで，$*$ は 1×1 行列以上のサイズの行列である．

上の 6 つの形の中で，①,③,⑤,⑥ の場合は自明でない解をもち，② と ④ のときは自明な解のみである．前者は「rank $A < n$」をみたし，後者は「rank $A = n$」をみたしている．以上をまとめて，次の定理を得る．

定理 1〈斉次連立一次方程式の解と係数行列の階数〉

斉次連立一次方程式 (9.1-1) の $m \times n$ 型係数行列を A とする.

(1) $\mathrm{rank}\, A < n$ であれば, (9.1-1) は自明でない解をもつ.

(2) $\mathrm{rank}\, A = n$ であれば, (9.1-1) は自明な解のみをもつ.

とくに, 未知数の個数より方程式の個数の少ない斉次連立一次方程式はつねに自明でない解をもつ.

系 1 未知数と方程式が同数, すなわち $m = n$ である斉次連立一次方程式 (9.1-1) が自明な解のみをもつための必要十分条件は A が正則になることである. したがって, $|A| \neq 0$ が成り立つことも必要十分条件である.

証明 定理 1 を導いた議論を振り返ろう. この系の場合は, (9.1-1) が自明な解のみをもつのは ④ のときに限られる. よって, いくつかの行基本変形で $A \longrightarrow \cdots \longrightarrow E$ と変形できるときだけである. 8.3 節の定理 4 より, このことは A が正則であることと同等である. 最後のところは 7.2 節の定理 2 の言い換えである. ∎

9.2 行列の階数と小行列式

小行列式 行列 A の行と列の中からそれぞれ p 個選び, その交わりにある成分をそのまま並べてつくった部分正方行列の行列式を A の p 次の**小行列式**という.

例 2 3 次正方行列の 2 次の小行列式をいくつかあげよう.

$$\begin{pmatrix} 1 & 2 & 0 \\ 0 & 3 & 1 \\ 2 & 1 & 5 \end{pmatrix} \Longrightarrow \begin{vmatrix} 1 & 2 \\ 0 & 3 \end{vmatrix}, \quad \begin{pmatrix} 1 & 2 & 0 \\ 0 & 3 & 1 \\ 2 & 1 & 5 \end{pmatrix} \Longrightarrow \begin{vmatrix} 1 & 0 \\ 2 & 5 \end{vmatrix}$$ ∎

行基本変形にともなう小行列式の値の変化 A を $m \times n$ 行列, B を A の p 次の部分正方行列とする. B を構成しない A の 1 つの行と, B を構成する A の列の交わりにある成分をそのまま並べてできる p 項行ベクトルを $\boldsymbol{b}$ とする.

A の行基本変形 $A \longrightarrow A'$ が B を構成する行の間で行われたとしよう. それにともなう B の行基本変形 $B \longrightarrow B'$ については, 8.3 節の補題 2 より「$|B| \neq 0 \Longleftrightarrow |B'| \neq 0$」が成り立つことがわかる.

A の行基本変形 $A \longrightarrow A'$ が B と B の“外”にある $\boldsymbol{b}$ との間で行われ，それにともない $B \longrightarrow B'$ になったとする：

$$A = \begin{pmatrix} \cdots & \boxed{\;B\;} & \cdots \\ \cdots & \cdots & \cdots \\ \cdots & \boxed{\;\boldsymbol{b}\;} & \cdots \end{pmatrix}, \qquad B = \begin{pmatrix} \boldsymbol{b}_{(1)} \\ \vdots \\ \boldsymbol{b}_{(i)} \\ \vdots \\ \boldsymbol{b}_{(p)} \end{pmatrix}.$$

B を上のように行ベクトルに分割する．A の 1 つの行に 0 でない数をかける基本変形 $A \longrightarrow A'$ を行っても，「$|B| \neq 0 \iff |B'| \neq 0$」は明らかに成立する．他の 2 つの行基本変形を行った場合の $(p+1)\times p$ 行列 $\begin{pmatrix} B \\ \boldsymbol{b} \end{pmatrix}$ の様子を図示すると図 9-1 のようになる．ここで，B_1 と B_3 は 2 つの矢印で指す 2 つの部分行列を上下に張り付けてできる p 次の部分正方行列である．

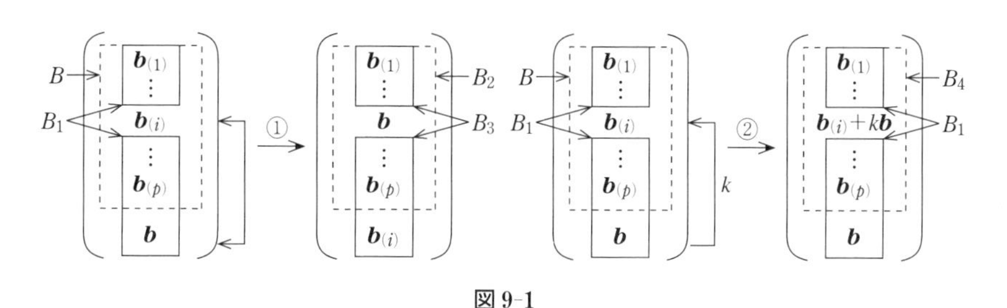

図 9-1

変形 ① について：$|B_3| = \pm|B|$ と $|B_2| = \pm|B_1|$ より

$$|B| \neq 0 \text{ または } |B_1| \neq 0 \iff |B_2| \neq 0 \text{ または } |B_3| \neq 0$$

が成り立つ．

変形 ② について：5.2 節の補題 2 より

$$|B_4| = \begin{vmatrix} \boldsymbol{b}_{(1)} \\ \vdots \\ \boldsymbol{b}_{(i)} + k\boldsymbol{b} \\ \vdots \\ \boldsymbol{b}_{(p)} \end{vmatrix} = \begin{vmatrix} \boldsymbol{b}_{(1)} \\ \vdots \\ \boldsymbol{b}_{(i)} \\ \vdots \\ \boldsymbol{b}_{(p)} \end{vmatrix} + k \begin{vmatrix} \boldsymbol{b}_{(1)} \\ \vdots \\ \boldsymbol{b} \\ \vdots \\ \boldsymbol{b}_{(p)} \end{vmatrix} = |B| \pm k\,|B_1|$$

である．この場合にも，変形の前後の行列式の間に

$$|B| \neq 0 \text{ または } |B_1| \neq 0 \iff |B_1| \neq 0 \text{ または } |B_4| \neq 0$$

が成り立つ．

以上より次のことがいえる．

補題 1　$m\times n$ 行列 A の p 次部分正方行列を B とする．

(1)　A の行基本変形が B を構成する行の間で行われ，それにともない B が B' に変形されたとする．このとき，$|B| \neq 0 \iff |B'| \neq 0$ が成り立つ．

(2)　A の行基本変形が B と前述の $\boldsymbol{b}$ を含む行の間で行われ，それにともない $(p+1)\times p$ 行列 $\begin{pmatrix} B \\ \boldsymbol{b} \end{pmatrix}$ が $\begin{pmatrix} B'' \\ \boldsymbol{b}' \end{pmatrix}$ に変形されたとする．このとき，$\begin{pmatrix} B \\ \boldsymbol{b} \end{pmatrix}$ の p 次小行列式の 1 つが 0 でないことと $\begin{pmatrix} B'' \\ \boldsymbol{b}' \end{pmatrix}$ の p 次小行列式の 1 つが 0 でないことは同値である．■

行列式の階数 — 0 でない小行列式のうち最大次数のもの —　$m\times n$ 行列 A の s 次の小行列式の中には 0 でないものが存在し，$s+1$ 次以上の小行列式がすべて 0 でなるような s を行列式 $|A|$ の**階数**という．本書では s を $\rho(A)$ と書くことにする．

例 3　$A = \begin{pmatrix} 1 & 0 & -1 & -2 \\ 1 & 2 & -5 & -4 \\ 1 & 1 & -3 & -3 \end{pmatrix}$ のとき，$\rho(A) = 2$ である．実際，A の第 1, 2 行と第 1, 2 列から構成される小行列式は $\begin{vmatrix} 1 & 0 \\ 1 & 2 \end{vmatrix} \neq 0$ であり，A の 3 次小行列式（4 個ある）がすべて 0 であることが計算することにより確かめられる．■

● 定理 2 〈行列式の階数 $\boldsymbol{\rho(A)}$ の不変性〉 ●

0 でない小行列式の最大次数は行基本変形で不変である．すなわち，$m\times n$ 行列 A に何回かの行基本変形を施して A' を得たとき

$$\rho(A') = \rho(A)$$

が成り立つ．

証明　B は A の $\rho(A)$ 次の部分正方行列で $|B| \neq 0$ をみたすものとする．A の行

基本変形 $[A \longrightarrow A']$ にともない B が A' の部分正方行列 B' に変形されたとする．

たとえ $|B'| = 0$ になったとしても，$|B| \neq 0$ であるから補題1より，A' には行列式が0でない $\rho(A)$ 次の部分正方行列が現れる．よって，$\rho(A) \leqq \rho(A')$ が成り立つ．一方，行基本変形は可逆である（8.2節）から $\rho(A') \leqq \rho(A)$ も成立する．したがって，$\rho(A') = \rho(A)$ である． ■

系2　行列式の階数は基本変形で不変である．

証明　行列 A に列基本変形を施して A' を得たとする．このとき，$\rho(A') = \rho(A)$ が成り立つことを示す．8.2節の（8.1-1′,-2′,-3′）より，A' は基本行列 P を用いて

$$A' = AP$$

と表せる．したがって，${}^t(A') = {}^t(AP) = {}^tP{}^tA$ が成り立つ．${}^tP$ もまた基本行列である（8.2節の補題1）から，行基本変形

$${}^tA \longrightarrow {}^t(A')$$

が得られる．定理2より $\rho({}^t(A')) = \rho({}^tA)$ が成り立つ．この式と，明らかな等式 $\rho({}^tA) = \rho(A)$，$\rho({}^t(A')) = \rho(A')$ を組み合わせると $\rho(A') = \rho(A)$ がただちに導かれる． ■

系3　行列 A について，$\mathrm{rank}\,(A) = \rho(A)$ が成り立つ．

証明　$m \times n$ 行列 A にいくつかの基本変形を施して A の標準形 A' まで簡約する（8.1節の定理1（8.1-7））：

$$A \longrightarrow \cdots \longrightarrow A' = \left(\begin{array}{c|c} E_r & O_{r\ n-r} \\ \hline O_{m-r\ r} & O_{m-r\ n-r} \end{array}\right).$$

このとき $\mathrm{rank}\,A = r$ および $\rho(A') = r$ であることは明らかである．系2より $\rho(A') = \rho(A)$ が成り立つから，$\rho(A) = \mathrm{rank}\,A$ である． ■

斉次連立一次方程式における行列式の階数 $\rho(A)$ の役割　次の斉次連立一次方程式（♯）とその係数行列 A を用いて，$\rho(A)$ の役割について述べる．

$$(\sharp)\quad \begin{cases} x \qquad\ \ -z-2w = 0 \\ x+2y-5z-4w = 0 \\ x+\ \ y-3z-3w = 0 \\ 3x+2y-7z-8w = 0 \end{cases},\qquad A = \begin{pmatrix} \boxed{1} & 0 & \boxed{-1} & -2 \\ 1 & 2 & -5 & -4 \\ \boxed{1} & 1 & \boxed{-3} & -3 \\ 3 & 2 & -7 & -8 \end{pmatrix}$$

A の標準形を求めることにより $\mathrm{rank}\,A = 2$ は容易に導ける．系3より $\rho(A) = 2$ をみたす．A の表示において，行列式が0でない2次（$= \rho(A)$ 次）の部

分正方行列を選び，その成分を枠で囲んだ．この部分正方行列を構成する行はそのままにして，(♯) の拡大係数行列を次のように変形する：

$$\left(\begin{array}{cccc|c} \boxed{1} & 0 & \boxed{-1} & -2 & 0 \\ 1 & 2 & -5 & -4 & 0 \\ \boxed{1} & 1 & \boxed{-3} & -3 & 0 \\ 3 & 2 & -7 & -8 & 0 \end{array}\right) \begin{array}{l} \\ \leftarrow -1 \\ \\ \leftarrow -3 \end{array} \longrightarrow \left(\begin{array}{cccc|c} \boxed{1} & 0 & \boxed{-1} & -2 & 0 \\ 0 & 2 & -4 & -2 & 0 \\ \boxed{1} & 1 & \boxed{-3} & -3 & 0 \\ 0 & 2 & -4 & -2 & 0 \end{array}\right) \begin{array}{l} +2 \quad +2 \\ -2 \\ \\ -2 \end{array}$$

$$\longrightarrow \left(\begin{array}{cccc|c} \boxed{1} & 0 & \boxed{-1} & -2 & 0 \\ 0 & 0 & 0 & 0 & 0 \\ \boxed{1} & 1 & \boxed{-3} & -3 & 0 \\ 0 & 0 & 0 & 0 & 0 \end{array}\right).$$

最後の拡大係数行列を斉次連立一次方程式にもどすと

$$\begin{cases} \boxed{1}\,x \qquad + \boxed{-1}\,z \quad 2w = 0 \\ \boxed{1}\,x + y + \boxed{-3}\,z - 3w = 0 \end{cases} \qquad \therefore \quad \begin{cases} \boxed{1}\,x + \boxed{-1}\,z = 2w \\ \boxed{1}\,x + \boxed{-3}\,z = -y + 3w \end{cases}$$

である．(♯) においては，その拡大係数行列の枠を含む第 1 行と第 3 行に対応する第 1 式と第 3 式のみ必要で，これら 2 式が他の 2 つの式を導いてしまうことがわかる．一般に

> 斉次連立一次方程式において，その拡大係数 A の行列式が 0 でない $\rho(A)$ 次部分正方行列を構成する行に対応する式のみ意味をもち，これらの式が他の式を導く

のである．また，上の第 2 式より，部分正方行列の成分を係数とする変数 x, z が他の変数 y, w の一次式

$$x = \frac{1}{2}y + \frac{3}{2}w, \qquad z = \frac{1}{2}y - \frac{1}{2}w$$

と表せることも重要である．

9.3 行列の階数の性質

行列 A の階数 rank A は

- $\rho(A)$ すなわち 0 でない小行列式の最大次数 (9.2 節の系 3)

のほかに，12 章と 13 章で述べることであるが，

- A の列ベクトルから生成されるベクトル空間の次元 (12.2 節の定理 6)

および

● A の定める一次写像の像の次元 (13.4 節の定理 7)

と特徴づけられる．行列の階数の性質を導くには 3 番目の特徴づけを用いるのが簡潔であるが，概念的方法であるため少し慣れを必要とする．この節では，簡潔とはいいがたいが，視察で理解できる 8.3 節の定理 5 を利用して，いくつかの性質を証明してみよう．

例 4 (行列の階数の性質)　A を $m\times n$ 行列，B を $n\times l$ 行列，P を m 次正則行列とする．行列の階数について次が成り立つことを証明せよ．

(1)　$\text{rank}\,(PA) = \text{rank}\,A$

(2)　$\text{rank}\,(AB) \leqq \text{rank}\,A,\ \text{rank}\,B$

解　(1)　PA にいくつかの基本変形を施して A に達することを示せばよい．これは，$A = P^{-1}(PA)$ かつ P^{-1} は正則という表示を 8.3 節の定理 5 に適用してわかる．

(2)　$\text{rank}\,A = r$，$\text{rank}\,B = s$ とする．8.1 節定理 1 およびその類推と 8.3 節定理 5 から，適当な正則行列 P, Q を用いて

$$PA = \begin{pmatrix} S_r \\ \hdashline O_{m-r\ n} \end{pmatrix}, \qquad BQ = (T_s \ \vdots\ O_{n\ l-s})$$

と表せる．ここに，S_r は $r\times n$ 行列，T_s は $n\times s$ 行列である．よって，

$$PABQ = \begin{pmatrix} S_r \\ \hdashline O_{m-r\ n} \end{pmatrix}(T_s \ \vdots\ O_{n\ l-s}) = \begin{pmatrix} S_rT_s & O_{r\ l-s} \\ O_{m-r\ s} & O_{m-r\ l-s} \end{pmatrix}$$

となる．行列 S_rT_s は $r\times s$ 行列であるから，$\text{rank}\,(S_rT_s) \leqq r, s$ である．したがって，

$$\text{rank}\,(AB) = \text{rank}\,(PABQ) = \text{rank}\,(S_rT_s) \leqq r, s$$

が成り立つ．　■

演 習 問 題

[50]　〈階数の計算〉

次の行列の階数を求めよ．

(1) $\begin{pmatrix} 1 & 1 & 2 \\ 2 & 0 & 1 \\ 1 & -2 & 1 \end{pmatrix}$　(2) $\begin{pmatrix} 2 & 1 & 1 \\ 1 & 2 & 1 \\ 1 & 1 & a \end{pmatrix}$　(3) $\begin{pmatrix} 1 & -1 & 2 & 4 \\ 3 & -1 & 0 & 6 \\ 2 & -1 & 1 & 5 \end{pmatrix}$

[51]　〈変数の間の一次関係〉

次の斉次連立一次方程式の係数行列を A とする．行列式 $|A|$ の階数 $\rho(A)$ を求

めよ．さらに，その行列式が 0 でない $\rho(A)$ 次の部分行列の成分を係数とする変数を他の変数の一次式で表せ．(9.2 節の“斉次連立一次方程式における行列式の階数 $\rho(A)$ の役割”を参照せよ．)

(1) $\begin{cases} x_1+x_2+2x_3+x_4=0 \\ 2x_1-x_2+\ x_3+x_4=0 \\ 3x_1+x_2+4x_3+x_4=0 \end{cases}$　　(2) $\begin{cases} x_1+\ x_2-\ x_3+3x_4=0 \\ 2x_1+2x_2-2x_3+6x_4=0 \\ x_1+3x_2-5x_3+5x_4=0 \end{cases}$

[**52**] 〈**階数の性質（基本変形）**〉

A, B をそれぞれ m 次，n 次正方行列とする．

$$\operatorname{rank}\begin{pmatrix} A & O_{mn} \\ O_{nm} & B \end{pmatrix} = \operatorname{rank} A + \operatorname{rank} B$$

が成り立つことを証明せよ．

[**53**] 〈**階数の性質（基本変形）**〉

A, B をともに $m \times n$ 行列とする．

$$\operatorname{rank}(A+B) \leqq \operatorname{rank} A + \operatorname{rank} B$$

が成り立つことを証明せよ．

10 ベクトル空間と部分空間

10.1 ベクトル空間と部分空間

幾何ベクトル，数ベクトルや行列などと同じような代数計算（加法とスカラー倍）が可能な空間を“ベクトル空間”という．これらに共通な計算のルールを明確にする．

記　号　通常

$\boldsymbol{R}$ は実数全体の集合，$\boldsymbol{C}$ は複素数全体の集合

を表す．たとえば，$k \in \boldsymbol{R}$ $(k \in \boldsymbol{C})$ は k が実数（複素数）を表している．本書では，$\boldsymbol{R}$ や $\boldsymbol{C}$ を代表して $\boldsymbol{K}$ で表すことにする．したがって，

$$\boldsymbol{K} = \boldsymbol{R} \quad \text{または} \quad \boldsymbol{K} = \boldsymbol{C}$$

と約束する．

ベクトル空間の定義　空でない集合 V に次のような加法（I）とスカラー倍（II）が定義されているとき，V を（$\boldsymbol{K}$ 上の）**ベクトル空間**または**線形空間**とよぶ．

I（加法）　V の任意の 2 つの元 $\boldsymbol{x}, \boldsymbol{y}$ の**和**は 1 つ決まり，$\boldsymbol{x}+\boldsymbol{y}$ と書かれる．

和は次の規則 I.1～I.4 をみたす．

I.1（結合性）　V の任意の 3 つの元 $\boldsymbol{x}, \boldsymbol{y}, \boldsymbol{z}$ に対して

$$(\boldsymbol{x}+\boldsymbol{y})+\boldsymbol{z} = \boldsymbol{x}+(\boldsymbol{y}+\boldsymbol{z})$$

が成り立つ．

I.2（可換性）　V の任意の 2 つの元 $\boldsymbol{x}, \boldsymbol{y}$ に対して

$$\boldsymbol{x}+\boldsymbol{y} = \boldsymbol{y}+\boldsymbol{x}$$

が成り立つ.

I.3（零元の存在） V のすべての元 $\boldsymbol{x}$ に対して

$$\boldsymbol{x}+\boldsymbol{0} = \boldsymbol{x}$$

を成り立たせる特別な元 $\boldsymbol{0}$ が存在する. この元 $\boldsymbol{0}$ を**零ベクトル**という.

I.4（逆ベクトルの存在） V のすべての元 $\boldsymbol{x}$ に対して

$$\boldsymbol{x}+\boldsymbol{x}' = \boldsymbol{0}$$

をみたす元 $\boldsymbol{x}'$ が $\boldsymbol{x}$ に対応して見つかる. この元 $\boldsymbol{x}'$ を $\boldsymbol{x}$ の**逆ベクトル**とよび, $-\boldsymbol{x}$ と書く.

II（スカラー倍） V のすべての元 $\boldsymbol{x}$ と $\boldsymbol{K}$ に属するすべてのスカラー k に対して, **スカラー倍**は1つ決まり, $k\boldsymbol{x}$ と書かれる.

次の規則が要求される.

II.1（分配性） 任意のスカラー k と V の元 $\boldsymbol{x}, \boldsymbol{y}$ に対して

$$k(\boldsymbol{x}+\boldsymbol{y}) = k\boldsymbol{x}+k\boldsymbol{y}$$

が成り立つ.

II.2（分配性） 任意のスカラー k, l と V の元 $\boldsymbol{x}$ に対して

$$(k+l)\boldsymbol{x} = k\boldsymbol{x}+l\boldsymbol{x}$$

が成り立つ.

II.3（結合性） 任意のスカラー k, l と V の元 $\boldsymbol{x}$ に対して

$$k(l\boldsymbol{x}) = (kl)\boldsymbol{x}$$

が成り立つ.

II.4（1倍） V のすべての元 $\boldsymbol{x}$ に対して

$$1\boldsymbol{x} = \boldsymbol{x}$$

が成り立つ.

われわれはこれらの規則に従ってベクトルなどの計算を実行してきた. たとえば,

$$\begin{aligned}3(2\boldsymbol{a}+\boldsymbol{b})-2\boldsymbol{b} &\underset{\text{II.1}}{=} (3\times(2\boldsymbol{a})+3\boldsymbol{b})-2\boldsymbol{b} \underset{\text{II.3}}{=} (6\boldsymbol{a}+3\boldsymbol{b})-2\boldsymbol{b} \\ &\underset{\text{I.1}}{=} 6\boldsymbol{a}+(3\boldsymbol{b}-2\boldsymbol{b}) \underset{\text{II.2}}{=} 6\boldsymbol{a}+\boldsymbol{b}\end{aligned}$$

また, $1\boldsymbol{a} = \boldsymbol{a}$（II.4）のもとに,

$$2\boldsymbol{a} = (1+1)\boldsymbol{a} \underset{\mathrm{II}.2}{=} 1\boldsymbol{a}+1\boldsymbol{a} \underset{\mathrm{II}.4}{=} \boldsymbol{a}+\boldsymbol{a}$$

などと考えてきたのである．

スカラーとして実数（複素数）をとるとき，**実ベクトル空間**（**複素ベクトル空間**）という．また，単にベクトル空間といえば，$\boldsymbol{K}$ 上のベクトル空間を表すものとする．

ベクトルの定義　ベクトル空間の元を**ベクトル**という．

幾何ベクトルや列ベクトルを見て，われわれは「これらはベクトルである」という．このことについての議論は後にして，その他の例を見ておこう．まず，行列について述べる．

● V を $m\times n$ 行列全体の集合

とすれば，V は通常の行列の和とスカラー倍でベクトル空間となる，すなわち，上記の I.1〜I.4 とII.1〜II.4 がすべてみたされる．この空間を考えているとき，$m\times n$ 行列はベクトルである．次に，

● V を実数全体を定義域とする実数値関数全体の集合

とする．$f, g\in V$ と実数 k に対して，和 $f+g$ とスカラー倍 kf をそれぞれ，実数 t に対して

$$(f+g)(t) = f(t)+g(t), \quad (kf)(t) = kf(t)$$

を値にとる関数と定める．この加法とスカラー倍で V は実ベクトル空間となる．このような空間を**関数空間**という．この空間においては，

$$f_1(t) = \sin t, \quad f_2(t) = \cos t, \quad f_3(t) = t, \quad 0(t) = 0$$

で定まる関数 $f_1, f_2, f_3, 0$ などはベクトルである．今後は，“$f_1(t) = \sin t$ で定まる関数 f_1” などを単に “関数 $\sin t$” ということもある．

> ベクトル空間の概念は，単に計算ルールの抽出により抽象化したものというわけではない．関数などもベクトルとして取り扱えることから急速に発展し，工学などにも広く応用されている．

● $V = \{\mathbf{0}\}$ は零ベクトル $\mathbf{0}$ のみからなるベクトル空間である．

数ベクトルも “ベクトル” とよんできた．これらが属しているベクトル空間があるはずである．

n 項実列ベクトル全体の集合，n 項複素列ベクトル全体の集合をそれぞれ

$$\bullet \quad \boldsymbol{R}^n = \left\{ \begin{pmatrix} x_1 \\ \vdots \\ x_n \end{pmatrix} \middle| \ x_1, \cdots, x_n \in \boldsymbol{R} \right\}, \quad \boldsymbol{C}^n = \left\{ \begin{pmatrix} x_1 \\ \vdots \\ x_n \end{pmatrix} \middle| \ x_1, \cdots, x_n \in \boldsymbol{C} \right\}$$

で表す．$\boldsymbol{R}^n$ は 3.1 節でも述べた和とスカラー倍，すなわち

$\boldsymbol{x} = \begin{pmatrix} x_1 \\ \vdots \\ x_n \end{pmatrix}$, $\boldsymbol{y} = \begin{pmatrix} y_1 \\ \vdots \\ y_n \end{pmatrix} \in \boldsymbol{R}^n$ および $k \in \boldsymbol{R}$ に対して

$$\boldsymbol{x} + \boldsymbol{y} = \begin{pmatrix} x_1 + y_1 \\ \vdots \\ x_n + y_n \end{pmatrix}, \quad k\boldsymbol{x} = \begin{pmatrix} kx_1 \\ \vdots \\ kx_n \end{pmatrix}$$

と定義することにより実ベクトル空間となる．これを **n 項実列ベクトル空間**または**実 n 次元数ベクトル空間**という．n 項実列ベクトルはベクトル空間 $\boldsymbol{R}^n$ のベクトルと考えるわけである．実数をすべて複素数に置き換えて **n 項複素列ベクトル空間**または**複素 n 次元数ベクトル空間** $\boldsymbol{C}^n$ が定義され，n 項複素列ベクトルはベクトル空間 $\boldsymbol{C}^n$ のベクトルと考える．これらを総称して，単に n 項列ベクトル，**n 項列ベクトル空間**または **n 次元数ベクトル空間**といい，$\boldsymbol{K}^n$ で表す．

10.2 部分空間

ベクトル空間 V の部分集合 U が V における加法とスカラー倍に関して次の 3 条件をみたすとき，U は V の**部分ベクトル空間**あるいは単に**部分空間**であるという．

- $\boldsymbol{0} \in U$ (10.2-1)
- $\boldsymbol{x}, \boldsymbol{y} \in U$ であればつねに $\boldsymbol{x} + \boldsymbol{y} \in U$ (10.2-2)
- $\boldsymbol{x} \in U$，k がスカラーであればつねに $k\boldsymbol{x} \in U$ (10.2-3)

これら 3 条件について考えてみよう．$\boldsymbol{x} \in U$ とする．(10.2-3) において，$k = -1$ とおくと，$(-1)\boldsymbol{x} \in U$ である．また，$(-1)\boldsymbol{x} = -\boldsymbol{x}$ である．よって，

$$\boldsymbol{x} \in U \Longrightarrow -\boldsymbol{x} \in U \qquad (10.2\text{-}4)$$

が成り立つ．ここで，10.1 節を振り返ってみよう．(10.2-2) および (10.2-3)

により U に和とスカラー倍が定義される．ベクトル空間 V に課せられた規則 I.1，I.2，II.1〜II.4 はその部分集合である U においても成り立つ．(10.2-1) より I.3，(10.2-4) より I.4 が U においても成立することがわかる．したがって，

> 部分空間 U は V における和とスカラー倍に関してベクトル空間となる．部分空間 U の中で和とスカラー倍の計算が U の外へはみ出すことなく行えるのである．

例 1（部分空間の例）

(1)　3 項実列ベクトル空間 V において，

$$U = \left\{ \begin{pmatrix} x \\ y \\ 0 \end{pmatrix} \middle| \; x, y \in \boldsymbol{R} \right\}, \qquad W = \left\{ \begin{pmatrix} x \\ x \\ x \end{pmatrix} \middle| \; x \in \boldsymbol{R} \right\}$$

は V の部分空間である（図 10-1）．

(2)　関数空間 V において，

$$U = \{ f \in V \mid f(0) = 0 \}$$

は V の部分空間である．実際，関数 0 は $0(t) = 0$ をみたすから，とくに $0(0) = 0$，したがって $0 \in U$．$f, g \in U$，$k \in \boldsymbol{R}$ とする．$f(0) = g(0) = 0$ より $(f+g)(0) = f(0)+g(0) = 0$．$\therefore \; f+g \in U$．$(kf)(0) = kf(0) = 0$ より $kf \in U$ である（図 10-2）．■

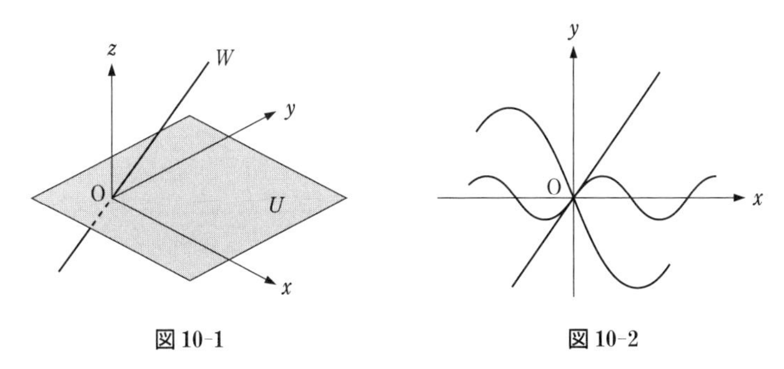

図 10-1　　　　図 10-2

例 2（部分空間とならない部分集合の例）　2 項実列ベクトル空間 V において，

$$U = \left\{ \begin{pmatrix} x \\ x^2 \end{pmatrix} \middle| \, x \in \boldsymbol{R} \right\}$$

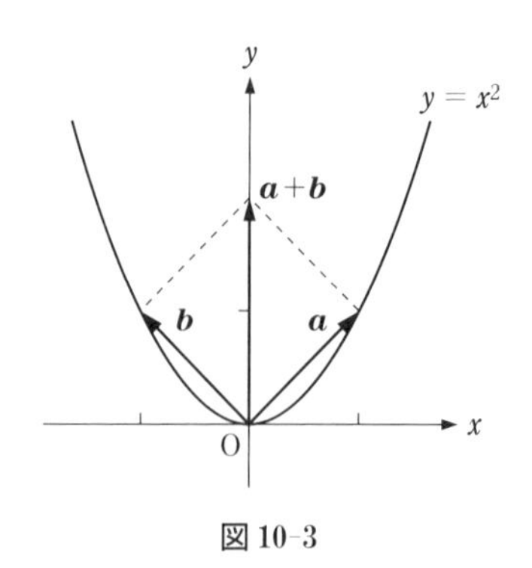

図 10-3

は V の部分空間でない．理由を述べよう．ベクトル $\boldsymbol{a} = \begin{pmatrix} 1 \\ 1 \end{pmatrix}$，$\boldsymbol{b} = \begin{pmatrix} -1 \\ 1 \end{pmatrix}$ は U のベクトルである．U が V の部分空間であれば，(10.2-2) から $\boldsymbol{a}+\boldsymbol{b} \in U$ でないといけない．ところが，明らかに $\boldsymbol{a}+\boldsymbol{b} \notin U$ となるからである．

ベクトルの一次結合　等式

$$\begin{pmatrix} 4 \\ -1 \end{pmatrix} = \begin{pmatrix} 2 \\ 1 \end{pmatrix} + 2\begin{pmatrix} 1 \\ -1 \end{pmatrix}, \quad \sin\left(t+\frac{\pi}{4}\right) = \frac{1}{\sqrt{2}}\sin t + \frac{1}{\sqrt{2}}\cos t$$

はベクトル $\begin{pmatrix} 4 \\ -1 \end{pmatrix}$ をベクトル $\begin{pmatrix} 2 \\ 1 \end{pmatrix}$ と $\begin{pmatrix} 1 \\ -1 \end{pmatrix}$ を用いて表し，ベクトル $\sin\left(t+\frac{\pi}{4}\right)$ をベクトル $\sin t$ と $\cos t$ を用いて表したものである．

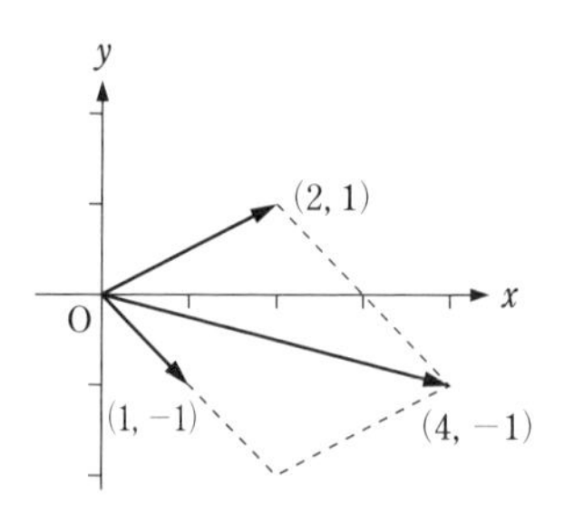

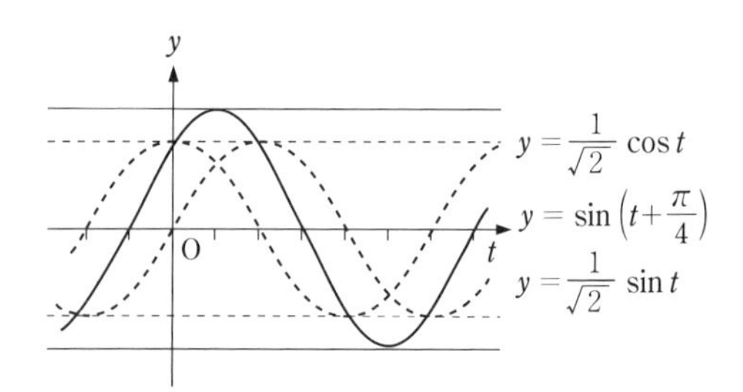

図 10-4

一般的に考えよう．V をベクトル空間，$\boldsymbol{a}_1, \cdots, \boldsymbol{a}_m$ を V のベクトルとする．V のベクトル $\boldsymbol{v}$ が $\boldsymbol{a}_1, \cdots, \boldsymbol{a}_m$ を用いて

$$\boldsymbol{v} = k_1\boldsymbol{a}_1 + k_2\boldsymbol{a}_2 + \cdots + k_m\boldsymbol{a}_m \quad (k_1, \cdots, k_m \text{ はスカラー}) \qquad (10.2\text{-}5)$$

と表されるとき，$\boldsymbol{v}$ を $\boldsymbol{a}_1, \cdots, \boldsymbol{a}_m$ の**一次結合**または**線形結合**という．

例 3　$\boldsymbol{a} = \begin{pmatrix} 4 \\ 1 \\ -6 \end{pmatrix}$ を $\boldsymbol{a}_1 = \begin{pmatrix} 1 \\ 1 \\ 1 \end{pmatrix}$，$\boldsymbol{a}_2 = \begin{pmatrix} 1 \\ 2 \\ 3 \end{pmatrix}$，$\boldsymbol{a}_3 = \begin{pmatrix} -3 \\ 2 \\ -1 \end{pmatrix}$ の一次結合で表せ．

解　$\boldsymbol{a} = k_1\boldsymbol{a}_1 + k_2\boldsymbol{a}_2 + k_3\boldsymbol{a}_3$ とおいて，スカラー k_1, k_2, k_3 を求めればよい．

$$\begin{pmatrix} 4 \\ 1 \\ -6 \end{pmatrix} = k_1\begin{pmatrix} 1 \\ 1 \\ 1 \end{pmatrix} + k_2\begin{pmatrix} 1 \\ 2 \\ 3 \end{pmatrix} + k_3\begin{pmatrix} -3 \\ 2 \\ -1 \end{pmatrix} \text{ より } \begin{cases} k_1 + k_2 - 3k_3 = 4 \\ k_1 + 2k_2 + 2k_3 = 1 \\ k_1 + 3k_2 - k_3 = -6 \end{cases} \qquad (\sharp)$$

であるから，($\sharp$) の連立一次方程式を解けばよい．掃き出し法を用いて解く．

$$\left(\begin{array}{ccc|c} 1 & 1 & -3 & 4 \\ 1 & 2 & 2 & 1 \\ 1 & 3 & -1 & -6 \end{array}\right) \longrightarrow \cdots \longrightarrow \left(\begin{array}{ccc|c} 1 & 0 & 0 & 11 \\ 0 & 1 & 0 & -11/2 \\ 0 & 0 & 1 & 1/2 \end{array}\right)$$

と行基本変形される(各自，計算せよ)．最後の拡大係数行列には解 $k_1 = 11$，$k_2 = -11/2$，$k_3 = 1/2$ が対応する．よって，

$$\boldsymbol{a} = 11\boldsymbol{a}_1 - \frac{11}{2}\boldsymbol{a}_2 + \frac{1}{2}\boldsymbol{a}_3$$

と表される．　■

いくつかのベクトルで生成される部分空間　V の有限個のベクトル $\boldsymbol{a}_1, \cdots, \boldsymbol{a}_r$ に対して，これらの一次結合全体の集合

$$\{k_1\boldsymbol{a}_1 + k_2\boldsymbol{a}_2 + \cdots + k_r\boldsymbol{a}_r \mid k_1, \cdots, k_r \text{ はスカラー}\}$$

は V の部分空間である．この部分空間を $\boldsymbol{a}_1, \cdots, \boldsymbol{a}_r$ で**生成される（張られる）部分空間**といい，

$$\langle \boldsymbol{a}_1, \boldsymbol{a}_2, \cdots, \boldsymbol{a}_r \rangle \qquad (10.2\text{-}6)$$

で表す．

例 4　3 項実列ベクトル空間 $\boldsymbol{R}^3$ からベクトル $\boldsymbol{a}_1 = \begin{pmatrix} 1 \\ 1 \\ 0 \end{pmatrix}$ と $\boldsymbol{a}_2 = \begin{pmatrix} 1 \\ 0 \\ 1 \end{pmatrix}$ をと

る．$\boldsymbol{a}_1$ と $\boldsymbol{a}_2$ で生成される $\boldsymbol{R}^3$ の部分空間は

$$\langle \boldsymbol{a}_1, \boldsymbol{a}_2 \rangle = \{k_1\boldsymbol{a}_1 + k_2\boldsymbol{a}_2 \mid k_1, k_2 \in \boldsymbol{R}\}$$
$$= \left\{ \begin{pmatrix} k_1+k_2 \\ k_1 \\ k_2 \end{pmatrix} \middle| \; k_1, k_2 \in \boldsymbol{R} \right\}$$

である．この部分空間のベクトルを成分とする幾何ベクトル $\overrightarrow{\mathrm{OP}}$ を xyz 空間に図示すれば，終点 P は図 10-5 のような平面 π 上にある．π は 3 点 $(0,0,0), (1,1,0), (1,0,1)$ を通る平面である．3.2 節の公式 (3.2-2) または，$x = k_1 + k_2$，$y = k_1$，$z = k_2$ から k_1 と k_2 を消去して，π の方程式 $x - y - z = 0$ が得られる．▮

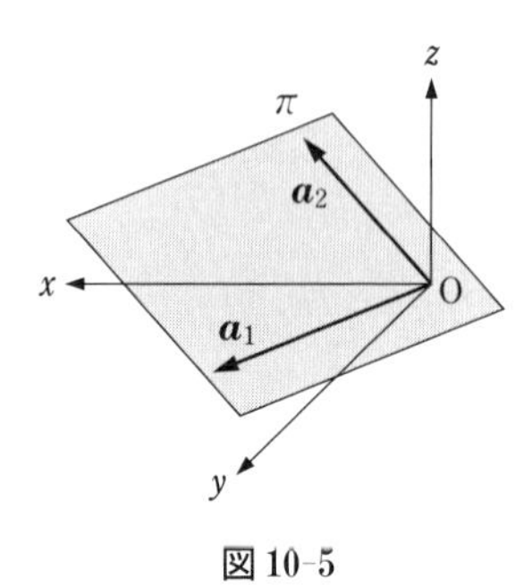

図 10-5

例 5　関数空間 V において，$U = \langle 1, t, t^2 \rangle$ とおく．

$$U = \{a_0 1 + a_1 t + a_2 t^2 \mid a_0, a_1, a_2 \in \boldsymbol{R}\}$$

と表される．U は 2 次以下の多項式関数全体のつくる V の部分空間である．U の部分空間

$$W = \{f \in U \mid f(1) = 0\}$$

を考える．$f(t) = a_0 1 + a_1 t + a_2 t^2 \in W$ とおくと，$f(1) = a_0 + a_1 + a_2 = 0$ である．

$$f(t) = (-a_1 - a_2)1 + a_1 t + a_2 t^2$$
$$= a_1(-1+t) + a_2(-1+t^2)$$

となるから，W は

$$W = \langle -1+t, -1+t^2 \rangle$$

と表せる．▮

斉次連立一次方程式の解空間　斉次連立一次方程式 (♯) と n 項列ベクトル空間 $\boldsymbol{K}^n$ の部分集合 U を

$$(\sharp) \quad \begin{cases} a_{11}x_1 + \cdots + a_{1n}x_n = 0 \\ \quad\quad\cdots\cdots \\ a_{m1}x_1 + \cdots + a_{mn}x_n = 0 \end{cases}$$

$$U=\left\{\begin{pmatrix}x_1\\ \vdots\\ x_n\end{pmatrix}\in \boldsymbol{K}^n \;\middle|\; \begin{matrix}a_{11}x_1+\cdots+a_{1n}x_n=0\\ \cdots\cdots\\ a_{m1}x_1+\cdots+a_{mn}x_n=0\end{matrix}\right\}$$

とする．U がベクトル空間 $\boldsymbol{K}^n$ の部分空間であることは容易に確かめられる．U を斉次連立一次方程式 (♯) の**解空間**という．

例 6　次の斉次連立一次方程式の解空間 U を求めよ．

$$(*)\quad \begin{cases} x - z-2w=0\\ x+2y-5z-4w=0\\ x+y-3z-3w=0\end{cases}$$

解　斉次連立一次方程式 (*) の拡大係数行列は行基本変形により

$$\left(\begin{array}{cccc|c}1&0&-1&-2&0\\1&2&-5&-4&0\\1&1&-3&-3&0\end{array}\right)\longrightarrow\cdots\longrightarrow\left(\begin{array}{cccc|c}1&0&-1&-2&0\\0&1&-2&-1&0\\0&0&0&0&0\end{array}\right)$$

となる．最後の拡大係数行列を連立一次方程式にもどすと

$$\begin{cases}x -z-2w=0\\ y-2z-w=0\end{cases}\quad \text{すなわち}\quad \begin{cases}x=z+2w\\ y=2z+w\end{cases}$$

である．ゆえに，解空間 U のベクトルは

$$\begin{pmatrix}x\\y\\z\\w\end{pmatrix}=\begin{pmatrix}z+2w\\2z+w\\z\\w\end{pmatrix}=z\begin{pmatrix}1\\2\\1\\0\end{pmatrix}+w\begin{pmatrix}2\\1\\0\\1\end{pmatrix}\quad (z, w \text{ は任意のスカラー})$$

の形である．したがって，U は 2 つの解ベクトルを用いて

$$U=\left\langle\begin{pmatrix}1\\2\\1\\0\end{pmatrix},\begin{pmatrix}2\\1\\0\\1\end{pmatrix}\right\rangle$$

と表される．　■

演習問題

[54] 〈部分空間の例〉

V を関数空間とする．次の部分集合 U が V の部分空間であることを証明せよ．

(1)　$U=\{f\in V \mid f(0)=f(1)\}$

(2)　$U=\{f\in V \mid f'(1)=0\}$　(微分は t に関するもの)

(3)　$U = \left\{ f \in V \,\middle|\, \int_0^1 f(t)\,dt = 0 \right\}$

[**55**]〈部分空間とならない部分集合の例〉

次のベクトル空間 V とその部分集合 U について，U が V の部分空間とならない理由を述べよ．

(1)　V は関数空間；$U = \{ f \in V \mid f(t^2) = (f(t))^2 \}$

(2)　$V = \boldsymbol{R}^2$；$U = \left\{ \begin{pmatrix} x \\ y \end{pmatrix} \in V \,\middle|\, x+y+1 = 0 \right\}$

(3)　V は 2×2 実行列全体の空間；$U = \{ A \in V \mid A^2 = 0 \}$

[**56**]〈ベクトルの一次結合〉

ベクトル $\boldsymbol{v}$ を次に続くベクトルの一次結合で表せ．

(1)　$\boldsymbol{v} = \begin{pmatrix} 5 \\ -3 \\ 2 \end{pmatrix}$；$\boldsymbol{a}_1 = \begin{pmatrix} 1 \\ 0 \\ 1 \end{pmatrix}$，$\boldsymbol{a}_2 = \begin{pmatrix} 1 \\ -1 \\ 0 \end{pmatrix}$

(2)　$\boldsymbol{v} = -1+4t+7t^2$；$\boldsymbol{a}_1 = -1+t^2$，$\boldsymbol{a}_2 = t$，$\boldsymbol{a}_3 = 2+2t+t^2$

(3)　$\boldsymbol{v} = \begin{pmatrix} 2 & 1 \\ -1 & -2 \end{pmatrix}$；$\boldsymbol{a}_1 = \begin{pmatrix} 1 & 1 \\ 0 & 1 \end{pmatrix}$，$\boldsymbol{a}_2 = \begin{pmatrix} 1 & 0 \\ 1 & 1 \end{pmatrix}$，$\boldsymbol{a}_3 = \begin{pmatrix} 1 & 0 \\ 0 & -1 \end{pmatrix}$

[**57**]〈部分空間を生成するベクトル〉

次のベクトル空間 V とその部分空間 U について，U を生成するベクトルの組を見つけ，(10.2-6) のように表せ．

(1)　V は 2 次以下の多項式関数全体の空間；$U = \{ f \in V \mid f(1) = f(0) \}$

(2)　V は 2 次以下の多項式関数全体の空間；$U = \{ f \in V \mid f'(1) = 0 \}$

(3)　V は 2×2 実行列全体の空間；$U = \{ A \in V \mid {}^tA + A = 0 \}$

(4)　V は 2×2 実行列全体の空間：$U = \{ A \in V \mid AX = XA \}$

ただし，$X = \begin{pmatrix} 0 & 1 \\ -1 & 0 \end{pmatrix}$ である．

[**58**]〈部分空間を生成するベクトル (解空間)〉

次の斉次連立一次方程式の解空間 U について，U を生成するベクトルの組を見つけ，(10.2-6) のように表せ．

(1)　$\begin{cases} x+y-z-w = 0 \\ x+4y-z+3w = 0 \\ 2x+4y-2z+w = 0 \\ x+3y-z+2w = 0 \end{cases}$　(2)　$\begin{cases} x+y+u+v = 0 \\ y+z-u+2v = 0 \\ x+2y+z+3v = 0 \\ 3x+y-2z+5u-v = 0 \end{cases}$

[**59**]〈ベクトル空間の定義から導かれる簡単な性質〉

ベクトル空間 V において，次が成り立つことを証明せよ．

(1)　$\boldsymbol{x} \in V$ のとき，$0\boldsymbol{x} = \boldsymbol{0}$ である．

(2)　k をスカラーとする．$k\boldsymbol{0} = \boldsymbol{0}$ である．

(3)　$\boldsymbol{x} \in V$ のとき，$(-1)\boldsymbol{x} = -\boldsymbol{x}$ である．

[**60**] 〈奇妙なベクトル空間〉

$V = \{(x, y) \mid x, y \in \boldsymbol{R}\}$ とする．

(1)　次のように和とスカラー倍を定めると，V は実ベクトル空間になることを証明せよ．

$$(x_1, y_1)+(x_2, y_2) = (x_1+x_2-1, y_1+y_2)$$
$$k(x, y) = (kx-k+1, ky)$$

(2)　次のように和とスカラー倍を定めると，V は実ベクトル空間とはならない理由を述べよ．

$$(x_1, y_1)+(x_2, y_2) = (x_1+x_2, 0)$$
$$k(x, y) = (kx, 0)$$

11 ベクトルの一次関係

11.1 一次独立と一次従属

ベクトルの一次関係　簡単な例から始めよう．括弧内は考えているベクトル空間を表す．

① $2\begin{pmatrix} 1 \\ -2 \end{pmatrix} - 3\begin{pmatrix} -1 \\ 1 \end{pmatrix} - \begin{pmatrix} 5 \\ -7 \end{pmatrix} = \begin{pmatrix} 0 \\ 0 \end{pmatrix}$　$(\boldsymbol{K}^2)$

② $\sin t + \sqrt{3}\cos t - 2\sin\left(t + \dfrac{\pi}{3}\right) = 0$　(関数空間)

2 つの例は，それぞれ 3 つのベクトルの間の関係式を表している．

一方，次の 2 つの例ではベクトルの間の関係式をみたす k_1, k_2, k_3 は $k_1 = k_2 = k_3 = 0$ のみである．

③ $k_1\begin{pmatrix} 1 \\ 1 \\ 0 \end{pmatrix} + k_2\begin{pmatrix} 0 \\ 1 \\ 1 \end{pmatrix} + k_3\begin{pmatrix} 1 \\ 0 \\ 1 \end{pmatrix} = \begin{pmatrix} 0 \\ 0 \\ 0 \end{pmatrix}$　$(\boldsymbol{K}^3)$

④ $k_1 1 + k_2 2^t + k_3 3^t = 0$　(関数空間)

例 ①〜④ で触れたことについては，この節の例 1 で確認する．また，例 ② および ④ は，すべての実数 t について成り立つ等式であることに注意しなければならない．

一次関係に関する用語　ベクトル $\boldsymbol{a}_1, \cdots, \boldsymbol{a}_n$ の間の関係式

$$k_1\boldsymbol{a}_1 + k_2\boldsymbol{a}_2 + \cdots + k_n\boldsymbol{a}_n = \boldsymbol{0} \quad (k_1, \cdots, k_n \text{ はスカラー}) \tag{11.1-1}$$

を**一次関係式**という．つねに，一次関係式

$$0\boldsymbol{a}_1 + 0\boldsymbol{a}_2 + \cdots + 0\boldsymbol{a}_n = \boldsymbol{0} \tag{11.1-2}$$

は成り立っている．これを**自明な一次関係式**という．$k_1, k_2, \cdots, k_n$ のうち少

なくとも1つは0でない一次関係式(11.1-1)を**自明でない一次関係式**という．

自明でない一次関係式(11.1-1)が見つかるとき，ベクトル $\boldsymbol{a}_1, \cdots, \boldsymbol{a}_n$ は**一次従属**であるという．$\boldsymbol{a}_1, \cdots, \boldsymbol{a}_n$ の間に自明な一次関係式(11.1-2)のみ成り立つとき，これらのベクトルは**一次独立**であるという．すなわち，

$k_1\boldsymbol{a}_1+\cdots+k_n\boldsymbol{a}_n = \boldsymbol{0}$ の解が，$k_1 = \cdots = k_n = 0$ のみであるとき一次独立であり，それ以外に解が存在するとき一次従属である． (11.1-3)

例①〜④では，①と②のそれぞれ3つのベクトルは一次従属であり，③と④のそれぞれ3つのベクトルは一次独立である．また，

n 項基本ベクトル $\boldsymbol{e}_1, \cdots, \boldsymbol{e}_n$ から選んだどのようなベクトルの組も一次独立である (11.1-4)

ことはつねに記憶にとどめておく必要がある．

例1　次のベクトル $\boldsymbol{a}_1, \boldsymbol{a}_2, \boldsymbol{a}_3$ のみたす一次関係式を求め，一次独立か一次従属かを調べよ．

(1)　$\boldsymbol{a}_1 = \begin{pmatrix} 1 \\ -2 \end{pmatrix}, \quad \boldsymbol{a}_2 = \begin{pmatrix} -1 \\ 1 \end{pmatrix}, \quad \boldsymbol{a}_3 = \begin{pmatrix} 5 \\ -7 \end{pmatrix}$

(2)　$\boldsymbol{a}_1 = \sin t, \quad \boldsymbol{a}_2 = \cos t, \quad \boldsymbol{a}_3 = \sin\left(t+\frac{\pi}{3}\right)$

(3)　$\boldsymbol{a}_1 = \begin{pmatrix} 1 \\ 1 \\ 0 \end{pmatrix}, \quad \boldsymbol{a}_2 = \begin{pmatrix} 0 \\ 1 \\ 1 \end{pmatrix}, \quad \boldsymbol{a}_3 = \begin{pmatrix} 1 \\ 0 \\ 1 \end{pmatrix}$

(4)　$\boldsymbol{a}_1 = 1, \quad \boldsymbol{a}_2 = 2^t, \quad \boldsymbol{a}_3 = 3^t$

解　ベクトル方程式 $k_1\boldsymbol{a}_1+k_2\boldsymbol{a}_2+k_3\boldsymbol{a}_3 = \boldsymbol{0}$ の解 k_1, k_2, k_3 を調べればよい((11.1-3)を見よ)．

(1)　$k_1\begin{pmatrix} 1 \\ -2 \end{pmatrix}+k_2\begin{pmatrix} -1 \\ 1 \end{pmatrix}+k_3\begin{pmatrix} 5 \\ -7 \end{pmatrix} = \begin{pmatrix} 0 \\ 0 \end{pmatrix}$　より　$\begin{cases} k_1-k_2+5k_3 = 0 \\ -2k_1+k_2-7k_3 = 0 \end{cases}$　(♯1)

となるから，(♯1)の斉次連立一次方程式を解く．その拡大係数行列は

$$\left(\begin{array}{ccc|c} 1 & -1 & 5 & 0 \\ -2 & 1 & -7 & 0 \end{array}\right) \longrightarrow \cdots \longrightarrow \left(\begin{array}{ccc|c} 1 & 0 & 2 & 0 \\ 0 & 1 & -3 & 0 \end{array}\right)$$

と行基本変形される(各自，計算せよ)．最後の拡大係数行列を斉次連立一次方程式にもどすと，

$$\begin{cases} k_1 \quad +2k_3 = 0 \\ \quad k_2 - 3k_3 = 0 \end{cases} \quad \text{すなわち} \quad \begin{cases} k_1 = -2k_3 \\ k_2 = 3k_3 \end{cases}$$

である．よって，(♯1) の解は 3 項列ベクトルで

$$\begin{pmatrix} k_1 \\ k_2 \\ k_3 \end{pmatrix} = \begin{pmatrix} -2k_3 \\ 3k_3 \\ k_3 \end{pmatrix} = k_3 \begin{pmatrix} -2 \\ 3 \\ 1 \end{pmatrix}$$

と表せる．ゆえに

$$-2k_3\boldsymbol{a}_1 + 3k_3\boldsymbol{a}_2 + k_3\boldsymbol{a}_3 = \boldsymbol{0} \quad (k_3 \text{ は任意のスカラー})$$

が求める一次関係式である．$k_1 = k_2 = k_3 = 0$ 以外の解があるから，$\boldsymbol{a}_1, \boldsymbol{a}_2, \boldsymbol{a}_3$ は一次従属である．($k_3 = -1$ とおいたのが例の ① の一次関係式である．)

(2) $k_1 \sin t + k_2 \cos t + k_3 \sin(t + \pi/3) = 0 \cdots$ (♯2) とおく．三角関数の加法定理より，$\sin(t + \pi/3) = (1/2)\sin t + (\sqrt{3}/2)\cos t$ である．これを (♯2) に代入して

$$\left(k_1 + \frac{1}{2}k_3\right)\sin t + \left(k_2 + \frac{\sqrt{3}}{2}k_3\right)\cos t = 0$$

を得る．この式がすべての実数 t について成り立つのであるから，$k_1 + (1/2)k_3 = 0$ と $k_2 + (\sqrt{3}/2)k_3 = 0$，すなわち，$k_1 = -(1/2)k_3$ と $k_2 = -(\sqrt{3}/2)k_3$ となる．したがって，

$$-\frac{1}{2}k_3 \sin t - \frac{\sqrt{3}}{2}k_3 \cos t + k_3 \sin\left(t + \frac{\pi}{3}\right) = 0 \quad (k_3 \text{ は任意のスカラー})$$

が求める一次関係式である．$k_1 = k_2 = k_3 = 0$ 以外の解を得たから $\boldsymbol{a}_1, \boldsymbol{a}_2, \boldsymbol{a}_3$ は一次従属である．($k_3 = -2$ とおいたのが例の ② の一次関係式である．)

(3) $$k_1\begin{pmatrix} 1 \\ 1 \\ 0 \end{pmatrix} + k_2\begin{pmatrix} 0 \\ 1 \\ 1 \end{pmatrix} + k_3\begin{pmatrix} 1 \\ 0 \\ 1 \end{pmatrix} = \begin{pmatrix} 0 \\ 0 \\ 0 \end{pmatrix} \quad \text{より} \quad \begin{cases} k_1 \quad + k_3 = 0 \\ k_1 + k_2 \quad = 0 \\ \quad k_2 + k_3 = 0 \end{cases} \qquad (♯3)$$

となる．(♯3) の斉次連立一次方程式を解いて $k_1 = k_2 = k_3 = 0$ を得る．よって，自明な一次関係式のみ成立し，$\boldsymbol{a}_1, \boldsymbol{a}_2, \boldsymbol{a}_3$ は一次独立である．

(4) $k_1 1 + k_2 2^t + k_3 3^t = 0 \cdots$ (♯4) がすべての実数 t について成り立つとする．$t = 0, 1, 2$ を (♯4) に代入して，

$$\begin{cases} k_1 + \ \ k_2 + \ \ k_3 = 0 \\ k_1 + 2k_2 + 3k_3 = 0 \\ k_1 + 2^2 k_2 + 3^2 k_3 = 0 \end{cases}$$

を得る．容易に $k_1 = k_2 = k_3 = 0$ を導くことができる（ヴァンデルモンドの行列式 (6.1 節例 5) を利用せよ)．よって，自明な一次関係式のみ成立し，$\boldsymbol{a}_1, \boldsymbol{a}_2, \boldsymbol{a}_3$ は一次独立である．▮

例 2　1つのベクトル $\boldsymbol{a}$ を1個のベクトルの組と考える．このとき，$\boldsymbol{a}$ が一次独立である必要十分条件は $\boldsymbol{a} \neq \boldsymbol{0}$ であることを証明せよ．

解　$\boldsymbol{a} = \boldsymbol{0}$ とする．自明でない一次関係式 $1\boldsymbol{a} = \boldsymbol{0}$ があるから $\boldsymbol{a}$ は一次従属である．

$\boldsymbol{a} \neq \boldsymbol{0}$ とする．$k\boldsymbol{a} = \boldsymbol{0}$（$k$ はスカラー）…(♯)　とおいて，$k = 0$ を導けばよい（(11.1-3) より）．もし $k \neq 0$ であれば (♯) の両辺に $1/k$ をかけて $\boldsymbol{a} = \boldsymbol{0}$ となってしまい矛盾である．したがって，$k = 0$ でなければならない．　▮

一次従属と一次結合　　一次従属であれば，あるベクトルが他のベクトルの一次結合で表せることを見てみよう．

例 3　ベクトル $\boldsymbol{a}_1, \boldsymbol{a}_2, \boldsymbol{a}_3$ の間に一次関係式

$$\boldsymbol{a}_1 + 2\boldsymbol{a}_2 - 3\boldsymbol{a}_3 = \boldsymbol{0}$$

が成り立つとき，各ベクトルを他のベクトルの一次結合で表せ．

解　次のように表せるのは明らかである．

$$\boldsymbol{a}_1 = -2\boldsymbol{a}_2 + 3\boldsymbol{a}_3, \quad \boldsymbol{a}_2 = -\frac{1}{2}\boldsymbol{a}_1 + \frac{3}{2}\boldsymbol{a}_3, \quad \boldsymbol{a}_3 = \frac{1}{3}\boldsymbol{a}_1 + \frac{2}{3}\boldsymbol{a}_2$$　▮

11.2　列ベクトルの一次関係式

列ベクトルの一次関係式と掃き出し法　　m 項列ベクトル $\boldsymbol{a}_1, \cdots, \boldsymbol{a}_n$ の一次関係式について考えよう．これらのベクトルを列ベクトルとする $m \times n$ 行列 $A = (\boldsymbol{a}_1 \ \cdots \ \boldsymbol{a}_n)$ をつくると，次のように一次関係式と斉次連立一次方程式（行列表示）が対応する：

$$x_1\boldsymbol{a}_1 + \cdots + x_n\boldsymbol{a}_n = \boldsymbol{0} \cdots (\sharp) \iff A\begin{pmatrix} x_1 \\ \vdots \\ x_n \end{pmatrix} = \begin{pmatrix} 0 \\ \vdots \\ 0 \end{pmatrix} \cdots (\flat)$$

A に有限回の行基本変形を施して，$A \longrightarrow \cdots \longrightarrow A'$ となったとする．$A' = (\boldsymbol{a}_1{}' \ \cdots \ \boldsymbol{a}_n{}')$ と列ベクトル分割すれば，対応

$$x_1\boldsymbol{a}_1{}' + \cdots + x_n\boldsymbol{a}_n{}' = \boldsymbol{0} \cdots (\sharp') \iff A'\begin{pmatrix} x_1 \\ \vdots \\ x_n \end{pmatrix} = \begin{pmatrix} 0 \\ \vdots \\ 0 \end{pmatrix} \cdots (\flat')$$

が得られる．掃き出し法では，$(\flat) \iff (\flat')$，したがって (♯) と (♯′) について

$$x_1\boldsymbol{a}+\cdots+x_n\boldsymbol{a}_n=\boldsymbol{0} \iff x_1\boldsymbol{a}_1{}'+\cdots+x_n\boldsymbol{a}_n{}'=\boldsymbol{0}$$

が成り立つ．よって，次の定理を得る．

定理 1〈列ベクトルの一次関係の判定法〉

m 項列ベクトル $\boldsymbol{a}_1,\cdots,\boldsymbol{a}_n$ から $m\times n$ 行列 $A=(\boldsymbol{a}_1\ \cdots\ \boldsymbol{a}_n)$ をつくり，いくつかの行基本変形を実行して

$$A=(\boldsymbol{a}_1\ \cdots\ \boldsymbol{a}_n)\longrightarrow\cdots\longrightarrow A'=(\boldsymbol{a}_1{}'\ \cdots\ \boldsymbol{a}_n{}')$$

を得たとする．このとき，$\boldsymbol{a}_1,\cdots,\boldsymbol{a}_n$ の一次関係式と $\boldsymbol{a}_1{}',\cdots,\boldsymbol{a}_n{}'$ の一次関係式は変わらない．とくに $\boldsymbol{a}_1{}',\cdots,\boldsymbol{a}_n{}'$ が一次独立（一次従属）であれば $\boldsymbol{a}_1,\cdots,\boldsymbol{a}_n$ は一次独立（一次従属）である．

定理 1 は，一次関係式を求める作業から“斉次連立一次方程式”という言葉を取り除いたものにすぎない．しかし，次の例で見るように，定理 1 を利用し“簡単な形に変形して求める”と作業は相当すっきりする．

例 4　次のベクトルの一次関係式を求め，一次独立か一次従属かを判定せよ．

$$\boldsymbol{a}_1=\begin{pmatrix}1\\2\\1\end{pmatrix},\quad \boldsymbol{a}_2=\begin{pmatrix}1\\1\\0\end{pmatrix},\quad \boldsymbol{a}_3=\begin{pmatrix}1\\-1\\a\end{pmatrix}$$

解

$$(\boldsymbol{a}_1\ \ \boldsymbol{a}_2\ \ \boldsymbol{a}_3)=\begin{pmatrix}1&1&1\\2&1&-1\\1&0&a\end{pmatrix}\xrightarrow[\text{(略)}]{}\cdots\longrightarrow\begin{pmatrix}1&0&-2\\0&1&3\\0&0&a+2\end{pmatrix}$$

$$\xrightarrow[\text{第3行}\times\frac{1}{a+2}]{a+2\neq 0\text{のとき}}\begin{pmatrix}1&0&-2\\0&1&3\\0&0&1\end{pmatrix}\xrightarrow[-3,\ +2]{}\begin{pmatrix}1&0&0\\0&1&0\\0&0&1\end{pmatrix}=(\boldsymbol{a}_1{}'\ \ \boldsymbol{a}_2{}'\ \ \boldsymbol{a}_3{}')\text{とおく}$$

$$\xrightarrow{a+2=0\text{のとき}}\begin{pmatrix}1&0&-2\\0&1&3\\0&0&0\end{pmatrix}=(\boldsymbol{a}_1{}''\ \ \boldsymbol{a}_2{}''\ \ \boldsymbol{a}_3{}'')\text{とおく}$$

(1)　$a+2\neq 0$ のとき：$\boldsymbol{a}_1{}',\boldsymbol{a}_2{}',\boldsymbol{a}_3{}'$ は自明な一次関係式のみもち，一次独立であるから，定理 1 より $\boldsymbol{a}_1,\boldsymbol{a}_2,\boldsymbol{a}_3$ も自明な一次関係式のみもち，一次独立となる．

(2)　$a+2=0$ のとき，$\boldsymbol{a}_3{}''=-2\boldsymbol{a}_1{}''+3\boldsymbol{a}_2{}''$ はすぐにわかる．定理 1 より $\boldsymbol{a}_3=-2\boldsymbol{a}_1+3\boldsymbol{a}_2$ が成り立つから，一次関係式

$$2\boldsymbol{a}_1-3\boldsymbol{a}_2+\boldsymbol{a}_3=\boldsymbol{0}$$

を得る．したがって，一次従属である．

（図 11-1：平面 π 上に $\boldsymbol{a}_1, \boldsymbol{a}_2$ はあるとする．$\boldsymbol{a}_3$ の終点 $(1, -1, a)$ は直線 l：$x-1 = y+1 = 0$ 上にある．$a = -2$ のとき，$\boldsymbol{a}_3$ は π 上にあり，それ以外では π 上にない．） ∎

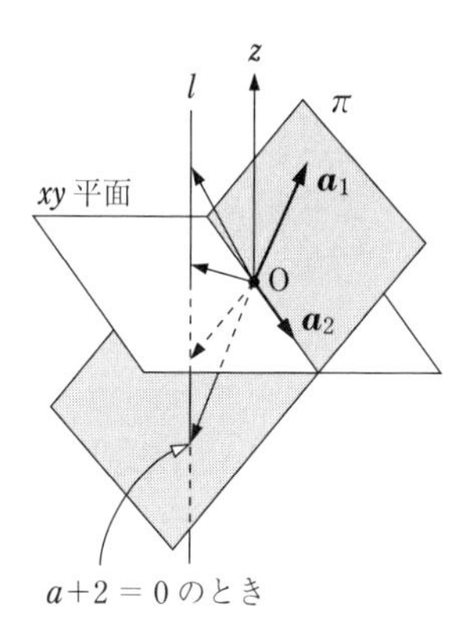

図 11-1

11.3　一次関係の形式的な行列表示

形式的な行列の積　2.1 節において，2 回の変数変換を行列の積を用いて表すと簡潔であることを学んだ．“変数”を“ベクトル”に置き換えるとどうなるかを見てみよう．ベクトルの組 $(\boldsymbol{x}, \boldsymbol{y}), (\boldsymbol{x}', \boldsymbol{y}'), (\boldsymbol{x}'', \boldsymbol{y}'')$ の間に，

$$\begin{cases} \boldsymbol{x}'' = b_{11}\boldsymbol{x}' + b_{21}\boldsymbol{y}' \\ \boldsymbol{y}'' = b_{12}\boldsymbol{x}' + b_{22}\boldsymbol{y}' \end{cases} \cdots (\sharp) \qquad \begin{cases} \boldsymbol{x}' = a_{11}\boldsymbol{x} + a_{21}\boldsymbol{y} \\ \boldsymbol{y}' = a_{12}\boldsymbol{x} + a_{22}\boldsymbol{y} \end{cases} \cdots (\flat)$$

の関係があるとする．a, b およびそれらの添字が 2.1 節のそれとは逆になっていることに注意しよう．**形式的な行列の積**を用いて

$$(\boldsymbol{x}'' \quad \boldsymbol{y}'') = (\boldsymbol{x}' \quad \boldsymbol{y}')\begin{pmatrix} b_{11} & b_{12} \\ b_{21} & b_{22} \end{pmatrix} = (\boldsymbol{x} \quad \boldsymbol{y})\begin{pmatrix} a_{11} & a_{12} \\ a_{21} & a_{22} \end{pmatrix}\begin{pmatrix} b_{11} & b_{12} \\ b_{21} & b_{22} \end{pmatrix}$$

のように計算すれば，第 1 項と第 3 項のそれぞれの第 1“成分”および第 2“成分”を比較して

$$\begin{cases} \boldsymbol{x}'' = (a_{11}b_{11} + a_{12}b_{21})\boldsymbol{x} + (a_{21}b_{11} + a_{22}b_{21})\boldsymbol{y} \\ \boldsymbol{y}'' = (a_{11}b_{12} + a_{12}b_{22})\boldsymbol{x} + (a_{21}b_{12} + a_{22}b_{22})\boldsymbol{y} \end{cases}$$

を得る．この式は，式 $(\flat)$ を式 $(\sharp)$ に代入して得られる関係式と一致する．

一次結合の形式的行列表示　一次結合 $\boldsymbol{b} = k_1\boldsymbol{a}_1 + k_2\boldsymbol{a}_2 + \cdots + k_n\boldsymbol{a}_n$ は

$$\boldsymbol{b} = (\boldsymbol{a}_1 \quad \cdots \quad \boldsymbol{a}_n)\begin{pmatrix} k_1 \\ \vdots \\ k_n \end{pmatrix}$$

と表せる．ベクトル $\boldsymbol{b}_1, \cdots, \boldsymbol{b}_m$ が $\boldsymbol{a}_1, \cdots, \boldsymbol{a}_n$ の一次結合

$$\begin{aligned} \boldsymbol{b}_1 &= p_{11}\boldsymbol{a}_1 + p_{21}\boldsymbol{a}_2 + \cdots + p_{n1}\boldsymbol{a}_n, \\ \boldsymbol{b}_2 &= p_{12}\boldsymbol{a}_1 + p_{22}\boldsymbol{a}_2 + \cdots + p_{n2}\boldsymbol{a}_n, \\ &\cdots\cdots\cdots \\ \boldsymbol{b}_m &= p_{1m}\boldsymbol{a}_1 + p_{2m}\boldsymbol{a}_2 + \cdots + p_{nm}\boldsymbol{a}_n \end{aligned}$$

であるときには，

$$(\boldsymbol{b}_1 \quad \boldsymbol{b}_2 \quad \cdots \quad \boldsymbol{b}_m) = (\boldsymbol{a}_1 \quad \boldsymbol{a}_2 \quad \cdots \quad \boldsymbol{a}_n)\begin{pmatrix} p_{11} & p_{12} & \cdots & p_{1m} \\ p_{21} & p_{22} & \cdots & p_{2m} \\ \vdots & \vdots & \ddots & \vdots \\ p_{n1} & p_{n2} & \cdots & p_{nm} \end{pmatrix} \qquad (11.3\text{-}1)$$

と書ける．3つのベクトルの組 $\boldsymbol{a}_1, \cdots, \boldsymbol{a}_n$；$\boldsymbol{b}_1, \cdots, \boldsymbol{b}_m$；$\boldsymbol{c}_1, \cdots, \boldsymbol{c}_l$ の関係が $n \times m$ 行列 X と $m \times l$ 行列 Y を用いて

$$(\boldsymbol{c}_1 \quad \cdots \quad \boldsymbol{c}_l) = (\boldsymbol{b}_1 \quad \cdots \quad \boldsymbol{b}_m)Y, \qquad (\boldsymbol{b}_1 \quad \cdots \quad \boldsymbol{b}_m) = (\boldsymbol{a}_1 \quad \cdots \quad \boldsymbol{a}_n)X$$

で与えられているとき

$$(\boldsymbol{c}_1 \quad \cdots \quad \boldsymbol{c}_l) = (\boldsymbol{b}_1 \quad \cdots \quad \boldsymbol{b}_m)Y = (\boldsymbol{a}_1 \quad \cdots \quad \boldsymbol{a}_n)XY$$

などの計算が可能である．また，次のことはつねに記憶にとどめておくべきである．

> ベクトルがすべて列ベクトルの場合には，形式的な行列の計算は
> 通常の行列の計算と一致する．

例 5　ベクトル $\boldsymbol{b}_1, \boldsymbol{b}_2$ がベクトル $\boldsymbol{a}_1, \boldsymbol{a}_2$ の一次結合 $\boldsymbol{b}_1 = \boldsymbol{a}_1 + 2\boldsymbol{a}_2$，$\boldsymbol{b}_2 = 2\boldsymbol{a}_1 + \boldsymbol{a}_2$ であるとき，$\boldsymbol{a}_1$ と $\boldsymbol{a}_2$ を $\boldsymbol{b}_1, \boldsymbol{b}_2$ の一次結合で表せ．

解　ベクトル $\boldsymbol{b}_1, \boldsymbol{b}_2$ の $\boldsymbol{a}_1, \boldsymbol{a}_2$ に関する一次結合の形式的な行列表示 (11.3-1) は

$$(\boldsymbol{b}_1 \quad \boldsymbol{b}_2) = (\boldsymbol{a}_1 \quad \boldsymbol{a}_2)A, \qquad A = \begin{pmatrix} 1 & 2 \\ 2 & 1 \end{pmatrix}$$

である．両辺に A の逆行列 $A^{-1} = \dfrac{1}{3}\begin{pmatrix} -1 & 2 \\ 2 & -1 \end{pmatrix}$ を右からかけて，

$$(\boldsymbol{a}_1 \quad \boldsymbol{a}_2) = (\boldsymbol{b}_1 \quad \boldsymbol{b}_2)A^{-1} = (\boldsymbol{b}_1 \quad \boldsymbol{b}_2)\begin{pmatrix} -1/3 & 2/3 \\ 2/3 & -1/3 \end{pmatrix}$$
$$= \left(-\frac{1}{3}\boldsymbol{b}_1 + \frac{2}{3}\boldsymbol{b}_2 \quad \frac{2}{3}\boldsymbol{b}_1 - \frac{1}{3}\boldsymbol{b}_2\right)$$

を得る．よって，$\boldsymbol{a}_1 = -\frac{1}{3}\boldsymbol{b}_1 + \frac{2}{3}\boldsymbol{b}_2$，$\boldsymbol{a}_2 = \frac{2}{3}\boldsymbol{b}_1 - \frac{1}{3}\boldsymbol{b}_2$ である． ■

形式的な行列表示についての基本的性質を述べよう．

補題 $\boldsymbol{a}_1, \cdots, \boldsymbol{a}_n$ を一次独立なベクトルとする．

(1) $k_1, \cdots, k_n$ をスカラーとする．

$$(\boldsymbol{a}_1 \quad \cdots \quad \boldsymbol{a}_n)\begin{pmatrix} k_1 \\ \vdots \\ k_n \end{pmatrix} = \boldsymbol{0} \quad \text{ならば} \quad k_1 = \cdots = k_n = 0$$

が成り立つ．

(2) X, Y をともに $n \times m$ 行列とする．

$$(\boldsymbol{a}_1 \quad \cdots \quad \boldsymbol{a}_n)X = (\boldsymbol{a}_1 \quad \cdots \quad \boldsymbol{a}_n)Y \quad \text{ならば} \quad X = Y$$

が成り立つ．

証明 (1) 形式的行列表示は $k_1\boldsymbol{a}_1 + \cdots + k_n\boldsymbol{a}_n = \boldsymbol{0}$ を表す．$\boldsymbol{a}_1, \cdots, \boldsymbol{a}_n$ が一次独立であるから $k_1 = \cdots = k_n = 0$ である（(11.1-3)）．

(2) $X = (x_{ij})$，$Y = (y_{ij})$ とおく．仮定の式の両辺の各 j 列目 ($j = 1, \cdots, m$) を比較して

$$(\boldsymbol{a}_1 \quad \cdots \quad \boldsymbol{a}_n)\begin{pmatrix} x_{1j} \\ \vdots \\ x_{nj} \end{pmatrix} = (\boldsymbol{a}_1 \quad \cdots \quad \boldsymbol{a}_n)\begin{pmatrix} y_{1j} \\ \vdots \\ y_{nj} \end{pmatrix}$$

を得る．これを

$$(\boldsymbol{a}_1 \quad \cdots \quad \boldsymbol{a}_n)\begin{pmatrix} x_{1j} - y_{1j} \\ \vdots \\ x_{nj} - y_{nj} \end{pmatrix} = \boldsymbol{0}$$

と書き改め，(1) を適用して $x_{1j} - y_{1j} = \cdots = x_{nj} - y_{nj} = 0$ したがって $x_{ij} = y_{ij}$ ($i = 1, \cdots, n$) が導かれる．ゆえに $X = Y$ である． ■

定理 2 〈ベクトルの一次関係の判定法〉

$\boldsymbol{a}_1, \cdots, \boldsymbol{a}_n$ は一次独立なベクトルとする．ベクトル $\boldsymbol{b}_1, \cdots, \boldsymbol{b}_m$ は $\boldsymbol{a}_1, \cdots,$

$\boldsymbol{a}_n$ の一次結合であり，$n \times m$ 行列 $P = (\boldsymbol{p}_1 \ \cdots \ \boldsymbol{p}_m)$ を用いて

$$(\boldsymbol{b}_1 \ \cdots \ \boldsymbol{b}_m) = (\boldsymbol{a}_1 \ \cdots \ \boldsymbol{a}_n)P$$

と表されるとする．このとき，$\boldsymbol{b}_1, \cdots, \boldsymbol{b}_m$ の一次関係と P の列ベクトル $\boldsymbol{p}_1, \cdots, \boldsymbol{p}_m$ の一次関係は同じである．

とくに，$n = m$ のとき，$\boldsymbol{b}_1, \cdots, \boldsymbol{b}_n$ が一次独立であることと P が正則な正方行列であることは同値である．

証明　一次関係式 $k_1\boldsymbol{b}_m + \cdots + k_m\boldsymbol{b}_m = \boldsymbol{0}$ ($k_1, \cdots, k_n$ はスカラー) について考える．

$$k_1\boldsymbol{b}_1 + \cdots + k_m\boldsymbol{b}_m = \boldsymbol{0} \cdots (\sharp) \iff \underset{\sim\sim\sim}{(\boldsymbol{b}_1 \ \cdots \ \boldsymbol{b}_m)}\begin{pmatrix} k_1 \\ \vdots \\ k_m \end{pmatrix} = \boldsymbol{0}$$

$$\iff \underset{\sim\sim\sim}{(\boldsymbol{a}_1 \ \cdots \ \boldsymbol{a}_n)P}\begin{pmatrix} k_1 \\ \vdots \\ k_m \end{pmatrix} = \boldsymbol{0} \iff P\begin{pmatrix} k_1 \\ \vdots \\ k_m \end{pmatrix} - \begin{pmatrix} 0 \\ \vdots \\ 0 \end{pmatrix} \cdots (\natural)$$

（補題 (1) より）

$$\iff k_1\boldsymbol{p}_1 + \cdots + k_m\boldsymbol{p}_m = \boldsymbol{0} \cdots (\flat)$$

である．よって，$(\sharp) \iff (\flat)$．

次に，$n = m$ とする．一次関係式 $(\sharp)$ が自明なもののみであることと斉次連立一次方程式 $(\natural)$ が自明な解のみをもつことは同等であることがわかる．前者は $\boldsymbol{b}_1, \cdots, \boldsymbol{b}_n$ が一次独立であることの定義であり，後者は 9.1 節の系 1 より P が正則であることと同値である． ■

演習問題

[61] 〈ベクトルの一次関係〉

次のベクトルの一次関係式を求めよ．

(1)　$\boldsymbol{a}_1 = \begin{pmatrix} 1 \\ -1 \\ 0 \end{pmatrix}$, $\boldsymbol{a}_2 = \begin{pmatrix} 1 \\ 0 \\ -1 \end{pmatrix}$, $\boldsymbol{a}_3 = \begin{pmatrix} 1 \\ 1 \\ 1 \end{pmatrix}$

(2)　$\boldsymbol{a}_1 = \begin{pmatrix} 1 & -2 \\ 0 & 2 \end{pmatrix}$, $\boldsymbol{a}_2 = \begin{pmatrix} 1 & -3 \\ 0 & 1 \end{pmatrix}$, $\boldsymbol{a}_3 = \begin{pmatrix} 1 & 0 \\ 0 & 4 \end{pmatrix}$

(3)　$\boldsymbol{a}_1 = (t-1)^2$, $\boldsymbol{a}_2 = 2t$, $\boldsymbol{a}_3 = (t+1)^2$

[62] 〈一次独立性の証明〉

次のベクトルは一次独立であることを証明せよ．

(1)　$1, t, t^2, \cdots, t^n$

(2)　$1, 2^t, 3^t, \cdots n^t$

(3)　$m\times n$ 型の**行列単位** $E_{11}, \cdots, E_{ij}, \cdots, E_{mn}\,(i=1,\cdots,m\,;\,j=1,\cdots,n)$.

ただし，E_{ij} は (i,j) 成分を1，他の成分をすべて0とする $m\times n$ 行列である.

[63]〈**一次関係の判定**〉

次のベクトルが一次独立か一次従属かを判定せよ.

(1)　$f_1=1+2t+3t^2$，$f_2=1+3t+2t^2$，$f_3=t-t^2$

(2)　$\begin{pmatrix}1\\2\\1\end{pmatrix}, \begin{pmatrix}1\\4-a\\a-3\end{pmatrix}, \begin{pmatrix}1\\2\\b-1\end{pmatrix}$

[64]〈**列ベクトルの一次関係**〉

$n+1$ 個以上の n 項列ベクトルは一次従属であることを証明せよ.

[65]〈**形式的な行列表示**〉

ベクトル $\boldsymbol{a}_i, \boldsymbol{b}_i, \boldsymbol{c}_i\,(i=1,2)$ の間に次のような関係がある.

$$\begin{cases}\boldsymbol{c}_1=2\boldsymbol{b}_1-\boldsymbol{b}_2\\ \boldsymbol{c}_2=\boldsymbol{b}_1+2\boldsymbol{b}_2\end{cases}\qquad \begin{cases}\boldsymbol{b}_1=\boldsymbol{a}_1+\boldsymbol{a}_2\\ \boldsymbol{b}_2=\boldsymbol{a}_1-\boldsymbol{a}_2\end{cases}$$

(1)　$\boldsymbol{c}_1, \boldsymbol{c}_2$ を $\boldsymbol{a}_1, \boldsymbol{a}_2$ の一次結合で表せ.

(2)　$\boldsymbol{a}_1, \boldsymbol{a}_2$ を $\boldsymbol{c}_1, \boldsymbol{c}_2$ の一次結合で表せ.

[66]〈**形式的な行列表示による一次関係の求め方**〉

$A=\begin{pmatrix}1&0\\1&3\end{pmatrix}$，$B=\begin{pmatrix}0&1\\1&1\end{pmatrix}$，$C=\begin{pmatrix}1&1\\2&4\end{pmatrix}$，$D=\begin{pmatrix}-1&2\\1&-1\end{pmatrix}$ とする.

(1)　$(A\ \ B\ \ C\ \ D)=(E_{11}\ \ E_{12}\ \ E_{21}\ \ E_{22})P$ をみたす 4×4 行列 P を求めよ.

(2)　A, B, C, D のみたす一次関係式を求めよ.

[67]〈**一次従属なベクトルに関する形式的な行列表示**〉

$\boldsymbol{a}_1=\begin{pmatrix}1\\1\end{pmatrix}$，$\boldsymbol{a}_2=\begin{pmatrix}1\\-1\end{pmatrix}$，$\boldsymbol{a}_3=\begin{pmatrix}3\\1\end{pmatrix}$ とするとき，

$$(\boldsymbol{a}_1\ \ \boldsymbol{a}_2\ \ \boldsymbol{a}_3)\begin{pmatrix}1\\1\\1\end{pmatrix}=(\boldsymbol{a}_1\ \ \boldsymbol{a}_2\ \ \boldsymbol{a}_3)\begin{pmatrix}x\\y\\z\end{pmatrix}$$

をみたす x, y, z を求めよ.

[68]〈**形式的な行列表示による計算**〉

ベクトル $f_i, g_i\,(i=1,2,3)$ は次のものとする.

$$f_1=1+t+t^2,\quad f_2=1-t+t^2,\quad f_3=1+2t,$$
$$g_1=-1,\quad g_2=2+3t+t^2,\quad g_3=3+2t+2t^2$$

(1)　ベクトル f_1, f_2, f_3 および g_1, g_2, g_3 を $1, t, t^2$ に関して形式的に行列表示せよ.

(2)　g_1, g_2, g_3 を f_1, f_2, f_3 の一次結合で表せ.

12 ベクトル空間の次元と基底

12.1 ベクトル空間の次元と基底の定義

ベクトル空間の大きさを測る単位である次元について述べよう．ベクトル空間 V には次の 2 つ (**F**), (**∞**) の場合がある．

(**F**) 一次独立な n 個のベクトルを含むが，どんな $n+1$ 個以上のベクトルをとっても一次従属になってしまう．

(**∞**) いくらでも大きい個数の一次独立なベクトルがある．

(**F**) のとき，V は**有限次元**であるといい，n を V の**次元**とよんで

$$\dim V = n$$

と表す．一次独立なベクトルは 1 通りではないが，n はベクトル空間 V に対して一意に定まることに注意しよう．

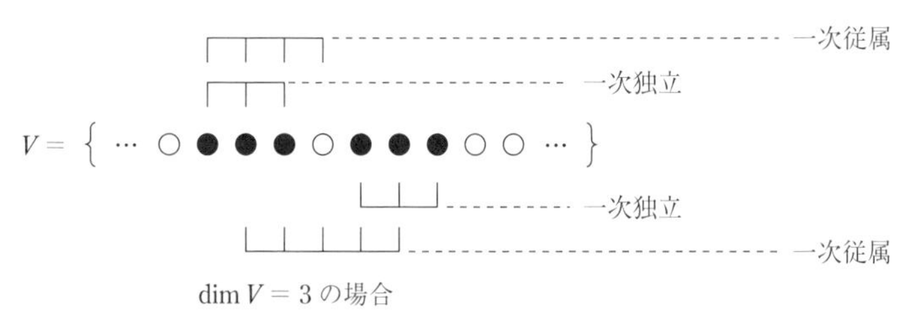

図 12-1

(**∞**) のとき，V は**無限次元**であるという．無限次元ベクトル空間を議論するにはさらに多くの概念を必要とする．本書では簡単な例を 1 つあげるにとどめよう．V を多項式関数全体のつくる関数空間とする．この空間内には，どんな大きな自然数 n についても一次独立なベクトル (ここでは関数) $1, t, t^2, \dots, t^n$ が存在する．したがって，この空間 V は無限次元ベクトル空間である．

有限次元ベクトル空間 V について考えよう．V を書き表すために必要な概念が基底である．基底の定義は定理 1 の後に述べる．まず，ベクトル空間を議論する上で基本的な 2 つの補題を用意する．

補題 1　ベクトルについて，$\boldsymbol{a}_1, \cdots, \boldsymbol{a}_p$ は一次独立，$\boldsymbol{a}_1, \cdots, \boldsymbol{a}_p, \boldsymbol{v}$ は一次従属であるとする．このとき，$\boldsymbol{v}$ は $\boldsymbol{a}_1, \cdots, \boldsymbol{a}_p$ の一次結合である．

証明　仮定より，$\boldsymbol{a}_1, \cdots, \boldsymbol{a}_p, \boldsymbol{v}$ の間に自明でない一次関係式

$$k_1\boldsymbol{a}_1 + \cdots + k_p\boldsymbol{a}_p + l\boldsymbol{v} = \boldsymbol{0} \tag{♯}$$

がある．もし $l = 0$ であれば，$k_1\boldsymbol{a}_1 + \cdots + k_p\boldsymbol{a}_p = \boldsymbol{0}$ となる．さらに，$\boldsymbol{a}_1, \cdots, \boldsymbol{a}_p$ が一次独立であるから $k_1 = \cdots = k_p = 0$ となり，あわせて $k_1 = \cdots = k_p = l = 0$ となる．これは (♯) が自明でない一次関係式であることと矛盾する．ゆえに $l \neq 0$ である．よって，(♯) が $\boldsymbol{v}$ について解けて，

$$\boldsymbol{v} = -\frac{k_1}{l}\boldsymbol{a}_1 - \cdots - \frac{k_p}{l}\boldsymbol{a}_p$$

のように $\boldsymbol{v}$ が $\boldsymbol{a}_1, \cdots, \boldsymbol{a}_p$ の一次結合で表せる．■

補題 2　ベクトルについて，$\boldsymbol{a}_1, \cdots, \boldsymbol{a}_n$ は一次独立，$\boldsymbol{b}_1, \cdots, \boldsymbol{b}_m$ は $\boldsymbol{a}_1, \cdots, \boldsymbol{a}_n$ の一次結合であるとする．もし $m > n$ であれば $\boldsymbol{b}_1, \cdots, \boldsymbol{b}_m$ は一次従属である．

証明　$\boldsymbol{b}_1, \cdots, \boldsymbol{b}_m$ が $\boldsymbol{a}_1, \cdots, \boldsymbol{a}_n$ の一次結合であるから，$n \times m$ 行列 P を用いて，形式的に

$$(\boldsymbol{b}_1 \quad \cdots \quad \boldsymbol{b}_m) = (\boldsymbol{a}_1 \quad \cdots \quad \boldsymbol{a}_n)P$$

と表せる (11.3 節の (11.3-1))．$P = (\boldsymbol{p}_1 \quad \cdots \quad \boldsymbol{p}_m)$ と列ベクトル分割すると，$\boldsymbol{b}_1, \cdots, \boldsymbol{b}_m$ と $\boldsymbol{p}_1, \cdots, \boldsymbol{p}_m$ の一次関係は同じである (11.3 節定理 2)．$n+1$ 個以上の n 項列ベクトルは一次従属である (演習問題 [64]) から，$\boldsymbol{p}_1, \cdots, \boldsymbol{p}_m$ は一次従属である．したがって，$\boldsymbol{b}_1, \cdots, \boldsymbol{b}_m$ は一次従属である．■

n 次元ベクトル空間 V は (**F**) で述べた n 個の一次独立なベクトルを用いてどのように書き表されるかは次の定理で明らかになる．

定理 1〈有限次元ベクトル空間の描写〉

$\boldsymbol{a}_1, \cdots, \boldsymbol{a}_n$ をベクトル空間 V の一次独立なベクトルとする．このとき，次の (1) と (2) は同値である．

(1)　V の $n+1$ 個以上のどんなベクトルも一次従属である．

(2)　V のすべてのベクトルは $\boldsymbol{a}_1, \cdots, \boldsymbol{a}_n$ の一次結合である．

証明　(1)$\Longrightarrow$(2)：$\boldsymbol{v}$ を V の任意のベクトルとする．$\boldsymbol{a}_1, \cdots, \boldsymbol{a}_n, \boldsymbol{v}$ は $n+1$ 個のベクトルであるから仮定より一次従属である．補題1から $\boldsymbol{v}$ は $\boldsymbol{a}_1, \cdots, \boldsymbol{a}_n$ の一次結合である．

(2)$\Longrightarrow$(1)：$m \geqq n+1$ をみたす m に対して，V から m 個のベクトル $\boldsymbol{b}_1, \cdots, \boldsymbol{b}_m$ を任意にとる．仮定(2)より $\boldsymbol{b}_1, \cdots, \boldsymbol{b}_m$ は $\boldsymbol{a}_1, \cdots, \boldsymbol{a}_n$ の一次結合である．補題2を適用して，$\boldsymbol{b}_1, \cdots, \boldsymbol{b}_m$ が一次従属となることがわかる．■

基底の定義　定理1の(2)をみたすベクトル $\boldsymbol{a}_1, \cdots, \boldsymbol{a}_n$ は10.2節の(10.2-6)の記法を用いれば，

- $V = \langle \boldsymbol{a}_1, \cdots, \boldsymbol{a}_n \rangle$　　(12.1-1)
- $\boldsymbol{a}_1, \cdots, \boldsymbol{a}_n$ は一次独立　　(12.1-2)

と表すことができる．この2条件をみたすベクトルの組 $\{\boldsymbol{a}_1, \cdots, \boldsymbol{a}_n\}$ を V の**基底**という．よって，

$$\dim V = \text{基底を構成するベクトルの個数}$$

である．定理1より

n 次元ベクトル空間において，n 個の一次独立なベクトルの組は基底である　　(12.1-3)

ことがわかる．与えられたベクトルの組が基底であるかどうかの判定に便利な表現である．また，後で述べるが，基底は座標軸の方向の代数的記述である．

基底に基づいて，ベクトル空間に座標系を導入できる

のである(12.4節)．

例1　3項実列ベクトルのつくる実ベクトル空間 $\boldsymbol{R}^3$ について考えよう．3項基本ベクトル $\boldsymbol{e}_1, \boldsymbol{e}_2, \boldsymbol{e}_3$ は一次独立であった(11.1節の(11.1-4))．さらに，$\boldsymbol{R}^3$ の任意のベクトル $\boldsymbol{v}$ は次のように $\boldsymbol{e}_1, \boldsymbol{e}_2, \boldsymbol{e}_3$ の一次結合で表せる：

$$\boldsymbol{v} = \begin{pmatrix} x \\ y \\ z \end{pmatrix} \quad \text{のとき} \quad \boldsymbol{v} = x\boldsymbol{e}_1 + y\boldsymbol{e}_2 + z\boldsymbol{e}_3.$$

よって，$\{\boldsymbol{e}_1, \boldsymbol{e}_2, \boldsymbol{e}_3\}$ は $\boldsymbol{R}^3$ の基底であり，$\boldsymbol{R}^3$ は3次元実ベクトル空間である．同様にして，

n 項列ベクトル空間 $\boldsymbol{K}^n$ ($\boldsymbol{R}^n$ や $\boldsymbol{C}^n$) は n 項基本ベクトルの組 $\{\boldsymbol{e}_1, \cdots, \boldsymbol{e}_n\}$ を基底にもち，n 次元ベクトル空間である

ことがわかる．この基底を $\boldsymbol{K}^n$ の**標準基底**という． ▨

例 2　3 次元ベクトル空間 $\boldsymbol{R}^3$ において，ベクトル

$$\boldsymbol{a}_1 = \begin{pmatrix} 1 \\ 1 \\ 0 \end{pmatrix}, \quad \boldsymbol{a}_2 = \begin{pmatrix} 1 \\ 0 \\ 1 \end{pmatrix}, \quad \boldsymbol{a}_3 = \begin{pmatrix} 0 \\ 0 \\ 1 \end{pmatrix}$$

が一次独立であることは容易にわかる．(12.1-3) から，$\{\boldsymbol{a}_1, \boldsymbol{a}_2, \boldsymbol{a}_3\}$ も $\boldsymbol{R}^3$ の基底である． ▨

例 3　10.2 節の例 5 で取り上げたベクトル空間 W の基底を求めてみよう．W は 2 次以下の多項式関数のつくる空間 U の部分空間で，

$$W = \langle -1+t, -1+t^2 \rangle$$

と表せた．また，ベクトル $\boldsymbol{a}_1 = -1+t$，$\boldsymbol{a}_2 = -1+t^2$ が一次独立であることは簡単な計算でわかる．$\{\boldsymbol{a}_1, \boldsymbol{a}_2\}$ は W の基底であり，$\dim W = 2$ である． ▨

基底の判定法　　n 次元ベクトル空間の 1 つの基底を知っているとする．この空間の n 個のベクトルについて，これらが基底を構成するかどうかは次のように判定できる．

● 定理 2〈基底の判定法〉●

n 次元ベクトル空間 V の基底の 1 つを $\{\boldsymbol{a}_1, \cdots, \boldsymbol{a}_n\}$ とする．V のベクトル $\boldsymbol{b}_1, \cdots, \boldsymbol{b}_n$ は n 次正方行列 P を用いて

$$(\boldsymbol{b}_1 \quad \cdots \quad \boldsymbol{b}_n) = (\boldsymbol{a}_1 \quad \cdots \quad \boldsymbol{a}_n)P$$

と表されているとする．このとき，$\{\boldsymbol{b}_1, \cdots, \boldsymbol{b}_n\}$ が V の基底であることと P が正則であることは同値である．

証明　n 次元ベクトル空間において，n 個のベクトルは一次独立であることと基底を構成することは同等である ((12.1-3))．よって，11.3 節の定理 2 より明らかである． ▨

基本行列は正則であり (8.2 節の補題 1)，これらを右からかけることには列基本変形が対応する ((8.2-1′, -2′, -3′))．よって，ただちに次の系を得る．

系 1　n 次元ベクトル空間 V の基底の 1 つを $\{\boldsymbol{a}_1, \cdots, \boldsymbol{a}_n\}$ とする．形式的に列基本変形を何回か施して

$$\{\boldsymbol{a}_1, \cdots, \boldsymbol{a}_n\} \xrightarrow[\text{列基本変形}]{} \cdots \longrightarrow \{\boldsymbol{b}_1, \cdots, \boldsymbol{b}_n\}$$

となったとき，$\{\boldsymbol{b}_1, \cdots, \boldsymbol{b}_n\}$ もまた V の基底である． ▮

例 4　例 3 の 2 次元ベクトル空間 $W = \langle \boldsymbol{a}_1, \boldsymbol{a}_2 \rangle$；$\boldsymbol{a}_1 = -1+t$，$\boldsymbol{a}_2 = -1+t^2$ において，$\{\boldsymbol{a}_1, \boldsymbol{a}_2\}$ は W の基底であった．

$$\{\boldsymbol{a}_1, \boldsymbol{a}_2\} \xrightarrow{-2} \{\boldsymbol{a}_1, \boldsymbol{a}_2 - 2\boldsymbol{a}_1\} = \{-1+t, (1-t)^2\}$$

より，$\{-1+t, (1-t)^2\}$ もまた W の基底である． ▮

列ベクトル空間における基底　n 項列ベクトル空間において，かってに選んだ n 個のベクトルの組が基底かどうかを判定する簡潔な方法を知っていると便利であり，重要である．それを紹介しよう．

系 2（列ベクトル空間の基底の判定法）　n 項列ベクトル空間 $\boldsymbol{K}^n$ の n 個のベクトル $\boldsymbol{a}_1, \cdots, \boldsymbol{a}_n$ とこれからつくられる n 次正方行列 $A = (\boldsymbol{a}_1 \ \cdots \ \boldsymbol{a}_n)$ について，$\{\boldsymbol{a}_1, \cdots, \boldsymbol{a}_n\}$ が $\boldsymbol{K}^n$ の基底であることと行列 A が正則であることは同値である．したがって，$|A| \neq 0$ が成り立つことも同値となる．

証明　$\boldsymbol{K}^n$ の標準基底を用いて

$$(\boldsymbol{a}_1 \ \cdots \ \boldsymbol{a}_n) = (\boldsymbol{e}_1 \ \cdots \ \boldsymbol{e}_n)A$$

と表し定理 2 を適用する． ▮

例 5　3 項実列ベクトル空間 $\boldsymbol{R}^3$ において，次のベクトルの組 $\{\boldsymbol{a}_1, \boldsymbol{a}_2, \boldsymbol{a}_3\}$ が基底であるかどうかを判定せよ．

(1)　$\boldsymbol{a}_1 = \begin{pmatrix} 1 \\ 1 \\ 3 \end{pmatrix}$，$\boldsymbol{a}_2 = \begin{pmatrix} 1 \\ -1 \\ 1 \end{pmatrix}$，$\boldsymbol{a}_3 = \begin{pmatrix} 1 \\ 1 \\ 2 \end{pmatrix}$

(2)　$\boldsymbol{a}_1 = \begin{pmatrix} 1 \\ 0 \\ 1 \end{pmatrix}$，$\boldsymbol{a}_2 = \begin{pmatrix} -1 \\ 1 \\ 0 \end{pmatrix}$，$\boldsymbol{a}_3 = \begin{pmatrix} 2 \\ 1 \\ 3 \end{pmatrix}$

解　$A = (\boldsymbol{a}_1 \ \boldsymbol{a}_2 \ \boldsymbol{a}_3)$ とする．

(1)　$|A| = 2 \neq 0$ であるから系 2 より $\{\boldsymbol{a}_1, \boldsymbol{a}_2, \boldsymbol{a}_3\}$ は基底である．

(2)　$|A| = 0$ であるから系 2 より $\{\boldsymbol{a}_1, \boldsymbol{a}_2, \boldsymbol{a}_3\}$ は基底でない． ▮

12.2 部分空間の次元と基底

この節では，有限次元ベクトル空間の部分空間の包含関係，次元の比較およびいくつかのベクトルで生成される部分空間の次元や基底の求め方について述べる．

定理 3〈部分空間の次元〉

U を有限次元ベクトル空間 V の部分空間とする．

(1) $\dim U \leqq \dim V$ である．

(2) $U \neq V$ であれば，$\dim U < \dim V$ である．

証明 (1) V の次元を n とする．V には $n+1$ 個以上の一次独立なベクトルは存在しないから，その部分空間 U にも当然存在しない．よって，$\dim U \leqq n$ である．

(2) $\dim U = \dim V = n$ と仮定して $U = V$ を導く．U の基底を $\{\boldsymbol{u}_1, \cdots, \boldsymbol{u}_n\}$ とすると，これらのベクトルは V の n 個の一次独立なベクトルでもあるから (12.1-3) より V の基底を構成する．よって，(12.1-1) より $U = \langle \boldsymbol{u}_1, \cdots, \boldsymbol{u}_n \rangle$，$V = \langle \boldsymbol{u}_1, \cdots, \boldsymbol{u}_n \rangle$ と表せ $U = V$ を得る． ▩

空間の包含関係と相等　これについて，イメージ図 12-2 とそれを表す数学的書式を確認しておこう．

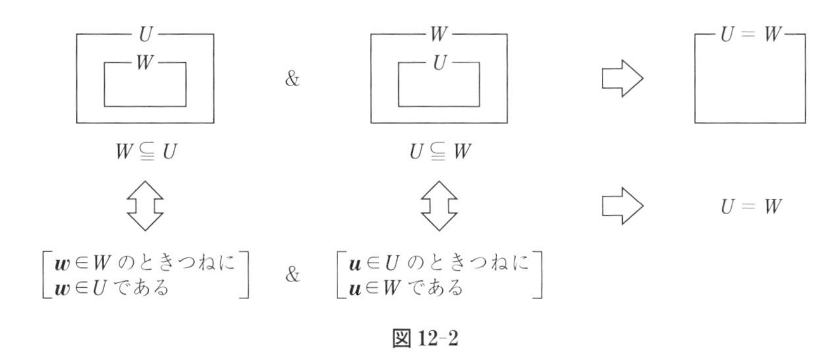

図 12-2

いくつかのベクトルで生成される部分空間の基底と次元の求め方　実際の作業は後述の例 6 で行う．

補題 3　ベクトル $\boldsymbol{b}_1, \cdots, \boldsymbol{b}_q$ がベクトル $\boldsymbol{a}_1, \cdots, \boldsymbol{a}_p$ の一次結合であれば，

$$\langle \boldsymbol{b}_1, \cdots, \boldsymbol{b}_q \rangle \subseteqq \langle \boldsymbol{a}_1, \cdots, \boldsymbol{a}_p \rangle$$

が成り立つ．

証明　仮定より，適当な $p \times q$ 行列 B を用いて

$$(\boldsymbol{b}_1 \quad \cdots \quad \boldsymbol{b}_q) = (\boldsymbol{a}_1 \quad \cdots \quad \boldsymbol{a}_p)B$$

と表される．$\boldsymbol{v}$ は $\langle \boldsymbol{b}_1, \cdots, \boldsymbol{b}_q \rangle$ の任意のベクトルで，$\boldsymbol{v} = k_1\boldsymbol{b}_1 + \cdots + k_q\boldsymbol{b}_q$ ($k_1, \cdots, k_q$ はスカラー) と表されているとする．このとき，

$$\boldsymbol{v} = (\boldsymbol{b}_1 \quad \cdots \quad \boldsymbol{b}_q)\begin{pmatrix} k_1 \\ \vdots \\ k_q \end{pmatrix} = (\boldsymbol{a}_1 \quad \cdots \quad \boldsymbol{a}_p)B\begin{pmatrix} k_1 \\ \vdots \\ k_q \end{pmatrix}$$

より $\boldsymbol{v}$ が $\boldsymbol{a}_1, \cdots, \boldsymbol{a}_p$ の一次結合であることがわかり $\boldsymbol{v} \in \langle \boldsymbol{a}_1, \cdots, \boldsymbol{a}_p \rangle$ がいえる．「$\boldsymbol{v} \in \langle \boldsymbol{b}_1, \cdots, \boldsymbol{b}_q \rangle \Longrightarrow \boldsymbol{v} \in \langle \boldsymbol{a}_1, \cdots, \boldsymbol{a}_p \rangle$」が示せたから，$\langle \boldsymbol{b}_1, \cdots, \boldsymbol{b}_q \rangle \subseteqq \langle \boldsymbol{a}_1, \cdots, \boldsymbol{a}_p \rangle$ である． ▮

● 定理 4〈基底を構成するベクトルの発見法〉●

ベクトル空間 V はベクトル $\boldsymbol{a}_1, \cdots, \boldsymbol{a}_m$ で生成されている，すなわち $V = \langle \boldsymbol{a}_1, \cdots, \boldsymbol{a}_m \rangle$ とする．$\boldsymbol{a}_1, \cdots, \boldsymbol{a}_n$ ($n \leqq m$) が

(♯)　$\boldsymbol{a}_1, \cdots, \boldsymbol{a}_n$ は一次独立である

(♭)　$\boldsymbol{a}_j$ ($j = n+1, \cdots, m$) は $\boldsymbol{a}_1, \cdots, \boldsymbol{a}_n$ の一次結合である

をみたすように選ばれたとき，$\{\boldsymbol{a}_1, \cdots, \boldsymbol{a}_n\}$ は V の基底である．

証明　条件 (♭) より $\boldsymbol{a}_1, \cdots, \boldsymbol{a}_n, \boldsymbol{a}_{n+1}, \cdots, \boldsymbol{a}_m$ は $\boldsymbol{a}_1, \cdots, \boldsymbol{a}_n$ の一次結合である．補題 3 より

$$V = \langle \boldsymbol{a}_1, \cdots, \boldsymbol{a}_n, \boldsymbol{a}_{n+1}, \cdots, \boldsymbol{a}_m \rangle \subseteqq \langle \boldsymbol{a}_1, \cdots, \boldsymbol{a}_n \rangle \subseteqq V$$

が成り立つから，$V = \langle \boldsymbol{a}_1, \cdots, \boldsymbol{a}_n \rangle$ となる．これと条件 (♯) により (12.1-1) および (12.1-2) がみたされるから $\{\boldsymbol{a}_1, \cdots, \boldsymbol{a}_n\}$ は V の基底となる． ▮

例 6　次のベクトルで生成される 3 次元ベクトル空間 $\boldsymbol{R}^3$ の部分空間 $U = \langle \boldsymbol{a}_1, \boldsymbol{a}_2, \boldsymbol{a}_3, \boldsymbol{a}_4 \rangle$ の基底および次元を求めよ．

$$\boldsymbol{a}_1 = \begin{pmatrix} 1 \\ 1 \\ 1 \end{pmatrix}, \quad \boldsymbol{a}_2 = \begin{pmatrix} 1 \\ 2 \\ 3 \end{pmatrix}, \quad \boldsymbol{a}_3 = \begin{pmatrix} 3 \\ 2 \\ 1 \end{pmatrix}, \quad \boldsymbol{a}_4 = \begin{pmatrix} 1 \\ a \\ 1 \end{pmatrix}$$

解　列ベクトルの一次関係の判定法 (11.2 節の定理 1) を用いて，4 つのベクトルの

一次関係を調べる．

$$(\boldsymbol{a}_1 \quad \boldsymbol{a}_2 \quad \boldsymbol{a}_3 \quad \boldsymbol{a}_4) = \begin{pmatrix} 1 & 1 & 3 & 1 \\ 1 & 2 & 2 & a \\ 1 & 3 & 1 & 1 \end{pmatrix} \xrightarrow[\text{行基本変形}]{} \cdots \longrightarrow \begin{pmatrix} 1 & 0 & 4 & 1 \\ 0 & 1 & -1 & 0 \\ 0 & 0 & 0 & 1-a \end{pmatrix} = (\boldsymbol{a}_1{}' \quad \boldsymbol{a}_2{}' \quad \boldsymbol{a}_3{}' \quad \boldsymbol{a}_4{}')$$

とおく．

$a=1$のとき：$\boldsymbol{a}_1{}', \boldsymbol{a}_2{}'$ は一次独立で，$\boldsymbol{a}_3{}', \boldsymbol{a}_4{}'$ はこれらの一次結合である．ゆえに $\boldsymbol{a}_1, \boldsymbol{a}_2$ は一次独立で，$\boldsymbol{a}_3, \boldsymbol{a}_4$ はこれらの一次結合となる．定理 4 より $\{\boldsymbol{a}_1, \boldsymbol{a}_2\}$ は U の基底で，$\dim U = 2$ である．

$a \fallingdotseq 1$のとき：上と同様にして，$\boldsymbol{a}_1, \boldsymbol{a}_2, \boldsymbol{a}_4$ は一次独立で，$\boldsymbol{a}_3$ はこれらの一次結合であることがわかる（$\boldsymbol{a}_3 = 4\boldsymbol{a}_1 - \boldsymbol{a}_2 + 0\boldsymbol{a}_4$）．したがって，定理 4 より $\{\boldsymbol{a}_1, \boldsymbol{a}_2, \boldsymbol{a}_4\}$ は U の基底で，$\dim U = 3$ である． ■

行列の階数の求め方（9.1 節の例 1 など）と上の例 6 から次の定理は容易に推測できるであろう（証明略）．

定理 5〈行列の階数と列ベクトル空間の次元〉

n 項列ベクトル $\boldsymbol{a}_1, \cdots, \boldsymbol{a}_m$ で生成されるベクトル空間 $V = \langle \boldsymbol{a}_1, \cdots, \boldsymbol{a}_m \rangle$ とこれらからつくられる $n \times m$ 行列 $A = (\boldsymbol{a}_1 \quad \cdots \quad \boldsymbol{a}_m)$ について，

$$\dim V = \operatorname{rank} A$$

が成り立つ．

基底の構成　n 次元ベクトル空間 V において，かってに見つけた一次独立なベクトルから出発して，これらを含むような V の基底が構成できることを述べよう．

定理 6〈基底の延長定理〉

n 次元ベクトル空間 V において，一次独立な p 個のベクトル（$p \leqq n$）に適当な $n-p$ 個のベクトルをつけ加えて基底にすることができる．

証明　$\boldsymbol{b}_1, \cdots, \boldsymbol{b}_p$ を V の一次独立なベクトル，$\{\boldsymbol{a}_1, \cdots, \boldsymbol{a}_n\}$ を V の 1 つの基底とする．基底から次をみたすベクトル $\boldsymbol{a}_{i1}, \cdots, \boldsymbol{a}_{iq}$ を選ぶ．

(♮)　$\{\boldsymbol{a}_1, \cdots, \boldsymbol{a}_n\} = \{\boldsymbol{a}_{i1}, \cdots, \boldsymbol{a}_{iq}, \boldsymbol{a}_{j1}, \cdots, \boldsymbol{a}_{jr}\}$　$(n = q+r)$

(♯)　$\boldsymbol{b}_1, \cdots, \boldsymbol{b}_p, \boldsymbol{a}_{i1}, \cdots, \boldsymbol{a}_{iq}$ は一次独立

(♭)　$\boldsymbol{b}_1, \cdots, \boldsymbol{b}_p, \boldsymbol{a}_{i1}, \cdots, \boldsymbol{a}_{iq}, \boldsymbol{a}_{jk}$ は一次従属　$(k = 1, \cdots, r)$

$V = \langle \boldsymbol{b}_1, \cdots, \boldsymbol{b}_p, \boldsymbol{a}_1, \cdots, \boldsymbol{a}_n \rangle$ であるから，上記(♯)と(♭)を定理4の(♯)と(♭)に当てはめればよい．∎

例7　4次元実ベクトル空間 $\boldsymbol{R}^4$ において，$\boldsymbol{b}_1 = {}^t(2\ \ 1\ \ 0\ \ 0)$ と $\boldsymbol{b}_2 = {}^t(4\ \ 1\ \ 1\ \ -1)$ を含む基底を求めよ．

解　$\boldsymbol{R}^4$ の標準基底 $\{\boldsymbol{e}_1, \boldsymbol{e}_2, \boldsymbol{e}_3, \boldsymbol{e}_4\}$ をとれば，明らかに $\boldsymbol{R}^4 = \langle \boldsymbol{b}_1, \boldsymbol{b}_2, \boldsymbol{e}_1, \boldsymbol{e}_2, \boldsymbol{e}_3, \boldsymbol{e}_4 \rangle$ である．次に，列ベクトルの一次関係の判定法(11.2節の定理1)を利用して $\boldsymbol{b}_1, \boldsymbol{b}_2$ と $\boldsymbol{e}_1, \boldsymbol{e}_2, \boldsymbol{e}_3, \boldsymbol{e}_4$ の計6個のベクトルの一次関係を調べよう．判定に必要な作業は次のとおり．

$$(\boldsymbol{b}_1\ \ \boldsymbol{b}_2\ \ \boldsymbol{e}_1\ \ \boldsymbol{e}_2\ \ \boldsymbol{e}_3\ \ \boldsymbol{e}_4)$$
$$= \begin{pmatrix} 2 & 4 & 1 & 0 & 0 & 0 \\ 1 & 1 & 0 & 1 & 0 & 0 \\ 0 & 1 & 0 & 0 & 1 & 0 \\ 0 & -1 & 0 & 0 & 0 & 1 \end{pmatrix} \xrightarrow{\quad} \cdots \xrightarrow[\text{行基本変形}]{\quad} \begin{pmatrix} 1 & 0 & 0 & 1 & 0 & 1 \\ 0 & 1 & 0 & 0 & 0 & -1 \\ 0 & 0 & 1 & -2 & 0 & 2 \\ 0 & 0 & 0 & 0 & 1 & 1 \end{pmatrix}$$
$$= (\boldsymbol{b}_1{}'\ \ \boldsymbol{b}_2{}'\ \ \boldsymbol{e}_1{}'\ \ \boldsymbol{e}_2{}'\ \ \boldsymbol{e}_3{}'\ \ \boldsymbol{e}_4{}')$$

とおく．上の階段行列を眺めれば，$\boldsymbol{b}_1{}', \boldsymbol{b}_2{}', \boldsymbol{e}_1{}', \boldsymbol{e}_3{}'$ は一次独立で，$\boldsymbol{e}_2{}', \boldsymbol{e}_4{}'$ はこれらの一次結合である；$\boldsymbol{e}_2{}' = \boldsymbol{b}_1{}' - 2\boldsymbol{e}_1{}'$，$\boldsymbol{e}_4{}' = \boldsymbol{b}_1{}' - \boldsymbol{b}_2{}' + 2\boldsymbol{e}_1{}' + \boldsymbol{e}_3{}'$．よって，

$\boldsymbol{b}_1, \boldsymbol{b}_2, \boldsymbol{e}_1, \boldsymbol{e}_3$ は一次独立で，$\boldsymbol{e}_2, \boldsymbol{e}_4$ はこれらの一次結合

である($\boldsymbol{e}_2 = \boldsymbol{b}_1 - 2\boldsymbol{e}_1$，$\boldsymbol{e}_4 = \boldsymbol{b}_1 - \boldsymbol{b}_2 + 2\boldsymbol{e}_1 + \boldsymbol{e}_3$)．したがって，定理4より $\{\boldsymbol{b}_1, \boldsymbol{b}_2, \boldsymbol{e}_1, \boldsymbol{e}_3\}$ を4次元実ベクトル空間 $\boldsymbol{R}^4$ の基底とすることができる．∎

12.3 基底の変換

基底変換の行列　n 次元ベクトル空間 V の2つの基底の関係について述べる．$\{\boldsymbol{a}_1, \cdots, \boldsymbol{a}_n\}$ と $\{\boldsymbol{b}_1, \cdots, \boldsymbol{b}_n\}$ を V の基底とする．$\boldsymbol{b}_1, \cdots, \boldsymbol{b}_n$ は $\boldsymbol{a}_1, \cdots, \boldsymbol{a}_n$ の一次結合である((12.1-1))．よって，適当な n 次正方行列 P を用いて

$$(\boldsymbol{b}_1\ \ \cdots\ \ \boldsymbol{b}_n) = (\boldsymbol{a}_1\ \ \cdots\ \ \boldsymbol{a}_n)P \qquad (12.3\text{-}1)$$

と表せる(11.3節の(11.3-1))．(12.3-1)をみたす正則行列 P を**基底変換** $\{\boldsymbol{a}_1, \cdots, \boldsymbol{a}_n\} \longrightarrow \{\boldsymbol{b}_1, \cdots, \boldsymbol{b}_n\}$ **の行列**という．P が正則であることは12.1節定理2よりわかる．

例8　3次元実列ベクトル空間 $\boldsymbol{R}^3$ において，次のベクトルで与えられる2つ

の基底の変換 $\{\boldsymbol{a}_1, \boldsymbol{a}_2, \boldsymbol{a}_3\} \longrightarrow \{\boldsymbol{b}_1, \boldsymbol{b}_2, \boldsymbol{b}_3\}$ の行列 P を求めよ．

$$\boldsymbol{a}_1 = \begin{pmatrix} 1 \\ 0 \\ 0 \end{pmatrix},\ \boldsymbol{a}_2 = \begin{pmatrix} 1 \\ 1 \\ 0 \end{pmatrix},\ \boldsymbol{a}_3 = \begin{pmatrix} 1 \\ 1 \\ 1 \end{pmatrix};$$

$$\boldsymbol{b}_1 = \begin{pmatrix} 1 \\ -1 \\ 0 \end{pmatrix},\ \boldsymbol{b}_2 = \begin{pmatrix} 1 \\ 1 \\ 0 \end{pmatrix},\ \boldsymbol{b}_3 = \begin{pmatrix} 0 \\ 0 \\ 1 \end{pmatrix}$$

解　基底変換の行列 P の定義式 $(\boldsymbol{b}_1\ \ \boldsymbol{b}_2\ \ \boldsymbol{b}_3) = (\boldsymbol{a}_1\ \ \boldsymbol{a}_2\ \ \boldsymbol{a}_3)P$ から

$$\begin{pmatrix} 1 & 1 & 0 \\ -1 & 1 & 0 \\ 0 & 0 & 1 \end{pmatrix} = \begin{pmatrix} 1 & 1 & 1 \\ 0 & 1 & 1 \\ 0 & 0 & 1 \end{pmatrix} P \qquad \therefore\ \ P = \begin{pmatrix} 2 & 0 & 0 \\ -1 & 1 & -1 \\ 0 & 0 & 1 \end{pmatrix}.$$ ■

例 9　U は関数空間の部分空間で，2 次以下の多項式関数 $1, t, t^2$ で生成されるものとする．次のベクトルで与えられる 2 つの基底の変換 $\{\boldsymbol{a}_1, \boldsymbol{a}_2, \boldsymbol{a}_3\}$ $\longrightarrow \{\boldsymbol{b}_1, \boldsymbol{b}_2, \boldsymbol{b}_3\}$ の行列 P を求めよ．

$$\boldsymbol{a}_1 = 1,\ \boldsymbol{a}_2 = t,\ \boldsymbol{a}_3 = t^2; \quad \boldsymbol{b}_1 = 1,\ \boldsymbol{b}_2 = t-1,\ \boldsymbol{b}_3 = (t-1)^2$$

解　$\boldsymbol{b}_1, \boldsymbol{b}_2, \boldsymbol{b}_3$ を $\boldsymbol{a}_1, \boldsymbol{a}_2, \boldsymbol{a}_3$ の一次結合で表せば

$$\boldsymbol{b}_1 = 1 = \boldsymbol{a}_1, \quad \boldsymbol{b}_2 = t-1 = \boldsymbol{a}_2 - \boldsymbol{a}_1,$$
$$\boldsymbol{b}_3 = t^2 - 2t + 1 = \boldsymbol{a}_3 - 2\boldsymbol{a}_2 + \boldsymbol{a}_1$$

となる．よって，次のように P が求まる．

$$(\boldsymbol{b}_1\ \ \boldsymbol{b}_2\ \ \boldsymbol{b}_3) = (\boldsymbol{a}_1\ \ \boldsymbol{a}_2\ \ \boldsymbol{a}_3)\begin{pmatrix} 1 & -1 & 1 \\ 0 & 1 & -2 \\ 0 & 0 & 1 \end{pmatrix} \qquad \therefore\ \ P = \begin{pmatrix} 1 & -1 & 1 \\ 0 & 1 & -2 \\ 0 & 0 & 1 \end{pmatrix}$$ ■

12.4 座　　標

ベクトルの成分表示　　n 次元ベクトル空間では，基底を 1 つ固定して考えるとき，すべてのベクトルは n 項列ベクトルで成分表示できる．3.1 節で述べた幾何ベクトルの列ベクトルによる成分表示と同様の考えである．

系 3　n 次元ベクトル空間 V の基底の 1 つを $\{\boldsymbol{a}_1, \cdots, \boldsymbol{a}_n\}$ とする．このとき，V の任意のベクトル $\boldsymbol{x}$ は

$$\boldsymbol{x} = x_1\boldsymbol{a}_1 + x_2\boldsymbol{a}_2 + \cdots + x_n\boldsymbol{a}_n \quad (x_1, \cdots, x_n\ \text{はスカラー}) \qquad (12.4\text{-}1)$$

とただ 1 通りに表せる．

証明　(12.1-1) より $\boldsymbol{x}$ は (12.4-1) のように $\boldsymbol{a}_1, \cdots, \boldsymbol{a}_n$ の一次結合で表せる．(12.4-

1) の表し方が 1 通りであることを証明するには,

$$\begin{cases} \boldsymbol{x} = v_1\boldsymbol{a}_1+\cdots+v_n\boldsymbol{a}_n \\ \boldsymbol{x} = w_1\boldsymbol{a}_1+\cdots+w_n\boldsymbol{a}_n \end{cases} \quad \text{とおいて} \quad v_1 = w_1,\ \cdots,\ v_n = w_n$$

を導けばよい. 等式 $\boldsymbol{x} = v_1\boldsymbol{a}_1+\cdots+v_n\boldsymbol{a}_n = w_1\boldsymbol{a}_1+\cdots+w_n\boldsymbol{a}_n$ より

$$(v_1-w_1)\boldsymbol{a}_1+\cdots+(v_n-w_n)\boldsymbol{a}_n = \boldsymbol{0}$$

を得る. $\boldsymbol{a}_1, \cdots, \boldsymbol{a}_n$ が一次独立であるから, $v_1-w_1 = \cdots = v_n-w_n = 0$, すなわち $v_1 = w_1$, $\cdots$, $v_n = w_n$ である. ▒

座　標　系 3 の x_i をベクトル $\boldsymbol{x}$ の基底 $\{\boldsymbol{a}_1, \cdots, \boldsymbol{a}_n\}$ に関する**第 i 成分**または**第 i 座標**という. この基底を固定して考えているとき,

$$\boldsymbol{x} = (\boldsymbol{a}_1 \quad \cdots \quad \boldsymbol{a}_n)\begin{pmatrix} x_1 \\ \vdots \\ x_n \end{pmatrix} \tag{12.4-2}$$

によりベクトル $\boldsymbol{x}$ と列ベクトル $\begin{pmatrix} x_1 \\ \vdots \\ x_n \end{pmatrix}$ が対応するのである. また, ベクトル $\boldsymbol{x}$ には**座標**とよばれる数の組 $(x_1, \cdots, x_n)$ が対応する. 座標全体のつくる空間

$$\boldsymbol{A}^n = \{(x_1, \cdots, x_n) \mid x_1, \cdots, x_n \text{ はスカラー}\}$$

を考えよう. $\boldsymbol{A}^n$ の元を “点” とよび, $\mathrm{P}(x_1, \cdots, x_n)$ は点とその座標をあわせて書いたものとする. 点 $\mathrm{O}(0, \cdots, 0)$ を $\boldsymbol{A}^n$ の原点と考えれば,

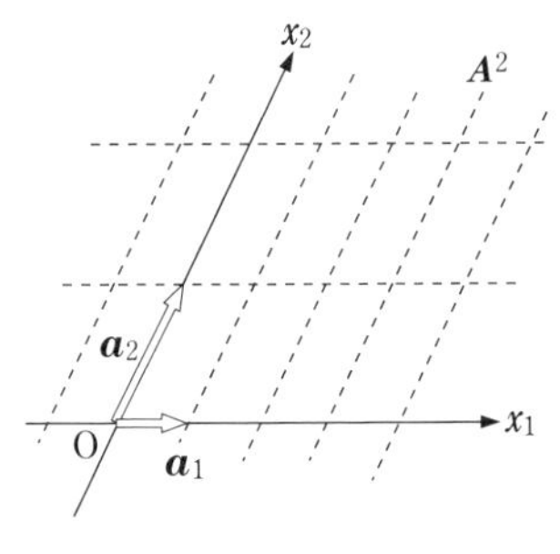

図 12-3

　　x_i 軸の方向はベクトル $\boldsymbol{a}_i$ で与えられ, x_i 軸の目盛 t はベクトル $t\boldsymbol{a}_i$ に対応している.

$\boldsymbol{A}^n$ の点 $\mathrm{P}(x_1, \cdots, x_n)$ とベクトル空間 V のベクトル $\boldsymbol{x}$ の対応は

$$\overrightarrow{\mathrm{OP}} = x_1\boldsymbol{a}_1+\cdots+x_n\boldsymbol{a}_n = \boldsymbol{x}$$

で与えられる. xy 座標平面や xyz 座標空間はそれぞれ $\boldsymbol{R}^2, \boldsymbol{R}^3$ の標準基底を固定したときのものである.

例 10　次のベクトルで構成される 3 次元ベクトル空間 $\boldsymbol{R}^3$ の基底に関して, 3

項列ベクトル $\boldsymbol{x} = \begin{pmatrix} 1 \\ 2 \\ -1 \end{pmatrix}$ を列ベクトル表示せよ．

(1)　$\boldsymbol{e}_1, \boldsymbol{e}_2, \boldsymbol{e}_3$　　(2)　$\boldsymbol{a}_1 = \begin{pmatrix} 1 \\ 1 \\ 0 \end{pmatrix}$，$\boldsymbol{a}_2 = \begin{pmatrix} 1 \\ 0 \\ 1 \end{pmatrix}$，$\boldsymbol{a}_3 = \begin{pmatrix} 0 \\ 0 \\ 1 \end{pmatrix}$

解　(1)　$\boldsymbol{x} = \boldsymbol{e}_1 + 2\boldsymbol{e}_2 - \boldsymbol{e}_3 = (\boldsymbol{e}_1 \quad \boldsymbol{e}_2 \quad \boldsymbol{e}_3)\begin{pmatrix} 1 \\ 2 \\ -1 \end{pmatrix}$

である．この場合，$\boldsymbol{x}$ の列ベクトル表示は $\boldsymbol{x}$ と一致する．

(2)　$\boldsymbol{x} = x_1\boldsymbol{a}_1 + x_2\boldsymbol{a}_2 + x_3\boldsymbol{a}_3$ とおくと，(12.4-2) の表示および $\boldsymbol{x}$ の列ベクトル表示は次のようになる：

$$\begin{pmatrix} 1 \\ 2 \\ -1 \end{pmatrix} = \begin{pmatrix} 1 & 1 & 0 \\ 1 & 0 & 0 \\ 0 & 1 & 1 \end{pmatrix}\begin{pmatrix} x_1 \\ x_2 \\ x_3 \end{pmatrix}, \qquad \begin{pmatrix} x_1 \\ x_2 \\ x_3 \end{pmatrix} = \begin{pmatrix} 2 \\ -1 \\ 0 \end{pmatrix}.$$

▒

例 11　例 3 の 2 次元ベクトル空間 $W = \langle \boldsymbol{a}_1, \boldsymbol{a}_2 \rangle$；$\boldsymbol{a}_1 = -1+t$，$\boldsymbol{a}_2 = -1+t^2$ において，ベクトル $f(t) = 5-7t+2t^2$ の基底 $\{\boldsymbol{a}_1, \boldsymbol{a}_2\}$ に関する列ベクトル表示を求めよ．

解　$f(t) = x_1\boldsymbol{a}_1 + x_2\boldsymbol{a}_2$ とおくと，$5-7t+2t^2 = x_1(-1+t)+x_2(-1+t^2)$ である．定数項，t および t^2 の係数を比較して $x_1 = -7$，$x_2 = 2$ を得る．ゆえに，(12.4-2) の表示および $f(t)$ の列ベクトル表示は次のようになる：

$$2t^2-7t+5 = (-1+t, -1+t^2)\begin{pmatrix} -7 \\ 2 \end{pmatrix}, \qquad \begin{pmatrix} x_1 \\ x_2 \end{pmatrix} = \begin{pmatrix} -7 \\ 2 \end{pmatrix}.$$

▒

座標変換の公式　　基底を取り替えると，それに応じて同一のベクトルがその成分を変える．どのように変わるかを見てみよう．

n 次元ベクトル空間 V の基底を 2 つとり，それを $\{\boldsymbol{a}_1, \cdots, \boldsymbol{a}_n\}$ と $\{\boldsymbol{b}_1, \cdots, \boldsymbol{b}_n\}$ とする．V のベクトル $\boldsymbol{x}$ のこれら 2 つの基底に関する列ベクトル表示を

$$\boldsymbol{x} = (\boldsymbol{a}_1 \quad \cdots \quad \boldsymbol{a}_n)\begin{pmatrix} x_1 \\ \vdots \\ x_n \end{pmatrix}, \qquad \boldsymbol{x} = (\boldsymbol{b}_1 \quad \cdots \quad \boldsymbol{b}_n)\begin{pmatrix} X_1 \\ \vdots \\ X_n \end{pmatrix} \quad (12.4\text{-}3)$$

とする．基底変換 $\{\boldsymbol{a}_1, \cdots, \boldsymbol{a}_n\} \longrightarrow \{\boldsymbol{b}_1, \cdots, \boldsymbol{b}_n\}$ の行列を P とすれば

$$(\boldsymbol{b}_1 \quad \cdots \quad \boldsymbol{b}_n) = (\boldsymbol{a}_1 \quad \cdots \quad \boldsymbol{a}_n)P \qquad (12.4\text{-}4)$$

であったから，これを(12.4-3)に代入すれば

$$(\boldsymbol{a}_1 \quad \cdots \quad \boldsymbol{a}_n)\begin{pmatrix} x_1 \\ \vdots \\ x_n \end{pmatrix} = (\boldsymbol{a}_1 \quad \cdots \quad \boldsymbol{a}_n)P\begin{pmatrix} X_1 \\ \vdots \\ X_n \end{pmatrix}$$

と書ける．$\boldsymbol{a}_1, \cdots, \boldsymbol{a}_n$ は一次独立であるから，11.3節の補題より

$$\begin{pmatrix} x_1 \\ \vdots \\ x_n \end{pmatrix} = P\begin{pmatrix} X_1 \\ \vdots \\ X_n \end{pmatrix}$$

が成り立つ．これが基底の変換(12.4-4)にともなう**座標変換の公式**である．

例 12　2次元ベクトル空間 V の場合を具体的に書き下してみよう．$\{\boldsymbol{a}_1, \boldsymbol{a}_2\}$ と $\{\boldsymbol{b}_1, \boldsymbol{b}_2\}$ を V の基底とする．V のベクトル $\boldsymbol{x}$ が $\boldsymbol{x} = x\boldsymbol{a}_1 + y\boldsymbol{a}_2$，$\boldsymbol{x} = X\boldsymbol{b}_1 + Y\boldsymbol{b}_2$ と表されているとき，

$$\begin{cases} \boldsymbol{b}_1 = b_{11}\boldsymbol{a}_1 + b_{21}\boldsymbol{a}_2 \\ \boldsymbol{b}_2 = b_{12}\boldsymbol{a}_1 + b_{22}\boldsymbol{a}_2 \end{cases} \quad \text{であれば}$$

$$\begin{pmatrix} x \\ y \end{pmatrix} = \begin{pmatrix} b_{11} & b_{12} \\ b_{21} & b_{22} \end{pmatrix}\begin{pmatrix} X \\ Y \end{pmatrix}$$

が成り立つのである．

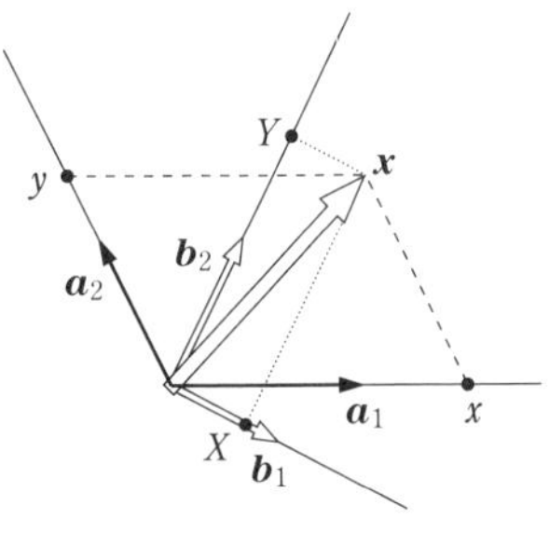

図 12-4

演 習 問 題

[69] 〈基底の定義〉

次のベクトル空間 V とそのベクトルについて，これらのベクトルの組が V の基底であることを証明せよ．

(1)　$V = \boldsymbol{R}^3$ (3次元)；$\boldsymbol{a}_1 = \begin{pmatrix} 1 \\ 2 \\ -1 \end{pmatrix}$，$\boldsymbol{a}_2 = \begin{pmatrix} 1 \\ 0 \\ 2 \end{pmatrix}$，$\boldsymbol{a}_3 = \begin{pmatrix} 1 \\ 1 \\ 1 \end{pmatrix}$

(2)　$V = \langle 1, t, t^2 \rangle$ (3次元)；$f_1 = 1+t$，$f_2 = 1-t$，$f_3 = t^2$

(3)　V は 2×2 実行列全体の空間(4次元)；

$$A_1=\begin{pmatrix}1 & 2\\ 0 & -1\end{pmatrix},\ A_2=\begin{pmatrix}-1 & -2\\ 1 & 1\end{pmatrix},\ A_3=\begin{pmatrix}1 & 3\\ -1 & -1\end{pmatrix},\ A_4=\begin{pmatrix}1 & 2\\ -1 & 0\end{pmatrix}$$

[**70**] 〈基底の判定（一般の空間）〉

$\boldsymbol{a}_1, \boldsymbol{a}_2, \boldsymbol{a}_3$ を基底とする 3 次元ベクトル空間 V において，次のベクトルの組が V の基底であるかないかを判定せよ．

(1) $\{\boldsymbol{a}_1+\boldsymbol{a}_2, \boldsymbol{a}_1+2\boldsymbol{a}_2, \boldsymbol{a}_1-\boldsymbol{a}_3\}$

(2) $\{\boldsymbol{a}_1+4\boldsymbol{a}_2+2\boldsymbol{a}_3, 2\boldsymbol{a}_2+\boldsymbol{a}_3, 2\boldsymbol{a}_1+2\boldsymbol{a}_2+\boldsymbol{a}_3\}$

[**71**] 〈空間の相等〉

ベクトル $\boldsymbol{a}, \boldsymbol{b}, \boldsymbol{c}$ について，次が成り立つことを証明せよ．

(1) $\langle \boldsymbol{a}, \boldsymbol{b}\rangle = \langle \boldsymbol{a}-\boldsymbol{b}, 2\boldsymbol{a}-3\boldsymbol{b}\rangle$

(2) $\langle \boldsymbol{a}, \boldsymbol{b}, \boldsymbol{c}\rangle = \langle \boldsymbol{a}-\boldsymbol{b}+3\boldsymbol{c}, \boldsymbol{a}-\boldsymbol{b}+2\boldsymbol{c}, \boldsymbol{a}+2\boldsymbol{b}+\boldsymbol{c}\rangle$

[**72**] 〈部分空間の基底（列ベクトル空間，関数空間）〉

次の空間の基底および次元を求めよ．

(1) $\left\langle \begin{pmatrix}1\\2\\1\end{pmatrix}, \begin{pmatrix}-2\\1\\0\end{pmatrix}, \begin{pmatrix}1\\7\\3\end{pmatrix} \right\rangle$　　(2) $\left\langle \begin{pmatrix}1\\0\\1\end{pmatrix}, \begin{pmatrix}0\\-1\\1\end{pmatrix}, \begin{pmatrix}1\\2\\a\end{pmatrix} \right\rangle$

(3) $\langle 1+t, t+t^2, t^2+t^3\rangle$

[**73**] 〈部分空間の基底（一般の空間）〉

$\boldsymbol{a}, \boldsymbol{b}, \boldsymbol{c}$ が一次独立のとき，次の部分空間 U の基底および次元を求めよ．

(1) $U=\langle \boldsymbol{a}+\boldsymbol{b}, \boldsymbol{a}-\boldsymbol{b}\rangle$

(2) $U=\langle \boldsymbol{a}+\boldsymbol{b}+\boldsymbol{c}, \boldsymbol{a}+2\boldsymbol{b}+3\boldsymbol{c}, -\boldsymbol{a}+\boldsymbol{c}\rangle$

[**74**] 〈階数の性質（列ベクトル空間の次元）〉

A を $n\times m$ 行列，B を m 次正方行列とする．次元の概念を用いて

$$\operatorname{rank}(AB) \leqq \operatorname{rank} A$$

を証明せよ．

[**75**] 〈基底の構成（列ベクトル空間）〉

$\boldsymbol{R}^3$ において，$\boldsymbol{a}_1=\begin{pmatrix}1\\1\\1\end{pmatrix}$ と $\boldsymbol{a}_2=\begin{pmatrix}1\\-1\\-1\end{pmatrix}$ を含む基底を求めよ．

[**76**] 〈基底の構成（一般の空間）〉

3 次元ベクトル空間 V において，$\boldsymbol{a}_1, \boldsymbol{a}_2, \boldsymbol{a}_3$ は一次独立なベクトルとする．$\boldsymbol{b}_1=\boldsymbol{a}_1+\boldsymbol{a}_2+\boldsymbol{a}_3$，$\boldsymbol{b}_2=\boldsymbol{a}_1-\boldsymbol{a}_2+\boldsymbol{a}_3$ を含む V の基底を求めよ．

[**77**] 〈基底の変換行列〉

次の基底 S, T に対して，基底変換 $S \longrightarrow T$ の行列 P を求めよ．

(1) $S=\left\{ \begin{pmatrix}1\\2\\-1\end{pmatrix}, \begin{pmatrix}1\\0\\2\end{pmatrix}, \begin{pmatrix}1\\1\\1\end{pmatrix} \right\}$，　$T=\left\{ \begin{pmatrix}2\\2\\1\end{pmatrix}, \begin{pmatrix}0\\-1\\2\end{pmatrix}, \begin{pmatrix}0\\1\\-1\end{pmatrix} \right\}$

(2)　$S = \{1+t, 1-t, t^2\}$,　　$T = \{3-t+t^2, -2t+t^2, 1-3t+2t^2\}$

(3)　$S = \{E_{11}, E_{12}, E_{21}, E_{22}\}$ （E_{ij} は 2×2 型の行列単位),

$$T = \left\{\begin{pmatrix} 1 & 1 \\ 1 & 1 \end{pmatrix}, \begin{pmatrix} 0 & 1 \\ 1 & 1 \end{pmatrix}, \begin{pmatrix} 0 & 0 \\ 1 & 1 \end{pmatrix}, \begin{pmatrix} 0 & 0 \\ 0 & 1 \end{pmatrix}\right\}$$

[**78**] 〈列ベクトル表示〉

次のベクトルの指示された基底に関する列ベクトル表示を求めよ.

(1)　$\boldsymbol{a} = \begin{pmatrix} 4 \\ 7 \\ -1 \end{pmatrix}$；問題 [69] の (1) の基底

(2)　$f = 3-t+3t^2$；問題 [69] の (2) の基底

(3)　$A = \begin{pmatrix} 0 & -1 \\ 1 & 2 \end{pmatrix}$；問題 [69] の (3) の基底

[**79**] 〈座標の変換にともなう関係式の変化〉

3 次元ベクトル空間 $\boldsymbol{R}^3$ の基底 S, T を問題 [77] の (1) のものとする. $\boldsymbol{R}^3$ のベクトルの基底 S, T に関するベクトル表示をそれぞれ $\begin{pmatrix} x \\ y \\ z \end{pmatrix}, \begin{pmatrix} X \\ Y \\ Z \end{pmatrix}$ で表すことにする.

(1)　座標の変換行列を求めよ.

(2)　x, y, z の間に $x-3y-3z=0$ の関係があるとき, X, Y, Z の間にはどのような関係式が成り立つか.

13 線形写像

13.1 線形写像

点Oを中心に，上下および左右に一様に拡大すると，図13-1のように有向線分 $\boldsymbol{a}, \boldsymbol{b}$ はそれぞれ $\boldsymbol{a}', \boldsymbol{b}'$ に変形される（幾何ベクトルを列ベクトルで表した）．このとき，$k\boldsymbol{a} \to k\boldsymbol{a}'$，$\boldsymbol{a}+\boldsymbol{b} \to \boldsymbol{a}'+\boldsymbol{b}'$ と変形される．

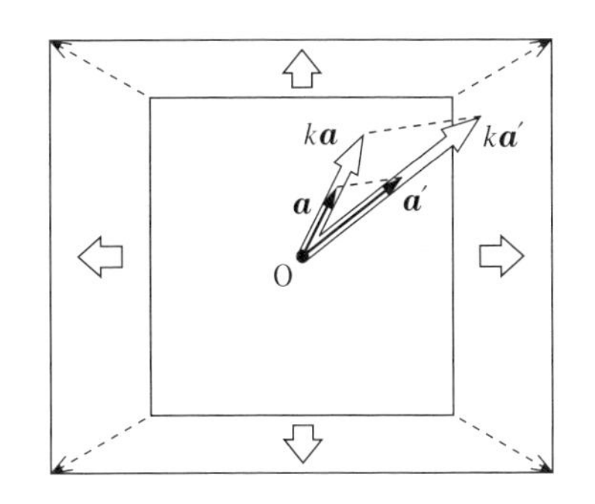

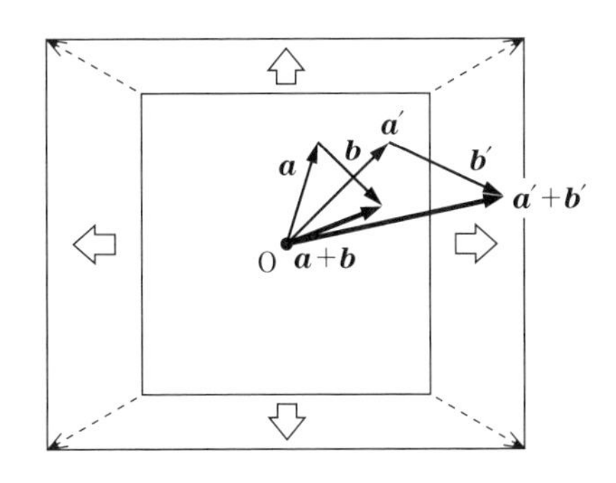

図13-1

また，図13-2のように有向線分 $\boldsymbol{a}, \boldsymbol{b}, \boldsymbol{c}$ を3辺とする三角錐を平面 π に映してみよう．三角錐から π への矢印はすべて平行である．$\boldsymbol{a}, \boldsymbol{b}, \boldsymbol{c}$ はそれぞれ $\boldsymbol{a}', \boldsymbol{b}', \boldsymbol{c}'$ に映されるとする．このときも $k\boldsymbol{a} \to k\boldsymbol{a}'$，$\boldsymbol{a}+\boldsymbol{b} \to \boldsymbol{a}'+\boldsymbol{b}'$ と映され

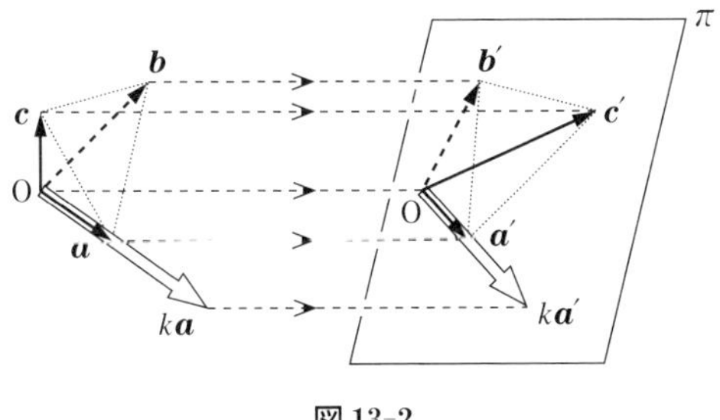

図13-2

ることがわかる．

線形写像の定義　ともに $\boldsymbol{K}$ 上のベクトル空間 V, W に対し，写像 $\varphi: V \to W$ が，V の任意のベクトル $\boldsymbol{x}, \boldsymbol{y}$ とスカラー k について

- $\varphi(\boldsymbol{x}+\boldsymbol{y}) = \varphi(\boldsymbol{x})+\varphi(\boldsymbol{y})$　(13.1-1)
- $\varphi(k\boldsymbol{x}) = k\varphi(\boldsymbol{x})$　(13.1-2)

の 2 条件をみたしているとき，φ を V から W への**線形写像**，または**一次写像**という．とくに，V から V 自身への線形写像を V の**線形変換**，または**一次変換**という．

典型的な線形写像や線形変換をリストしておく．

- **零写像**　V, W をベクトル空間とする．写像 $\varphi: V \to W$ を

$$\varphi(\boldsymbol{v}) = \boldsymbol{0} \quad (\boldsymbol{v} \in V)$$

で定めると，φ は線形写像である．このような線形写像を**零写像**といい，0 で表す．

- **恒等変換**　ベクトル空間 V からそれ自身への写像 $\varphi: V \to V$ を

$$\varphi(\boldsymbol{v}) = \boldsymbol{v} \quad (\boldsymbol{v} \in V)$$

で定めると，φ は線形変換である．このような線形変換を**恒等変換**といい，1 または 1_V で表す．

- **行列から定まる線形写像**　A を $\boldsymbol{K}$ に成分をもつ $m \times n$ 行列とする．写像 $\varphi: \boldsymbol{K}^n \to \boldsymbol{K}^m$ を

$$\varphi(\boldsymbol{x}) = A\boldsymbol{x} \quad (\boldsymbol{x} \in \boldsymbol{K}^n) \tag{13.1-3}$$

で定めると，φ は n 項列ベクトル空間 $\boldsymbol{K}^n$ から m 項列ベクトル空間 $\boldsymbol{K}^m$ への線形写像となる．実際，$\boldsymbol{x}, \boldsymbol{y} \in \boldsymbol{K}^n$，$k \in \boldsymbol{K}$ について

$$\varphi(\boldsymbol{x}+\boldsymbol{y}) = A(\boldsymbol{x}+\boldsymbol{y}) = A\boldsymbol{x}+A\boldsymbol{y} = \varphi(\boldsymbol{x})+\varphi(\boldsymbol{y}),$$
$$\varphi(k\boldsymbol{x}) = A(k\boldsymbol{x}) = k(A\boldsymbol{x}) = k\varphi(\boldsymbol{x})$$

が成り立つから (13.1-1), (13.1-2) がみたされる．このような線形写像 φ を**行列 A の定める線形写像**という．A が n 次正方行列のとき，φ を**行列 A の定める線形変換**という．

- **行列と基底から定まる線形写像**　もっと一般に，V, W をそれぞれ $\boldsymbol{K}$ 上

の n 次元，m 次元ベクトル空間とする．V と W から，それぞれの 1 つの基底 $\{\boldsymbol{a}_1, \cdots, \boldsymbol{a}_n\}$ と $\{\boldsymbol{b}_1, \cdots, \boldsymbol{b}_m\}$ を選んでおく．$\boldsymbol{K}$ に成分をもつ $m\times n$ 行列 A に対して，写像 φ：$V\to W$ を

$$\varphi(\boldsymbol{v}) = (\boldsymbol{b}_1 \quad \cdots \quad \boldsymbol{b}_m)A\begin{pmatrix} k_1 \\ \vdots \\ k_n \end{pmatrix} \quad (\boldsymbol{v} = k_1\boldsymbol{a}_1 + \cdots + k_n\boldsymbol{a}_n) \tag{13.1-4}$$

（右辺は形式的な行列表示，$k_1, \cdots, k_n$ はスカラーである）で定めると，φ は線形写像となることが容易にわかる．

例 1　$\varphi\left(\begin{pmatrix} x \\ y \\ z \end{pmatrix}\right) = \begin{pmatrix} 2x+y+2z \\ x-z \end{pmatrix}$ で定まる $\boldsymbol{R}^3$ から $\boldsymbol{R}^2$ への写像 φ は線形写像である．実際，φ は 2×3 行列 $A = \begin{pmatrix} 2 & 1 & 2 \\ 1 & 0 & -1 \end{pmatrix}$ の定める線形写像

$$\varphi\left(\begin{pmatrix} x \\ y \\ z \end{pmatrix}\right) = A\begin{pmatrix} x \\ y \\ z \end{pmatrix} \quad \text{または} \quad \varphi(\boldsymbol{x}) = A\boldsymbol{x} \quad (\boldsymbol{x} \in \boldsymbol{R}^3)$$

である．▨

例 2　U を $1, t, t^2$ で生成される関数空間の部分空間とする．U のベクトル（関数）$f(t) = k_0 1 + k_1 t + k_2 t^2\,(k_0, k_1, k_2 \in \boldsymbol{R})$ に対して，写像 φ：$U\to U$ を

$$\varphi(f(t)) = t\frac{df(t)}{dt} \quad (f(t) \in U)$$

で定めると，φ が U の線形変換であることは容易にわかる．右辺を計算すれば

$$\varphi(f(t)) = k_1 t + 2k_2 t^2 = (1 \quad t \quad t^2)\begin{pmatrix} 0 & 0 & 0 \\ 0 & 1 & 0 \\ 0 & 0 & 2 \end{pmatrix}\begin{pmatrix} k_0 \\ k_1 \\ k_2 \end{pmatrix}$$

のように (13.1-4) の形に表される．▨

例 3（線形写像とならない写像）　2 次元実ベクトル空間 $\boldsymbol{R}^2$ からそれ自身への写像 φ：$\boldsymbol{R}^2 \to \boldsymbol{R}^2$ を

$$\varphi\left(\begin{pmatrix} x \\ y \end{pmatrix}\right) = \begin{pmatrix} x \\ xy \end{pmatrix}$$

で定めてみる．φ が線形写像でない理由を述べる．$\boldsymbol{R}^2$ のベクトル $\boldsymbol{a} = \begin{pmatrix} 1 \\ 1 \end{pmatrix}$ をとる．φ が線形写像であれば，(13.1-2) より $\varphi(2\boldsymbol{a}) = 2\varphi(\boldsymbol{a})$ が成り立たねばならない．ところが，

$$\varphi(2\boldsymbol{a}) = \begin{pmatrix} 2 \\ 4 \end{pmatrix},\ 2\varphi(\boldsymbol{a}) = \begin{pmatrix} 2 \\ 2 \end{pmatrix} \quad より \quad \varphi(2\boldsymbol{a}) \neq 2\varphi(\boldsymbol{a})$$

となってしまうからである (図 13-3)．

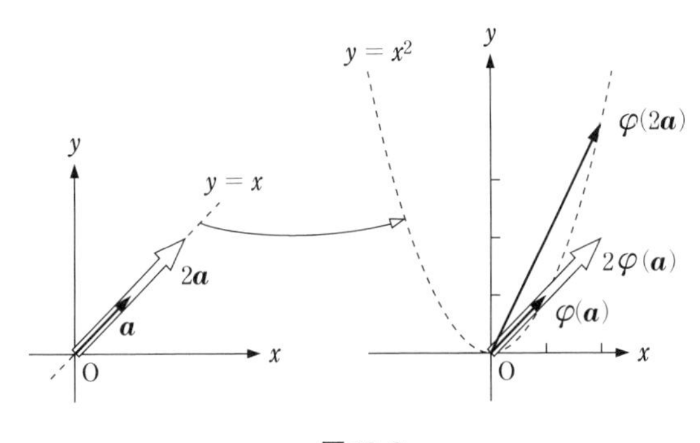

図 13-3

線形写像に関する計算で用いる性質を述べておく．

補題 1　線形写像 $\varphi : V \to W$ について，次が成り立つ．

(1)　$\varphi(\boldsymbol{0}) = \boldsymbol{0}$

(2)　$\varphi(-\boldsymbol{x}) = -\varphi(\boldsymbol{x})$　$(\boldsymbol{x} \in V)$

(3)　$\varphi(k_1\boldsymbol{x}_1 + \cdots + k_p\boldsymbol{x}_p) = k_1\varphi(\boldsymbol{x}_1) + \cdots + k_p\varphi(\boldsymbol{x}_p)$

$(\boldsymbol{x}_i \in V,\ k_i$ はスカラー$)$

$$= (\varphi(\boldsymbol{x}_1) \quad \cdots \quad \varphi(\boldsymbol{x}_p))\begin{pmatrix} k_1 \\ \vdots \\ k_p \end{pmatrix} \qquad (13.1\text{-}5)$$

証明　(3) は次のように示される：

$$\varphi(k_1\boldsymbol{x}_1+\cdots+k_p\boldsymbol{x}_p) = \varphi(k_1\boldsymbol{x}_1)+\cdots+\varphi(k_p\boldsymbol{x}_p) \quad ((13.1\text{-}1)\text{ より})$$
$$= k_1\varphi(\boldsymbol{x}_1)+\cdots+k_p\varphi(\boldsymbol{x}_p) \quad ((13.1\text{-}2)\text{ より}).$$

(13.1-5) 式は (3) の形式的な行列表示である．(3) において，$k_1 = \cdots = k_p = 0$ を代入すれば (1) が示され，$k_1 = -1$，$k_2 = \cdots = k_p = 0$ および $\boldsymbol{x}_1 = \boldsymbol{x}$ を代入して (2) を得る． ■

13.2 線形写像と行列

線形写像を行列を用いて表す方法について述べる．この節では，ベクトル空間はすべて有限次元とする．

線形写像の表現行列　$\varphi : V \to W$ を線形写像とする．V, W の 1 つの基底 $\{\boldsymbol{a}_1, \cdots, \boldsymbol{a}_n\}, \{\boldsymbol{b}_1, \cdots, \boldsymbol{b}_m\}$ をそれぞれ選ぶ．$\varphi(\boldsymbol{a}_1), \cdots, \varphi(\boldsymbol{a}_n)$ は W のベクトルであるから，スカラー c_{ij} を用いて

$$\begin{aligned}\varphi(\boldsymbol{a}_1) &= c_{11}\boldsymbol{b}_1+c_{21}\boldsymbol{b}_2+\cdots+c_{m1}\boldsymbol{b}_m,\\ \varphi(\boldsymbol{a}_2) &= c_{12}\boldsymbol{b}_1+c_{22}\boldsymbol{b}_2+\cdots+c_{m2}\boldsymbol{b}_m,\\ &\cdots\cdots\cdots\cdots\\ \varphi(\boldsymbol{a}_n) &= c_{1n}\boldsymbol{b}_1+c_{2n}\boldsymbol{b}_2+\cdots+c_{mn}\boldsymbol{b}_m\end{aligned} \qquad (13.2\text{-}1)$$

と表される．(13.2-1) は形式的な行列表示を用いて

$$(\varphi(\boldsymbol{a}_1) \quad \varphi(\boldsymbol{a}_2) \quad \cdots \quad \varphi(\boldsymbol{a}_n)) = (\boldsymbol{b}_1 \quad \boldsymbol{b}_2 \quad \cdots \quad \boldsymbol{b}_m)C \qquad (13.2\text{-}2)$$

と表せる．ただし，C は c_{ij} を (i, j) 成分とする $m\times n$ 行列である．C を基底 $\{\boldsymbol{a}_1, \cdots, \boldsymbol{a}_n\}$ と $\{\boldsymbol{b}_1, \cdots, \boldsymbol{b}_m\}$ に関する φ の**表現行列**という．11.3 節の補題の (2) より，(13.2-2) をみたす行列 C はただ 1 つである．

V の任意のベクトル $\boldsymbol{v} = k_1\boldsymbol{a}_1+\cdots+k_n\boldsymbol{a}_n$ (k_i はスカラー) の φ による像 $\varphi(\boldsymbol{v})$ は

$$\begin{aligned}\varphi(\boldsymbol{v}) &= \varphi(k_1\boldsymbol{a}_1+\cdots+k_n\boldsymbol{a}_n)\\ &\underset{\substack{(13.1\text{-}5)\\ \text{より}}}{=} (\varphi(\boldsymbol{a}_1) \quad \cdots \quad \varphi(\boldsymbol{a}_n))\begin{pmatrix}k_1\\ \vdots\\ k_n\end{pmatrix}\\ &\underset{\substack{(13.2\text{-}2)\\ \text{より}}}{=} (\boldsymbol{b}_1 \quad \cdots \quad \boldsymbol{b}_m)C\begin{pmatrix}k_1\\ \vdots\\ k_n\end{pmatrix}\end{aligned} \qquad (13.2\text{-}3)$$

と書ける．(13.2-3) は前節で構成した線形写像 (13.1-4) と同じ形である．以上のことから次の定理を得る．

定理 1〈線形写像と行列の対応〉

> V, W をそれぞれ $\boldsymbol{K}$ 上の n 次元，m 次元のベクトル空間とする．V, W の基底をそれぞれ 1 つ定める．このとき，V から W への線形写像に対して，$m \times n$ 型の表現行列がただ 1 つ現れ，逆に $\boldsymbol{K}$ に成分をもつ $m \times n$ 行列に対して V から W への線形写像 (13.1-4) を構成することができる．

例 4 零写像の表現行列が零行列となることは明らかである． ▮

例 5 行列 $A = \begin{pmatrix} 1 & -2 & 1 \\ -2 & 1 & 1 \end{pmatrix}$ から定まる線形写像 $\varphi : \boldsymbol{R}^3 \to \boldsymbol{R}^2$ $(\varphi(\boldsymbol{x}) = A\boldsymbol{x})$ について，次の $\boldsymbol{R}^3$ の基底 $\{\boldsymbol{a}_1, \boldsymbol{a}_2, \boldsymbol{a}_3\}$ と $\boldsymbol{R}^2$ の基底 $\{\boldsymbol{b}_1, \boldsymbol{b}_2\}$ に関する表現行列 C を求めよ．

(1) 標準基底 $\boldsymbol{a}_1 = \boldsymbol{e}_1$, $\boldsymbol{a}_2 = \boldsymbol{e}_2$, $\boldsymbol{a}_3 = \boldsymbol{e}_3$; $\boldsymbol{b}_1 = \boldsymbol{e}_1$, $\boldsymbol{b}_2 = \boldsymbol{e}_2$

(2) $\boldsymbol{a}_1 = \begin{pmatrix} -1 \\ 2 \\ -1 \end{pmatrix}$, $\boldsymbol{a}_2 = \begin{pmatrix} 1 \\ -1 \\ 2 \end{pmatrix}$, $\boldsymbol{a}_3 = \begin{pmatrix} 5 \\ -1 \\ 9 \end{pmatrix}$; $\boldsymbol{b}_1 = \begin{pmatrix} 1 \\ 1 \end{pmatrix}$, $\boldsymbol{b}_2 = \begin{pmatrix} -1 \\ 2 \end{pmatrix}$

(3) $\boldsymbol{a}_1 = \begin{pmatrix} 1 \\ -1 \\ 0 \end{pmatrix}$, $\boldsymbol{a}_2 = \begin{pmatrix} 1 \\ 1 \\ -2 \end{pmatrix}$, $\boldsymbol{a}_3 = \begin{pmatrix} 1 \\ 1 \\ 1 \end{pmatrix}$; $\boldsymbol{b}_1 = \begin{pmatrix} 1 \\ -1 \end{pmatrix}$, $\boldsymbol{b}_2 = \begin{pmatrix} 1 \\ 1 \end{pmatrix}$

解 (1) $\varphi(\boldsymbol{e}_1) = \begin{pmatrix} 1 \\ -2 \end{pmatrix}$, $\quad \varphi(\boldsymbol{e}_2) = \begin{pmatrix} -2 \\ 1 \end{pmatrix}$, $\quad \varphi(\boldsymbol{e}_3) = \begin{pmatrix} 1 \\ 1 \end{pmatrix}$

であるから，

$$\begin{aligned}(\varphi(\boldsymbol{e}_1) \quad \varphi(\boldsymbol{e}_2) \quad \varphi(\boldsymbol{e}_3)) &= (\boldsymbol{e}_1 - 2\boldsymbol{e}_2 \quad -2\boldsymbol{e}_1 + \boldsymbol{e}_2 \quad \boldsymbol{e}_1 + \boldsymbol{e}_2) \\ &= (\boldsymbol{e}_1 \quad \boldsymbol{e}_2)\begin{pmatrix} 1 & -2 & 1 \\ -2 & 1 & 1 \end{pmatrix} \qquad \therefore \quad C = \begin{pmatrix} 1 & -2 & 1 \\ -2 & 1 & 1 \end{pmatrix}\end{aligned}$$

一般に，行列 A の定める線形写像の標準基底に関する表現行列 C は，A と一致する．

(2) $\varphi(\boldsymbol{a}_1) = \begin{pmatrix} -6 \\ 3 \end{pmatrix}$, $\quad \varphi(\boldsymbol{a}_2) = \begin{pmatrix} 5 \\ -1 \end{pmatrix}$, $\quad \varphi(\boldsymbol{a}_3) = \begin{pmatrix} 16 \\ -2 \end{pmatrix}$

である．φ のこれらの基底に関する表現行列 C の定義式 $(\varphi(\boldsymbol{a}_1) \quad \varphi(\boldsymbol{a}_2) \quad \varphi(\boldsymbol{a}_3)) = (\boldsymbol{b}_1 \quad \boldsymbol{b}_2)C$ より

$$\begin{pmatrix} -6 & 5 & 16 \\ 3 & -1 & -2 \end{pmatrix} = \begin{pmatrix} 1 & -1 \\ 1 & 2 \end{pmatrix} C$$

$$\therefore \quad C = \begin{pmatrix} 1 & -1 \\ 1 & 2 \end{pmatrix}^{-1} \begin{pmatrix} -6 & 5 & 16 \\ 3 & -1 & -2 \end{pmatrix} = \begin{pmatrix} -3 & 3 & 10 \\ 3 & -2 & -6 \end{pmatrix}$$

(3) 容易に

$$\varphi(\boldsymbol{a}_1) = 3\boldsymbol{b}_1, \quad \varphi(\boldsymbol{a}_2) = -3\boldsymbol{b}_2, \quad \varphi(\boldsymbol{a}_3) = \boldsymbol{0}$$

がわかる．よって，

$$(\varphi(\boldsymbol{a}_1) \quad \varphi(\boldsymbol{a}_2) \quad \varphi(\boldsymbol{a}_3)) = (3\boldsymbol{b}_1 \quad -3\boldsymbol{b}_2 \quad \boldsymbol{0}) = (\boldsymbol{b}_1 \quad \boldsymbol{b}_2)\begin{pmatrix} 3 & 0 & 0 \\ 0 & -3 & 0 \end{pmatrix}$$

である．φ の表現行列 C は $\begin{pmatrix} 3 & 0 & 0 \\ 0 & -3 & 0 \end{pmatrix}$ という簡単な形になる（図 13-4）．

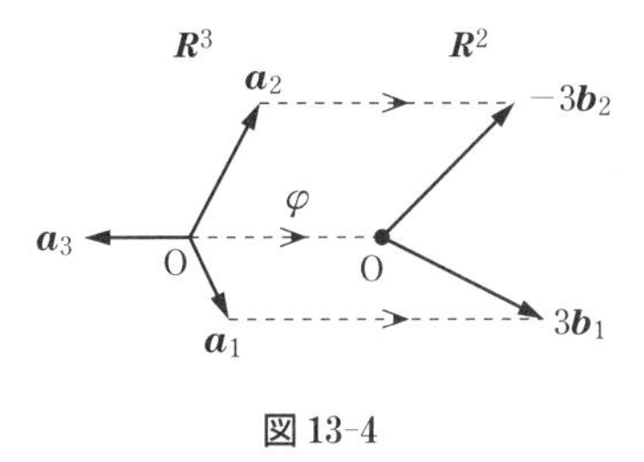

図 13-4

線形変換の表現行列　$\varphi : V \to V$ を線形変換とする．この場合は V の 1 つの基底 $\{\boldsymbol{a}_1, \cdots, \boldsymbol{a}_n\}$ を選ぶ．このとき，

$$(\varphi(\boldsymbol{a}_1) \quad \cdots \quad \varphi(\boldsymbol{a}_n)) = (\boldsymbol{a}_1 \quad \cdots \quad \boldsymbol{a}_n)C \qquad (13.2\text{-}4)$$

により，φ に対して n 次正方行列 C がただ 1 つ定まる．行列 C を φ の基底 $\{\boldsymbol{a}_1, \cdots, \boldsymbol{a}_n\}$ に関する**表現行列**という．

例 6　恒等変換の表現行列が単位行列になるのは明らかである．

例 7　前節の例 2 を再び取り上げる．U は $\{1, t, t^2\}$ を基底とするベクトル空間で，U の線形変換 φ は $\varphi(k_0 1 + k_1 t + k_2 t^2) = k_1 t + 2k_2 t^2$ $(k_i \in \boldsymbol{R})$ をみたすものであった．φ のこの基底に関する表現行列 C は次のように求まる．

$\varphi(1) = 0$，$\varphi(t) = t$，$\varphi(t^2) = 2t^2$ であるから，

$$(\varphi(1) \quad \varphi(t) \quad \varphi(t^2)) = (1 \quad t \quad t^2)\begin{pmatrix} 0 & 0 & 0 \\ 0 & 1 & 0 \\ 0 & 0 & 2 \end{pmatrix} \qquad \therefore \quad C = \begin{pmatrix} 0 & 0 & 0 \\ 0 & 1 & 0 \\ 0 & 0 & 2 \end{pmatrix}$$

定理 2〈基底の変換にともなう表現行列の変化〉

$\varphi: V \to W$ を線形写像とする．V における基底変換 $\{\boldsymbol{a}_1, \cdots, \boldsymbol{a}_n\} \longrightarrow \{\boldsymbol{a}_1', \cdots, \boldsymbol{a}_n'\}$ の行列を P，W における基底変換 $\{\boldsymbol{b}_1, \cdots, \boldsymbol{b}_m\} \longrightarrow \{\boldsymbol{b}_1', \cdots, \boldsymbol{b}_m'\}$ の行列を Q とする．φ の基底 $\{\boldsymbol{a}_1, \cdots, \boldsymbol{a}_n\}$ と $\{\boldsymbol{b}_1, \cdots, \boldsymbol{b}_m\}$ に関する表現行列を A，基底 $\{\boldsymbol{a}_1', \cdots, \boldsymbol{a}_n'\}$ と基底 $\{\boldsymbol{b}_1', \cdots, \boldsymbol{b}_m'\}$ に関する表現行列を B とすれば，

$$B = Q^{-1}AP$$

が成り立つ．

証明　基底変換の行列の定義 (12.3-1) より

$$(\boldsymbol{a}_1' \quad \cdots \quad \boldsymbol{a}_n') = (\boldsymbol{a}_1 \quad \cdots \quad \boldsymbol{a}_n)P \cdots (\natural 1),$$
$$(\boldsymbol{b}_1' \quad \cdots \quad \boldsymbol{b}_m') = (\boldsymbol{b}_1 \quad \cdots \quad \boldsymbol{b}_m)Q \cdots (\natural 2)$$

が成り立ち，表現行列の定義 (13.2-2) より

$$(\varphi(\boldsymbol{a}_1) \quad \cdots \quad \varphi(\boldsymbol{a}_n)) = (\boldsymbol{b}_1 \quad \cdots \quad \boldsymbol{b}_m)A \cdots (\sharp),$$
$$(\varphi(\boldsymbol{a}_1') \quad \cdots \quad \varphi(\boldsymbol{a}_n')) = (\boldsymbol{b}_1' \quad \cdots \quad \boldsymbol{b}_m')B \cdots (\flat)$$

が成り立つ．

$$\begin{aligned}(\varphi(\boldsymbol{a}_1') \quad \cdots \quad \varphi(\boldsymbol{a}_n')) &= (\varphi(\boldsymbol{a}_1) \quad \cdots \quad \varphi(\boldsymbol{a}_n))P \quad ((\natural 1)\text{ と }(13.1\text{-}5)\text{より})\\ &= (\boldsymbol{b}_1 \quad \cdots \quad \boldsymbol{b}_m)AP \quad ((\sharp)\text{より})\\ &= (\boldsymbol{b}_1' \quad \cdots \quad \boldsymbol{b}_m')Q^{-1}AP \quad ((\natural 2)\text{ より})\end{aligned}$$

が成り立つから，$(\flat)$ と比較して $B = Q^{-1}AP$ を得る．　■

合成写像の表現行列　$\varphi: U \to V$，$\psi: V \to W$ を線形写像とする．U のベクトル $\boldsymbol{x}$ を φ により V のベクトル $\varphi(\boldsymbol{x})$ に移し，それをさらに ψ により W のベクトル $\psi(\varphi(\boldsymbol{x}))$ に移す写像を $\psi\circ\varphi$ と表す．すなわち，写像 $\psi\circ\varphi: U \to W$ は

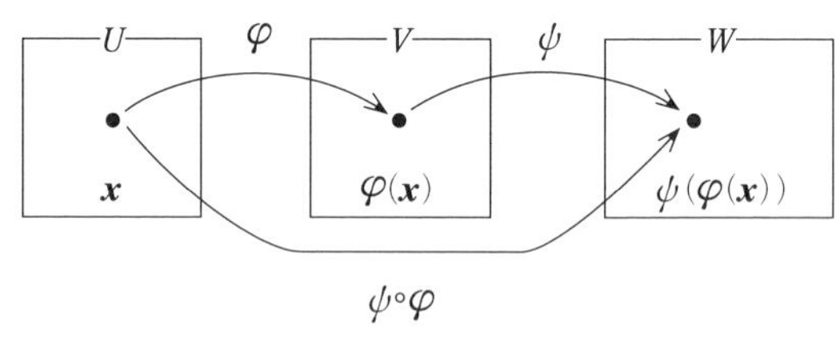

図 13-5

$$\psi\circ\varphi(\boldsymbol{x}) = \psi(\varphi(\boldsymbol{x})) \quad (\boldsymbol{x} \in U)$$

で定義される．これを φ と ψ の**合成写像**という (図 13-5)．

補題 2　線形写像 $\varphi: U \to V$，$\psi: V \to W$ の合成写像 $\psi\circ\varphi: U \to W$ は線形

写像である．

証明　$\boldsymbol{x}, \boldsymbol{y}$ を U のベクトル，k, l をスカラーとすれば，

$$\begin{aligned}\psi\circ\varphi(k\boldsymbol{x}+l\boldsymbol{y}) &= \psi(\varphi(k\boldsymbol{x}+l\boldsymbol{y})) = \psi(k\varphi(\boldsymbol{x})+l\varphi(\boldsymbol{y}))\\ &= k\psi(\varphi(\boldsymbol{x}))+l\psi(\varphi(\boldsymbol{y})) = k(\psi\circ\varphi)(\boldsymbol{x})+l(\psi\circ\varphi)(\boldsymbol{y})\end{aligned}$$

が成り立つ．最初と最後の項に，$k = l = 1$ を代入して (13.1-1) を，$l = 0$ を代入して (13.1-2) を得るから，合成写像 $\psi\circ\varphi$ は線形写像である．■

定理 3〈合成写像の表現行列〉

$\varphi: U \to V$，$\psi: V \to W$ を線形写像とする．U, V, W の基底をそれぞれ 1 つ選び，それらに関する φ, ψ の表現行列をそれぞれ A, B とすれば，これらの基底に関する $\psi\circ\varphi$ の表現行列は BA である．

証明　U, V, W の 1 つの基底 $\{\boldsymbol{a}_1, \cdots, \boldsymbol{a}_n\}, \{\boldsymbol{b}_1, \cdots, \boldsymbol{b}_m\}, \{\boldsymbol{c}_1, \cdots, \boldsymbol{c}_l\}$ をそれぞれ選ぶ．これらの基底に関する φ, ψ の表現行列をそれぞれ A, B とする．よって，

$$(\varphi(\boldsymbol{a}_1) \ \cdots \ \varphi(\boldsymbol{a}_n)) = (\boldsymbol{b}_1 \ \cdots \ \boldsymbol{b}_m)A \cdots (\sharp)$$
$$(\psi(\boldsymbol{b}_1) \ \cdots \ \psi(\boldsymbol{b}_m)) = (\boldsymbol{c}_1 \ \cdots \ \boldsymbol{c}_l)B \cdots (\flat)$$

と書ける．$A = (a_{ij})$ は $m\times n$ 行列，B は $l\times m$ 行列である．

$$\psi\circ\varphi(\boldsymbol{a}_i) \underset{\substack{(\sharp)\\ \text{より}}}{=} \psi(a_{1i}\boldsymbol{b}_1+\cdots+a_{mi}\boldsymbol{b}_m) \underset{\substack{(13.1\text{-}5)\\ \text{より}}}{=} (\psi(\boldsymbol{b}_1) \ \cdots \ \psi(\boldsymbol{b}_m))\begin{pmatrix} a_{1i} \\ \vdots \\ a_{mi} \end{pmatrix}$$

であるから，

$$\begin{aligned}((\psi\circ\varphi)(\boldsymbol{a}_1) \ \cdots \ (\psi\circ\varphi)(\boldsymbol{a}_n)) &= (\psi(\boldsymbol{b}_1) \ \cdots \ \psi(\boldsymbol{b}_m))A\\ &= (\boldsymbol{c}_1 \ \cdots \ \boldsymbol{c}_l)BA \quad ((\flat)\text{より})\end{aligned}$$

が導けて，$\psi\circ\varphi$ の表現行列は BA であることがわかる．■

正則変換と逆変換　$\varphi: V \to V$ を線形変換とする．この φ に対して，逆写

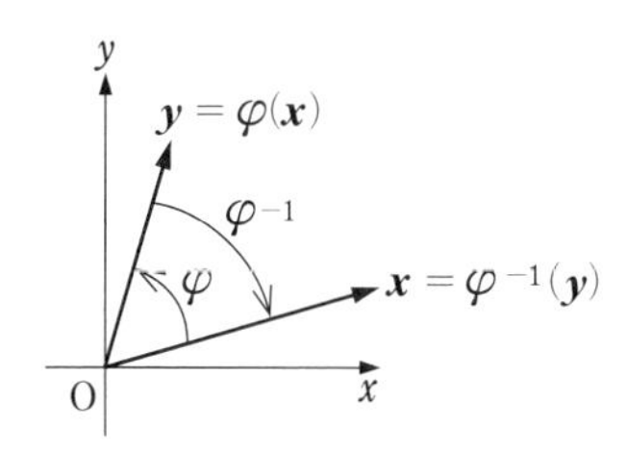

図 13-6

像 $\varphi^{-1}: V \to V$ が存在するとき，φ は**正則変換**であるという．φ と φ^{-1} の間には

$$\varphi(\boldsymbol{x}) = \boldsymbol{y} \iff \boldsymbol{x} = \varphi^{-1}(\boldsymbol{y}) \quad (\boldsymbol{x}, \boldsymbol{y} \in V) \qquad (13.2\text{-}5)$$

の関係が成り立つ．(13.2-5) から，$(\varphi^{-1}\circ\varphi)(\boldsymbol{x}) = \boldsymbol{x}$，$(\varphi\circ\varphi^{-1})(\boldsymbol{y}) = \boldsymbol{y}$ が成り立つ．これを写像のみの形で表すと，

$$\varphi^{-1}\circ\varphi = 1_V, \quad \varphi\circ\varphi^{-1} = 1_V \qquad (13.2\text{-}6)$$

である．逆に，(13.2-6) をみたす φ^{-1} が存在すれば，φ は正則変換である．

補題 3　正則変換 $\varphi: V \to V$ の逆写像 $\varphi^{-1}: V \to V$ は線形変換である．

証明　$\boldsymbol{x}, \boldsymbol{y}$ を V のベクトル，k, l をスカラーとする．$\boldsymbol{x}' = \varphi^{-1}(\boldsymbol{x})$，$\boldsymbol{y}' = \varphi^{-1}(\boldsymbol{y})$ とおくと，(13.2-5) より $\boldsymbol{x} = \varphi(\boldsymbol{x}')$，$\boldsymbol{y} = \varphi(\boldsymbol{y}') \cdots (\sharp)$ である．よって，φ の "線形性" (13.1-5) から

$$\begin{aligned}\varphi^{-1}(k\boldsymbol{x}+l\boldsymbol{y}) &\underset{(\sharp)\text{より}}{=} \varphi^{-1}(k\varphi(\boldsymbol{x}')+l\varphi(\boldsymbol{y}')) = \varphi^{-1}(\varphi(k\boldsymbol{x}'+l\boldsymbol{y}')) \\ &\underset{\substack{(13.2\text{-}6)\\ \text{より}}}{=} k\boldsymbol{x}'+l\boldsymbol{y}' = k\varphi^{-1}(\boldsymbol{x})+l\varphi^{-1}(\boldsymbol{y})\end{aligned}$$

が成り立つ．$k = l = 1$ とおいて (13.1-1)，$l = 0$ とおいて (13.1-2) がみたされる． ▮

正則変換 $\varphi: V \to V$ の逆写像を**逆変換**という．

系 1 (正則変換の表現行列)　$\varphi: V \to V$ を線形変換とする．V の基底を 1 つ選び，これに関する φ の表現行列を A とする．このとき，φ が正則変換であることと A が正則であることは同値である．

このとき，逆変換 $\varphi^{-1}: V \to V$ の表現行列は A^{-1} である．

証明　φ を正則変換とする．φ^{-1} は線形変換である (補題 3) から，与えられた基底に関する表現行列を考えることができる．これを B とおく．定理 3 と例 6 を用いると，(13.2-6) は

$$\varphi^{-1}\circ\varphi = 1_V \iff BA = E, \quad \varphi\circ\varphi^{-1} = 1_V \iff AB = E$$

を意味する．したがって，A は正則行列であり，$B = A^{-1}$ が成り立つ．

逆に，A を正則行列としよう．V の選んだ基底を $\{\boldsymbol{a}_1, \boldsymbol{a}_2, \cdots, \boldsymbol{a}_n\}$ とおく．このとき，$\varphi^{-1}: V \to V$ を

$$(\varphi^{-1}(\boldsymbol{a}_1) \ \cdots \ \varphi^{-1}(\boldsymbol{a}_n)) = (\boldsymbol{a}_1 \ \cdots \ \boldsymbol{a}_n)A^{-1}$$

からつくられる線形変換とすれば，(13.2-6) が成り立つことは容易に確かめられる． ▮

線形写像による座標の変換　$\varphi: V \to W$ を線形写像，V, W の1つの基底 $\{\boldsymbol{a}_1, \cdots, \boldsymbol{a}_n\}, \{\boldsymbol{b}_1, \cdots, \boldsymbol{b}_m\}$ をそれぞれ選ぶ．これらの基底に関する φ の表現行列を C とする．V の任意のベクトル $\boldsymbol{x}$ と $\boldsymbol{y}=\varphi(\boldsymbol{x})$ を

$$\boldsymbol{x} = x_1\boldsymbol{a}_1 + \cdots + x_n\boldsymbol{a}_n, \qquad \boldsymbol{y} = y_1\boldsymbol{b}_1 + \cdots + y_m\boldsymbol{b}_m$$

と表せば，(13.2-3) よりこれらの基底に関する座標の間の次の関係式を得る：

$$\begin{pmatrix} y_1 \\ \vdots \\ y_m \end{pmatrix} = C \begin{pmatrix} x_1 \\ \vdots \\ x_n \end{pmatrix}. \tag{13.2-7}$$

例8　2×3 行列 A，$\boldsymbol{R}^3$ の基底 $\{\boldsymbol{a}_1, \boldsymbol{a}_2, \boldsymbol{a}_3\}$，$\boldsymbol{R}^2$ の基底 $\{\boldsymbol{b}_1, \boldsymbol{b}_2\}$ および線形写像 $\varphi: \boldsymbol{R}^3 \to \boldsymbol{R}^2$ を例5の (2) のものとする．基底 $\{\boldsymbol{a}_1, \boldsymbol{a}_2, \boldsymbol{a}_3\}$ に関する座標を (x, y, z)，基底 $\{\boldsymbol{b}_1, \boldsymbol{b}_2\}$ に関する座標を (X, Y) で表し，$\varphi(x\boldsymbol{a}_1 + y\boldsymbol{a}_2 + z\boldsymbol{a}_3) = X\boldsymbol{b}_1 + Y\boldsymbol{b}_2$ とおくとき，x, y, z と X, Y の関係式を求め，x, y, z の間の関係式 $y+4z=0$ が φ により X, Y のどのような関係式に移るか述べよ．

解　φ のこれらの基底に関する表現行列は $C = \begin{pmatrix} -3 & 3 & 10 \\ 3 & -2 & -6 \end{pmatrix}$ であった．よって，(13.2-7) より

$$\begin{pmatrix} X \\ Y \end{pmatrix} = \begin{pmatrix} -3 & 3 & 10 \\ 3 & -2 & -6 \end{pmatrix} \begin{pmatrix} x \\ y \\ z \end{pmatrix} \quad \text{または} \quad \begin{cases} X = -3x+3y+10z \\ Y = 3x-2y-6z \end{cases} \tag{♯}$$

という関係式が成り立つ．次に，(♯) において，x の項を移項して

$$\begin{pmatrix} 3 & 10 \\ -2 & -6 \end{pmatrix} \begin{pmatrix} y \\ z \end{pmatrix} = \begin{pmatrix} X+3x \\ Y-3x \end{pmatrix} \qquad \therefore \quad \begin{pmatrix} y \\ z \end{pmatrix} = \begin{pmatrix} 3 & 10 \\ -2 & -6 \end{pmatrix}^{-1} \begin{pmatrix} X+3x \\ Y-3x \end{pmatrix}$$

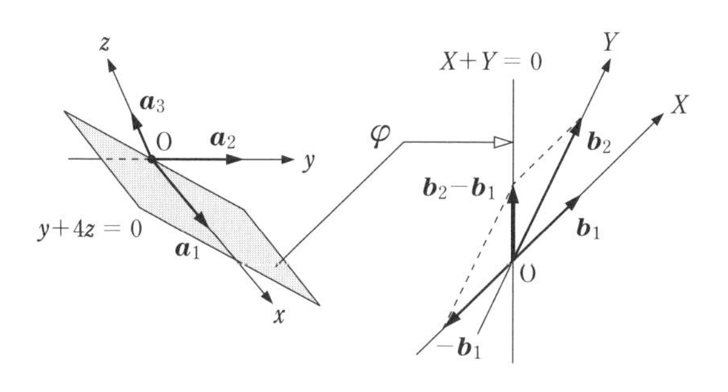

図 13-7

を得る．したがって，

$$0 = y+4z = (1 \quad 4)\begin{pmatrix} y \\ z \end{pmatrix} = (1 \quad 4)\begin{pmatrix} 3 & 10 \\ -2 & -6 \end{pmatrix}^{-1}\begin{pmatrix} X+3x \\ Y-3x \end{pmatrix}$$

$$\therefore \quad 0 = X+Y$$

に移される．

13.3 線形写像と部分空間

$\varphi : V \to W$ を線形写像とする．この節では，φ によって V の部分空間やベクトルが W のどのような部分集合やベクトルに移るかを議論する．

φ による像　V のすべてのベクトルを φ で移してできる W の部分集合を $\mathrm{Im}\,\varphi$ または $\varphi(V)$ と書いて，φ による V の**像**という．集合の書式では

$$\mathrm{Im}\,\varphi = \{\varphi(\boldsymbol{x}) \mid \boldsymbol{x} \in V\}$$

となる．

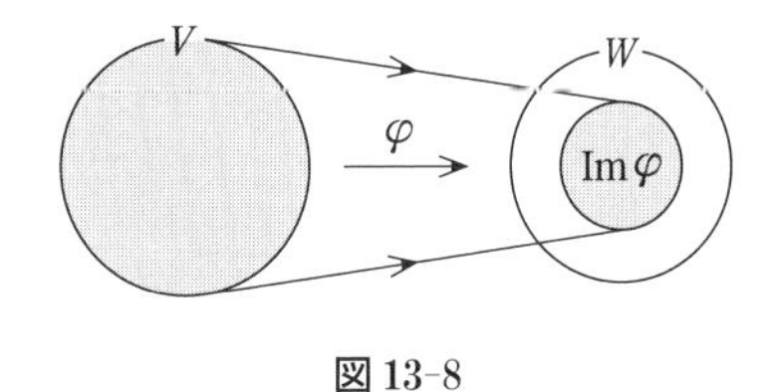

図 13-8

定理 4〈線形写像による像〉

$\varphi : V \to W$ を線形写像とする．

(1)　$\mathrm{Im}\,\varphi$ は W の部分空間である．

(2)　V のベクトル $\boldsymbol{a}_1, \cdots, \boldsymbol{a}_p$ について

$$\varphi(\langle \boldsymbol{a}_1, \cdots, \boldsymbol{a}_p \rangle) = \langle \varphi(\boldsymbol{a}_1), \cdots, \varphi(\boldsymbol{a}_p) \rangle \qquad (13.3\text{-}1)$$

が成り立つ．

証明　$\boldsymbol{y}, \boldsymbol{y}'$ を $\mathrm{Im}\,\varphi$ のベクトル，k, l をスカラーとする．$\boldsymbol{y} = \varphi(\boldsymbol{x})$，$\boldsymbol{y}' = \varphi(\boldsymbol{x}')$ $(\boldsymbol{x}, \boldsymbol{x}' \in V)$ とおけるから，

$$\begin{aligned} k\boldsymbol{y}+l\boldsymbol{y}' &= k\varphi(\boldsymbol{x})+l\varphi(\boldsymbol{x}') \\ &= \varphi(k\boldsymbol{x}+l\boldsymbol{x}') \in \mathrm{Im}\,\varphi \end{aligned}$$

が成り立つ．$k = l = 0$，$k = l = 1$，$l = 0$ とおくことにより，10.2 節の (10.2-1), (10.2-2), (10.2-3) がそれぞれみたされる．したがって，$\mathrm{Im}\,\varphi$ は W の部分空間である．

また，V のベクトル $\boldsymbol{a}_1, \cdots, \boldsymbol{a}_p$ で生成される V の部分空間 $\langle \boldsymbol{a}_1, \cdots, \boldsymbol{a}_p \rangle$ (10.2 節の (10.2-6)) の φ による像 $\varphi(\langle \boldsymbol{a}_1, \cdots, \boldsymbol{a}_p \rangle)$ については

$$
\begin{aligned}
\varphi(\langle \boldsymbol{a}_1, \cdots, \boldsymbol{a}_n \rangle) &\underset{\text{定義}}{=} \{\varphi(\boldsymbol{x}) \mid \boldsymbol{x} \in \langle \boldsymbol{a}_1, \cdots, \boldsymbol{a}_p \rangle\} \\
&= \{\varphi(k_1\boldsymbol{a}_1 + \cdots + k_p\boldsymbol{a}_p) \mid k_1, \cdots, k_p \text{ はスカラー}\} \\
&= \{k_1\varphi(\boldsymbol{a}_1) + \cdots + k_p\varphi(\boldsymbol{a}_p) \mid k_1, \cdots, k_p \text{ はスカラー}\} \\
&= \langle \varphi(\boldsymbol{a}_1), \cdots, (\boldsymbol{a}_p) \rangle
\end{aligned}
$$

より，W の $\varphi(\boldsymbol{a}_1), \cdots, \varphi(\boldsymbol{a}_n)$ で生成される部分空間に一致することがわかる． ▮

φ の核　V のベクトル $\boldsymbol{a}, \boldsymbol{a}'$ が φ により W の同一のベクトルに移ったとする．$\varphi(\boldsymbol{a}) = \varphi(\boldsymbol{a}')$ より $\varphi(\boldsymbol{a}' - \boldsymbol{a}) = \boldsymbol{0}$ となる．よって，$\boldsymbol{a}$ と $\boldsymbol{a}'$ は φ によって W の零ベクトルに移るようなベクトルだけ違うわけである．φ によって，W の零ベクトルに移るような V のベクトルを集めた V の部分集合を φ の**核**といい，$\mathrm{Ker}\,\varphi$ で表す．集合の書式で

$$\mathrm{Ker}\,\varphi = \{\boldsymbol{z} \in V \mid \varphi(\boldsymbol{z}) = \boldsymbol{0}\}$$

と書ける．

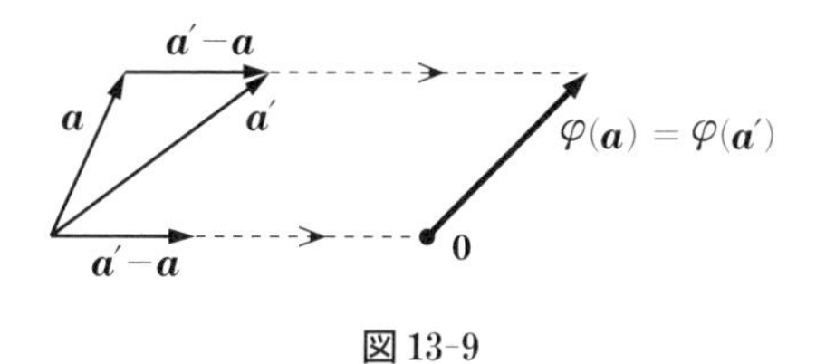

図 13-9

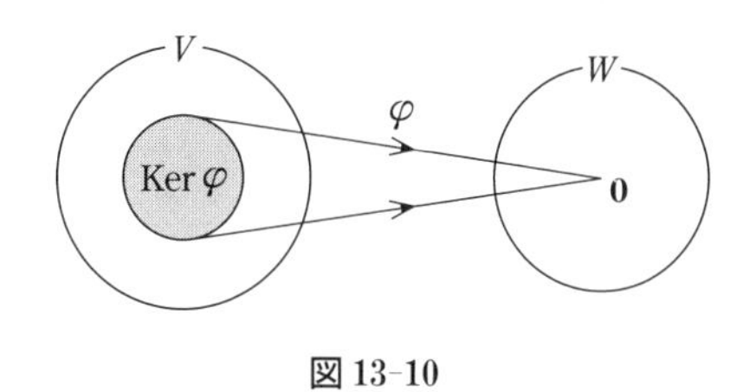

図 13-10

定理 5〈線形写像の核〉

線形写像 $\varphi : V \to W$ に対して，$\mathrm{Ker}\,\varphi$ は V の部分空間となる．

証明　$\boldsymbol{z}, \boldsymbol{z}'$ を $\mathrm{Ker}\,\varphi$ のベクトル，k, l をスカラーとする．$\varphi(\boldsymbol{z}) = \varphi(\boldsymbol{z}') = \boldsymbol{0}$ であるから，

$$\varphi(k\boldsymbol{z} + l\boldsymbol{z}) = k\varphi(\boldsymbol{z}) + l\varphi(\boldsymbol{z}') = \boldsymbol{0}$$

となる．よって，$k\boldsymbol{z} + l\boldsymbol{z}' \in \mathrm{Ker}\,\varphi$ が成り立ち，これより $\mathrm{Ker}\,\varphi$ が V の部分空間であることは容易にわかる． ▮

$\mathrm{Ker}\,\varphi$ についての略図を描いてみる (図 13-11)．

図 13-11 の 2 つの図においていずれも $\dim \boldsymbol{R}^3 = \dim\,(\mathrm{Im}\,\varphi) + \dim\,(\mathrm{Ker}\,\varphi)$ が成り立っている．この事実は一般に成立する．

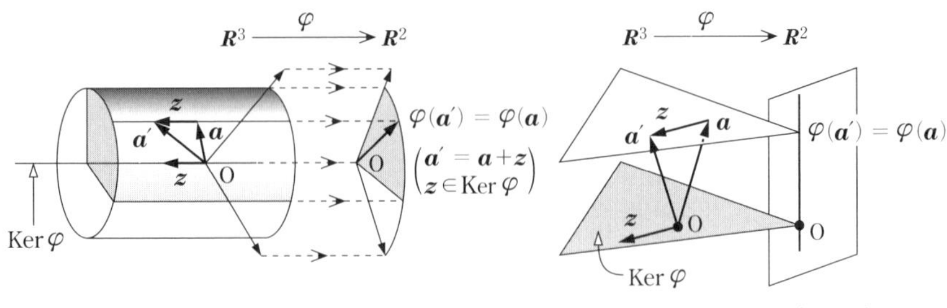

図 13-11

定理 6〈次元定理〉

V を有限次元ベクトル空間とするとき，線形写像 $\varphi : V \to W$ について

$$\dim V = \dim(\mathrm{Im}\,\varphi) + \dim(\mathrm{Ker}\,\varphi)$$

が成り立つ．

もっと詳しく，V を n 次元ベクトル空間とする．V のベクトル $\boldsymbol{a}_1, \cdots, \boldsymbol{a}_r$ および $\boldsymbol{z}_1, \cdots, \boldsymbol{z}_p$ $(n = p + r)$ が次の (1), (2), (3) をみたすように選べる．

(1) $\{\boldsymbol{a}_1, \cdots, \boldsymbol{a}_r, \boldsymbol{z}_1, \cdots, \boldsymbol{z}_p\}$ は V の基底 (13.3-2)

(2) $\{\varphi(\boldsymbol{a}_1), \cdots, \varphi(\boldsymbol{a}_r)\}$ は $\mathrm{Im}\,\varphi$ の基底 (13.3-3)

(3) $\{\boldsymbol{z}_1, \cdots, \boldsymbol{z}_p\}$ は $\mathrm{Ker}\,\varphi$ の基底 (13.3-4)

証明 概念的な考え方に慣れるため，sophisticate な証明を試みる．

$n = \dim V$ とおき，$\{\boldsymbol{a}_1, \cdots, \boldsymbol{a}_n\}$ を V の基底とする．$V = \langle \boldsymbol{a}_1, \cdots, \boldsymbol{a}_n \rangle$ であるから，定理 4 (2) より

$$\mathrm{Im}\,\varphi = \varphi(\langle \boldsymbol{a}_1, \cdots, \boldsymbol{a}_n \rangle) = \langle \varphi(\boldsymbol{a}_1), \cdots, \varphi(\boldsymbol{a}_n) \rangle$$

である．簡略にするため，$\varphi(\boldsymbol{a}_1), \cdots, \varphi(\boldsymbol{a}_r)$ が一次独立で $\varphi(\boldsymbol{a}_{r+1}), \cdots, \varphi(\boldsymbol{a}_n)$ はこれらの一次結合とする．12.2 節の定理 4 より，

$$\{\varphi(\boldsymbol{a}_1), \cdots, \varphi(\boldsymbol{a}_r)\} \text{ が } \mathrm{Im}\,\varphi \text{ の基底} \tag{$\sharp$}$$

となる．したがって，$\dim(\mathrm{Im}\,\varphi) = r$ である．次に，$p = \dim(\mathrm{Ker}\,\varphi)$ とおき，

$$\{\boldsymbol{z}_1, \cdots, \boldsymbol{z}_p\} \text{ を } \mathrm{Ker}\,\varphi \text{ の基底} \tag{$\flat$}$$

とする．$\{\boldsymbol{z}_1, \cdots, \boldsymbol{z}_p, \boldsymbol{a}_1, \cdots, \boldsymbol{a}_r\}$ が V の基底であることを以下に示す．これが示されれば，$n = p + r$ が成り立ち証明が完了する．

$V = \langle \boldsymbol{z}_1, \cdots, \boldsymbol{z}_p, \boldsymbol{a}_1, \cdots, \boldsymbol{a}_r \rangle$ であることの証明：$\boldsymbol{v}$ を V の任意のベクトルとする．$\varphi(\boldsymbol{v}) \in \mathrm{Im}\,\varphi$ であるから ($\sharp$) より

$$\varphi(\boldsymbol{v}) = k_1\varphi(\boldsymbol{a}_1)+\cdots+k_r\varphi(\boldsymbol{a}_r) \quad (k_1, \cdots, k_r \text{ はスカラー})$$

と表せる．よって，$\boldsymbol{z} = \boldsymbol{v}-k_1\boldsymbol{a}_1-\cdots-k_r\boldsymbol{a}_r$ とおくと，

$$\varphi(\boldsymbol{z}) = \varphi(\boldsymbol{v})-k_1\varphi(\boldsymbol{a}_1)-\cdots-k_r\varphi(\boldsymbol{a}_r) = \boldsymbol{0}$$

となり，$\boldsymbol{z} \in \mathrm{Ker}\,\varphi$ である．(♭)より $\boldsymbol{z} = l_1\boldsymbol{z}_1+\cdots+l_p\boldsymbol{z}_p$ ($l_1, \cdots, l_p$ はスカラー) と表せるから，$\boldsymbol{v}$ は

$$\begin{aligned}\boldsymbol{v} &= \boldsymbol{z}+k_1\boldsymbol{a}_1+\cdots+k_r\boldsymbol{a}_r \\ &= l_1\boldsymbol{z}_1+\cdots+l_p\boldsymbol{z}_p+k_1\boldsymbol{a}_1+\cdots+k_r\boldsymbol{a}_r\end{aligned}$$

と一次結合で表せる．したがって，$V = \langle \boldsymbol{z}_1, \cdots, \boldsymbol{z}_p, \boldsymbol{a}_1, \cdots, \boldsymbol{a}_r \rangle$ である．

$\boldsymbol{z}_1, \cdots, \boldsymbol{z}_p$，$\boldsymbol{a}_1, \cdots, \boldsymbol{a}_r$ が一次独立であることの証明：一次関係式

$$s_1\boldsymbol{z}_1+\cdots+s_p\boldsymbol{z}_p+t_1\boldsymbol{a}_1+\cdots+t_r\boldsymbol{a}_r = \boldsymbol{0} \qquad (♮)$$
$$(s_1, \cdots, s_p, t_1, \cdots, t_r \text{ はスカラー})$$

を考える．13.1 節の補題 1 (1) より $\varphi(\boldsymbol{0}) = \boldsymbol{0}$ であるから，

$$\begin{aligned}\boldsymbol{0} &= \varphi(s_1\boldsymbol{z}_1+\cdots+s_p\boldsymbol{z}_p+t_1\boldsymbol{a}_1+\cdots+t_r\boldsymbol{a}_r) \\ &= t_1\varphi(\boldsymbol{a}_1)+\cdots+t_r\varphi(\boldsymbol{a}_r) \quad (\because \ \boldsymbol{z}_1, \cdots, \boldsymbol{z}_p \in \mathrm{Ker}\,\varphi)\end{aligned}$$

を得る．(♯) より $t_1 = \cdots = t_r = 0$ である．これを (♮) に代入すれば，$s_1\boldsymbol{z}_1+\cdots+s_p\boldsymbol{z}_p = 0$ となり，(♭) から $s_1 = \cdots = s_p = 0$ を得る．したがって，一次関係式 (♮) は自明なもののみ成立するから，$\boldsymbol{z}_1, \cdots, \boldsymbol{z}_p, \boldsymbol{a}_1, \cdots, \boldsymbol{a}_r$ は一次独立である． ■

例 9 $A = \begin{pmatrix} 1 & 0 & -1 & 1 \\ 2 & 1 & 0 & 1 \\ 3 & 2 & 1 & 1 \end{pmatrix}$ とする．A の定める線形写像 $\varphi : \boldsymbol{R}^4 \to \boldsymbol{R}^3$ ($\varphi(\boldsymbol{x}) = A\boldsymbol{x}$) について，$\mathrm{Im}\,\varphi$ と $\mathrm{Ker}\,\varphi$ の基底および次元を求めよ．

解 $\boldsymbol{R}^4$ の標準基底 $\{\boldsymbol{e}_1, \boldsymbol{e}_2, \boldsymbol{e}_3, \boldsymbol{e}_4\}$ をとる．$\boldsymbol{R}^4 = \langle \boldsymbol{e}_1, \boldsymbol{e}_2, \boldsymbol{e}_3, \boldsymbol{e}_4 \rangle$ であるから，(13.3-1)より

$$\begin{aligned}\mathrm{Im}\,\varphi = \varphi(\boldsymbol{R}^4) &= \langle \varphi(\boldsymbol{e}_1), \varphi(\boldsymbol{e}_2), \varphi(\boldsymbol{e}_3), \varphi(\boldsymbol{e}_4) \rangle \\ &= \left\langle \begin{pmatrix} 1 \\ 2 \\ 3 \end{pmatrix}, \begin{pmatrix} 0 \\ 1 \\ 2 \end{pmatrix}, \begin{pmatrix} -1 \\ 0 \\ 1 \end{pmatrix}, \begin{pmatrix} 1 \\ 1 \\ 1 \end{pmatrix} \right\rangle \qquad (♯)\end{aligned}$$

である．一方，

$$\begin{aligned}\mathrm{Ker}\,\varphi &= \{\boldsymbol{x} \in \boldsymbol{R}^4 \mid \varphi(\boldsymbol{x}) = \boldsymbol{0}\} = \{\boldsymbol{x} \in \boldsymbol{R}^4 \mid A\boldsymbol{x} = \boldsymbol{0}\} \\ &= [\text{斉次連立一次方程式 } A\boldsymbol{x} = \boldsymbol{0} \text{ の解空間}] \qquad (♭)\end{aligned}$$

となる．

$\mathrm{Ker}\,\varphi$ について：(♭) の斉次連立一次方程式を掃き出し法で解く．拡大係数行列は

$$(A \mid \boldsymbol{0}) = \left(\begin{array}{cccc|c} 1 & 0 & -1 & 1 & 0 \\ 2 & 1 & 0 & 1 & 0 \\ 3 & 2 & 1 & 1 & 0 \end{array}\right) \xrightarrow[\text{行基本変形}]{} \cdots \longrightarrow \left(\begin{array}{cccc|c} 1 & 0 & -1 & 1 & 0 \\ 0 & 1 & 2 & -1 & 0 \\ 0 & 0 & 0 & 0 & 0 \end{array}\right) \qquad (♮)$$

と変形され，最後の拡大係数行列を斉次連立一次方程式にもどすと，

$$\begin{cases} x_1 \quad -x_3+x_4=0 \\ x_2+2x_3-x_4=0 \end{cases} \quad \text{すなわち} \quad \begin{cases} x_1 = \quad x_3-x_4 \\ x_2 = -2x_3+x_4 \end{cases}$$

となる．よって，解の 4 項実列ベクトル表示および $\mathrm{Ker}\,\varphi$ は

$$\boldsymbol{x} = \begin{pmatrix} x_1 \\ x_2 \\ x_3 \\ x_4 \end{pmatrix} = \begin{pmatrix} x_3-x_4 \\ -2x_3+x_4 \\ x_3 \\ x_4 \end{pmatrix} = x_3\begin{pmatrix} 1 \\ -2 \\ 1 \\ 0 \end{pmatrix} + x_4\begin{pmatrix} -1 \\ 1 \\ 0 \\ 1 \end{pmatrix},$$

$$\mathrm{Ker}\,\varphi = \left\langle \begin{pmatrix} 1 \\ -2 \\ 1 \\ 0 \end{pmatrix}, \begin{pmatrix} -1 \\ 1 \\ 0 \\ 1 \end{pmatrix} \right\rangle$$

となる．$\mathrm{Ker}\,\varphi$ を生成するこの 2 つのベクトルは明らかに一次独立である．よって，この 2 つのベクトルが $\mathrm{Ker}\,\varphi$ の基底を構成し，$\dim(\mathrm{Ker}\,\varphi) = 2$ である．

$\mathrm{Im}\,\varphi$ について：(♯) より，12.2 節の例 6 と同様の問題である．(♮) から

$$A = \begin{pmatrix} 1 & 0 & -1 & 1 \\ 2 & 1 & 0 & 1 \\ 3 & 2 & 1 & 1 \end{pmatrix} \xrightarrow[\text{行基本変形}]{} \cdots \longrightarrow \begin{pmatrix} 1 & 0 & -1 & 1 \\ 0 & 1 & 2 & -1 \\ 0 & 0 & 0 & 0 \end{pmatrix} = (\boldsymbol{a}_1{}' \quad \boldsymbol{a}_2{}' \quad \boldsymbol{a}_3{}' \quad \boldsymbol{a}_4{}')$$

となる．$\boldsymbol{a}_1{}', \boldsymbol{a}_2{}'$ は一次独立で，$\boldsymbol{a}_3{}', \boldsymbol{a}_4{}'$ はこれらの一次結合である．ゆえに $\begin{pmatrix} 1 \\ 2 \\ 3 \end{pmatrix}$, $\begin{pmatrix} 0 \\ 1 \\ 2 \end{pmatrix}$ は一次独立で，$\begin{pmatrix} -1 \\ 0 \\ 1 \end{pmatrix}, \begin{pmatrix} 1 \\ 1 \\ 1 \end{pmatrix}$ はこれらの一次結合である．よって，12.2 節の定理 4 より $\left\{ \begin{pmatrix} 1 \\ 2 \\ 3 \end{pmatrix}, \begin{pmatrix} 0 \\ 1 \\ 2 \end{pmatrix} \right\}$ は $\mathrm{Im}\,\varphi$ の基底で，$\dim(\mathrm{Im}\,\varphi) = 2$ である． ■

13.4 像の次元と表現行列の階数

表現行列の簡約　13.2 節で基底の変更にともなう線形写像の表現行列の変化について述べた．表現行列を簡単な形にするには，どのような基底を選べばよいかについて述べる．

まず，13.3 節の定理 6 (次元定理) の (13.3-2, -3, -4) をみたす V のベクトル $\boldsymbol{a}_1, \cdots, \boldsymbol{a}_r, \boldsymbol{z}_1, \cdots, \boldsymbol{z}_p$ を選ぶ．

次に，12.2 節の定理 6 (基底の延長定理) を考慮して，(13.3-3) のベクトル

$\varphi(\boldsymbol{a}_1), \cdots, \varphi(\boldsymbol{a}_r)$ に W のベクトル $\boldsymbol{b}_1, \cdots, \boldsymbol{b}_q$（ただし，$q = m - r$）をつけ加えて，

$$W \text{ の基底を } \{\varphi(\boldsymbol{a}_1), \cdots, \varphi(\boldsymbol{a}_r), \boldsymbol{b}_1, \cdots, \boldsymbol{b}_q\} \tag{13.4-1}$$

とする．このとき，(13.3-2) および (13.4-1) のように V と W の基底を選ぶと，

$$\begin{aligned}
&(\varphi(\boldsymbol{a}_1) \ \cdots \ \varphi(\boldsymbol{a}_r) \ \varphi(\boldsymbol{z}_1) \ \cdots \ \varphi(\boldsymbol{z}_p)) \\
&= (\varphi(\boldsymbol{a}_1) \ \cdots \ \varphi(\boldsymbol{a}_r) \ \boldsymbol{0} \ \cdots \ \boldsymbol{0}) \qquad ((13.3\text{-}4) \text{ より}) \\
&= (\varphi(\boldsymbol{a}_1) \ \cdots \ \varphi(\boldsymbol{a}_r) \ \boldsymbol{b}_1 \ \cdots \ \boldsymbol{b}_q)\begin{pmatrix} E_r & O_{rp} \\ O_{qr} & O_{qp} \end{pmatrix}
\end{aligned}$$

となる．

系 2（表現行列の簡約） $\varphi : V \to W$ を線形写像，$\dim V = n$，$\dim W = m$ とする．このとき，φ の表現行列が

$$\begin{pmatrix} E_r & O_{r\ n-r} \\ O_{m-r\ r} & O_{m-r\ n-r} \end{pmatrix} \quad (r = \dim(\operatorname{Im}\varphi))$$

となるように V および W の基底が選べる． ▮

像の次元と表現行列の階数　13.3 節の例 9 から次の定理は容易に推測できるであろう（証明略）．

定理 7〈像の次元と表現行列の階数（列ベクトル空間）〉

$m \times n$ 行列 A から定まる線形写像 $\varphi : \boldsymbol{K}^n \to \boldsymbol{K}^m$（$\varphi(\boldsymbol{x}) = A\boldsymbol{x}$）について，

$$\dim(\operatorname{Im}\varphi) = \operatorname{rank} A$$

が成り立つ．

例 10（像の次元と表現行列の階数（一般の空間）） $\varphi : V \to W$ を有限次元ベクトル空間の線形写像とする．V と W の任意の基底に関する表現行列 A について，

$$\dim(\operatorname{Im}\varphi) = \operatorname{rank} A$$

が成り立つことを証明せよ．

証明　$\varphi: V \to W$ を線形写像，$\dim V = n$，$\dim W = m$ とする．まず，V の基底 $\{\boldsymbol{a}_1, \cdots, \boldsymbol{a}_n\}$ および W の基底 $\{\boldsymbol{b}_1, \cdots, \boldsymbol{b}_m\}$ を系 2 のように選ぶ．すなわち，

$$(\varphi(\boldsymbol{a}_1) \quad \cdots \quad \varphi(\boldsymbol{a}_n)) = (\boldsymbol{b}_1 \quad \cdots \quad \boldsymbol{b}_m)\begin{pmatrix} E_r & O_{r\ n-r} \\ O_{m-r\ r} & O_{m-r\ n-r} \end{pmatrix} \qquad (\sharp)$$

$$r = \dim(\mathrm{Im}\,\varphi) \qquad (\flat)$$

をみたすものとする．次に，V, W の基底 $\{\boldsymbol{a}_1', \cdots, \boldsymbol{a}_n'\}, \{\boldsymbol{b}_1', \cdots, \boldsymbol{b}_m'\}$ をそれぞれ任意に選び，これらの基底に関する表現行列を A とする．また，基底変換の行列 P, Q が

$$(\boldsymbol{a}_1' \quad \cdots \quad \boldsymbol{a}_n') = (\boldsymbol{a}_1 \quad \cdots \quad \boldsymbol{a}_n)P, \quad (\boldsymbol{b}_1' \quad \cdots \quad \boldsymbol{b}_m') = (\boldsymbol{b}_1 \quad \cdots \quad \boldsymbol{b}_m)Q \qquad (\natural)$$

で与えられているとする．このとき，$(\sharp)$ と $(\natural)$ および表現行列 A に 13.2 節の定理 2 を適用すれば，

$$A = Q^{-1}\begin{pmatrix} E_r & O_{r\ n-r} \\ O_{m-r\ r} & O_{m-r\ n-r} \end{pmatrix}P \qquad \therefore \quad QAP^{-1} = \begin{pmatrix} E_r & O_{r\ n-r} \\ O_{m-r\ n-r} & O_{m-r\ n-r} \end{pmatrix}$$

が成り立つ．Q, P^{-1} はともに正則行列であるから，8.3 節の定理 5 より，A にいくつかの基本変形を施して

$$A \xrightarrow[\text{基本変形}]{} \cdots \longrightarrow \begin{pmatrix} E_r & O_{r\ n-r} \\ O_{m-r\ r} & O_{m-r\ n-r} \end{pmatrix}$$

とできる．したがって，$r = \mathrm{rank}\,A$ である．$(\flat)$ とあわせて証明された．■

例 11　A を $m \times n$ 行列，B を $n \times l$ 行列とするとき，

$$\mathrm{rank}\,(AB) \leqq \mathrm{rank}\,A$$

が成り立つことを，9.3 節（例 4）では基本行列，演習問題［74］では基底の概念を用いて証明した．ここでは，線形写像の概念を用いて証明してみよ．

解　B, A の定める線形写像を $\varphi: \boldsymbol{K}^l \to \boldsymbol{K}^n$ $(\varphi(\boldsymbol{x}) = B\boldsymbol{x})$，$\psi: \boldsymbol{K}^n \to \boldsymbol{K}^m$ $(\psi(\boldsymbol{y}) = A\boldsymbol{y})$ とする．標準基底に関する φ, ψ の表現行列はそれぞれ B, A であり（13.2 節例 5（1）），合成写像 $\psi \circ \varphi$ の表現行列は 13.2 節の定理 3 より AB である．像について

$$\mathrm{Im}\,(\psi \circ \varphi) \subseteqq \mathrm{Im}\,\psi \quad \text{より} \quad \dim(\mathrm{Im}\,(\psi \circ \varphi)) \leqq \dim(\mathrm{Im}\,\psi)$$

が成り立つ（12.2 節の定理 3）．よって，定理 7 より $\mathrm{rank}\,(AB) \leqq \mathrm{rank}\,A$ を得る．■

演習問題

[80] 〈線形写像の例〉

次の写像 φ が線形写像であることを証明せよ．ただし，V は関数空間である．

(1) $\varphi: V \to \boldsymbol{R}$ を $\varphi(f) = f(0)$ $(f \in V)$ と定める．

(2) $\varphi: V \to \boldsymbol{R}^2$ を $\varphi(f) = \begin{pmatrix} f(0) \\ f(1) \end{pmatrix}$ $(f \in V)$ と定める．

(3) $\varphi: V \to V$ を $(\varphi(f))(t) = f(t) + f(0)t$ $(f \in V)$ と定める．

[81] 〈線形写像とならない写像の例〉

次の写像 φ は線形写像でない理由を述べよ．

(1) $\varphi: \boldsymbol{R}^2 \to \boldsymbol{R}^2$ を $\varphi(\begin{pmatrix} x \\ y \end{pmatrix}) = \begin{pmatrix} x+1 \\ y \end{pmatrix}$ で定める．

(2) V を 2×2 実行列全体の空間とし，$\varphi: V \to V$ を $\varphi(A) = A^2$ $(A \in V)$ で定める．

[82] 〈線形写像とその合成〉

写像 $\varphi: \boldsymbol{R}^2 \to \boldsymbol{R}^3$，$\psi: \boldsymbol{R}^3 \to \boldsymbol{R}^2$ を

$$\varphi: \begin{pmatrix} x \\ y \end{pmatrix} \to \begin{pmatrix} x+3y \\ -x-y \\ -y \end{pmatrix}, \quad \psi: \begin{pmatrix} x \\ y \\ z \end{pmatrix} \to \begin{pmatrix} x+y+z \\ x+2y+z \end{pmatrix}$$

で定める．

(1) $\psi\circ\varphi$ はどんな写像か．

(2) $\varphi\circ\psi$ はどんな写像か．

(3) $\tau\circ\varphi = 1_{\boldsymbol{R}^2}$ をみたす線形写像 $\tau: \boldsymbol{R}^3 \to \boldsymbol{R}^2$ を求めよ．

[83] 〈表現行列（列ベクトル空間の間の線形写像）〉

線形写像 φ, ψ を問題 [82] のものとする．

(1) 基底 $\left\{\begin{pmatrix} 1 \\ 1 \end{pmatrix}, \begin{pmatrix} 1 \\ 2 \end{pmatrix}\right\}$ と基底 $\{\boldsymbol{e}_1, \boldsymbol{e}_2, \boldsymbol{e}_3\}$ に関する φ の表現行列を求めよ．

(2) 基底 $\left\{\begin{pmatrix} 1 \\ 1 \\ 1 \end{pmatrix}, \begin{pmatrix} 1 \\ 1 \\ 0 \end{pmatrix}, \begin{pmatrix} 1 \\ 0 \\ 0 \end{pmatrix}\right\}$ と基底 $\left\{\begin{pmatrix} 1 \\ 1 \end{pmatrix}, \begin{pmatrix} 1 \\ 2 \end{pmatrix}\right\}$ に関する ψ の表現行列を求めよ．

[84] 〈表現行列（行列空間の線形変換）〉

$H = \begin{pmatrix} 1 & 0 \\ 0 & -1 \end{pmatrix}$，$A = \begin{pmatrix} 0 & 1 \\ 0 & 0 \end{pmatrix}$，$B = \begin{pmatrix} 0 & 0 \\ 1 & 0 \end{pmatrix}$ とおき，$V = \langle H, A, B \rangle$ とする．

写像 $\varphi: V \to V$ を $\varphi(X) = HX - XH$ $(X \in V)$ と定める．

(1) $\varphi(H), \varphi(A), \varphi(B)$ を H, A, B を用いて表せ．

(2) φ は線形変換であることを証明せよ．

(3) V の基底 $\{H, A, B\}$ に関する φ の表現行列を求めよ．

[85]　〈表現行列 (一般の空間の線形変換)〉

$\{\boldsymbol{a}_1, \cdots, \boldsymbol{a}_n\}$ を基底にもつベクトル空間 V の線形変換 $\varphi: V \to V$ を

$$\varphi(\boldsymbol{a}_1) = \boldsymbol{a}_2,\ \varphi(\boldsymbol{a}_2) = \boldsymbol{a}_3,\ \cdots,\ \varphi(\boldsymbol{a}_{n-1}) = \boldsymbol{a}_n,\ \varphi(\boldsymbol{a}_n) = \boldsymbol{a}_1$$

で定める.

(1)　φ は正則変換であることを証明せよ.

(2)　φ の逆変換のこの基底に関する表現行列を求めよ.

[86]　〈表現行列が既知，基底が未知〉

線形写像 $\varphi: \boldsymbol{R}^3 \to \boldsymbol{R}^2$ を $\begin{pmatrix} x \\ y \\ z \end{pmatrix} \longrightarrow \begin{pmatrix} x+y+z \\ x-y \end{pmatrix}$ で定める. $\boldsymbol{R}^3$ の基底 $\left\{\begin{pmatrix} 1 \\ 0 \\ 0 \end{pmatrix}, \begin{pmatrix} 0 \\ 1 \\ 0 \end{pmatrix}, \begin{pmatrix} 0 \\ 3 \\ -2 \end{pmatrix}\right\}$ に対して, $\boldsymbol{R}^2$ の基底をうまく選んで, φ の表現行列が $\begin{pmatrix} 1 & 2 & 3 \\ 4 & 5 & 6 \end{pmatrix}$ となるようにせよ.

[87]　〈像と核の基底 (列ベクトル空間の間の線形写像)〉

$A = \begin{pmatrix} 1 & -1 & 1 & 3 \\ 2 & -2 & 1 & 5 \\ 3 & -3 & 1 & 7 \end{pmatrix}$ の定める線形写像 $\varphi: \boldsymbol{R}^4 \to \boldsymbol{R}^3$ $(\varphi(\boldsymbol{x}) = A\boldsymbol{x})$ について $\mathrm{Im}\,\varphi$ と $\mathrm{Ker}\,\varphi$ の基底および次元をそれぞれ求めよ. ただし, $\mathrm{Im}\,\varphi$ の基底は行列 A の列ベクトルから選べ.

[88]　〈表現行列が既知，基底が未知〉

$A = \begin{pmatrix} 1 & -1 & -2 & 1 \\ 1 & 0 & -1 & 2 \\ 2 & 1 & 0 & 4 \end{pmatrix}$ の定める線形写像 $\varphi: \boldsymbol{R}^4 \to \boldsymbol{R}^3$ $(\varphi(\boldsymbol{x}) = A\boldsymbol{x})$ について, φ の表現行列が $\begin{pmatrix} 1 & 0 & 0 & 0 \\ 0 & 1 & 0 & 0 \\ 0 & 0 & 1 & 0 \end{pmatrix}$ となるように $\boldsymbol{R}^4$ と $\boldsymbol{R}^3$ の基底を選べ.

[89]　〈像と核の基底 (一般の空間の間の線形写像)〉

ベクトル空間 V, W の基底をそれぞれ $\{\boldsymbol{a}_1, \boldsymbol{a}_2, \boldsymbol{a}_3, \boldsymbol{a}_4\}, \{\boldsymbol{b}_1, \boldsymbol{b}_2, \boldsymbol{b}_3\}$ とする. 線形写像 $\varphi: V \to W$ は

$$\varphi(\boldsymbol{a}_1) = \boldsymbol{b}_1 + 3\boldsymbol{b}_2 + 2\boldsymbol{b}_3, \quad \varphi(\boldsymbol{a}_2) = \boldsymbol{b}_1 + 2\boldsymbol{b}_2 + \boldsymbol{b}_3,$$
$$\varphi(\boldsymbol{a}_3) = \boldsymbol{b}_1 + 4\boldsymbol{b}_2 + 3\boldsymbol{b}_3, \quad \varphi(\boldsymbol{a}_4) = \boldsymbol{b}_1 + 3\boldsymbol{b}_2 + 2\boldsymbol{b}_3$$

をみたすとする.

(1)　$\mathrm{Ker}\,\varphi$ の基底および次元を求めよ.

(2)　$\mathrm{Im}\,\varphi$ の基底および次元を求めよ.

14 内積空間

14.1 内　積

一般のベクトル空間に内積を導入しよう．この積は，その代数的計算により，幾何学的証明や構成を与えるものである(3.3節)．

内積の定義　Vを実ベクトル空間とする．Vの任意の2つのベクトル$\boldsymbol{x}$, $\boldsymbol{y}$に対して，実数$(\boldsymbol{x}, \boldsymbol{y})$が定まり次の(S.1),(S.2),(S.3)をみたすとき，$(\boldsymbol{x}, \boldsymbol{y})$を**内積**という．内積の定義された実ベクトル空間を**内積空間**という．

S.1(**対称性**)　Vの任意の2つのベクトル$\boldsymbol{x}, \boldsymbol{y}$に対して，

$$(\boldsymbol{x}, \boldsymbol{y}) = (\boldsymbol{y}, \boldsymbol{x}) \qquad (14.1\text{-}1)$$

が成り立つ．

S.2(**線形性**)　Vの任意のベクトル$\boldsymbol{x}, \boldsymbol{y}, \boldsymbol{z}$と実数$k$に対して，

$$(\boldsymbol{x}+\boldsymbol{y}, \boldsymbol{z}) = (\boldsymbol{x}, \boldsymbol{z})+(\boldsymbol{y}, \boldsymbol{z}), \quad (k\boldsymbol{x}, \boldsymbol{y}) = k(\boldsymbol{x}, \boldsymbol{y}) \qquad (14.1\text{-}2)$$

が成り立つ．

S.3(**正値性**)　Vのベクトル$\boldsymbol{x}$に対して

$$\boldsymbol{x} \neq \boldsymbol{0} \text{ のとき } (\boldsymbol{x}, \boldsymbol{x}) > 0 \qquad (14.1\text{-}3)$$

が成り立つ．

内積についての前提〈スカラーの取り扱い〉

複素ベクトル空間においてもS.1〜S.3を少し変更することにより，内積(複素内積)は定義される．本書では実ベクトル空間の内積(実内積)に限定して議論する．

補題1　(1)　Vのベクトル$\boldsymbol{x}, \boldsymbol{y}, \boldsymbol{z}$と実数$k, l$について

$$(k\boldsymbol{x}+l\boldsymbol{y}, \boldsymbol{z}) = k(\boldsymbol{x}, \boldsymbol{z})+l(\boldsymbol{y}, \boldsymbol{z}),$$
$$(\boldsymbol{z}, k\boldsymbol{x}+l\boldsymbol{y}) = k(\boldsymbol{z}, \boldsymbol{x})+l(\boldsymbol{z}, \boldsymbol{y})$$

が成り立つ．したがって，通常の“展開”が可能である．

（2） V のすべてのベクトル $\boldsymbol{x}$ について

$$(\boldsymbol{0}, \boldsymbol{x}) = (\boldsymbol{x}, \boldsymbol{0}) = 0$$

が成り立つ．

証明 （1） 第1式は (14.1-2) を用いて

$$(k\boldsymbol{x}+l\boldsymbol{y}, \boldsymbol{z}) = (k\boldsymbol{x}, \boldsymbol{z})+(l\boldsymbol{y}, \boldsymbol{z}) = k(\boldsymbol{x}, \boldsymbol{z})+l(\boldsymbol{y}, \boldsymbol{z})$$

と示される．第2式は第1式と (14.1-1) より明らかである．

（2） (1) において，$k = l = 0$ を代入して得られる． ■

ベクトルのノルムと直交性　3.3節では標準内積を用いて，n 項列ベクトルの長さやベクトルのなす角を導いた．一般の内積空間には，ベクトルのノルムと直交性を導入する．V を内積 $(\boldsymbol{x}, \boldsymbol{y})$ の定義された内積空間とする．V のベクトル $\boldsymbol{x}$ の**ノルム**を $\|\boldsymbol{x}\|$ と書き，

$$\|\boldsymbol{x}\| = \sqrt{(\boldsymbol{x}, \boldsymbol{x})} \quad （したがって，\|\boldsymbol{x}\|^2 = (\boldsymbol{x}, \boldsymbol{x})） \tag{14.2-4}$$

で定める．

V の2つのベクトル $\boldsymbol{x}, \boldsymbol{y}$ は $(\boldsymbol{x}, \boldsymbol{y}) = 0$ が成り立つとき，**直交**しているという．

定理1〈ノルムの性質〉

内積空間 V のベクトル $\boldsymbol{x}, \boldsymbol{y}$ と実数 k について次が成り立つ．

（1） $\|k\boldsymbol{x}\| = |k|\|\boldsymbol{x}\|$

（2） $|(\boldsymbol{x}, \boldsymbol{y})| \leqq \|\boldsymbol{x}\|\|\boldsymbol{y}\|$ （コーシー-シュワルツの不等式）

（3） $\|\boldsymbol{x}+\boldsymbol{y}\| \leqq \|\boldsymbol{x}\|+\|\boldsymbol{y}\|$ （三角不等式）

（4） $\boldsymbol{x} \neq \boldsymbol{0}$ であれば $\|\boldsymbol{x}\| > 0$，$\boldsymbol{x} = \boldsymbol{0}$ であれば $\|\boldsymbol{x}\| = 0$

証明 （1） ノルムの定義と，補題1 (1) より，$\|k\boldsymbol{x}\|^2 = (k\boldsymbol{x}, k\boldsymbol{x}) = k^2(\boldsymbol{x}, \boldsymbol{x}) = k^2\|\boldsymbol{x}\|^2$ である．

（4） S.3 および $(\boldsymbol{0}, \boldsymbol{0}) = 0$（補題1 (2)）からわかる．

（2） $\boldsymbol{x} = \boldsymbol{0}$ のときは，補題1 (2) より $|(\boldsymbol{0}, \boldsymbol{y})| = 0$．ゆえに，(4) より $\|\boldsymbol{0}\| = 0$ であるから，$|(\boldsymbol{0}, \boldsymbol{y})| = \|\boldsymbol{0}\|\|\boldsymbol{y}\|$ が成り立つ．$\boldsymbol{x} \neq \boldsymbol{0}$ のときは，標準内積についてのイメージ (図14-1) から

$$z = y - \frac{(y, x)}{\|x\|^2} x$$

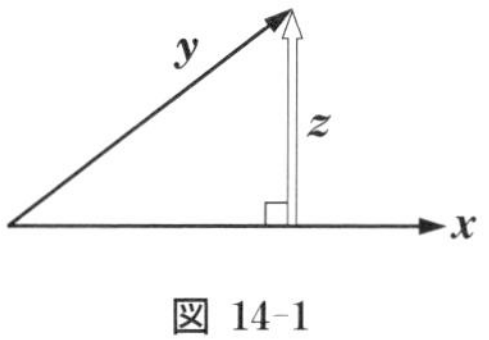

図 14-1

を考える.

$$0 \leqq \|z\|^2 = \left(y - \frac{(y, x)}{\|x\|^2} x,\ y - \frac{(y, x)}{\|x\|^2} x \right)$$
$$= (y, y) - \frac{(x, y)^2}{\|x\|^2}$$

から $\|x\|^2 \|y\|^2 \geqq (x, y)^2$ を得る.

(3) $\|x+y\|^2 = (x+y, x+y) = \|x\|^2 + 2(x, y) + \|y\|^2$
$\leqq \|x\|^2 + 2\|x\|\|y\| + \|y\|^2$ ((2)より)
$= (\|x\| + \|y\|)^2$ ▒

単位ベクトル　$\|u\| = 1$ をみたすベクトル u を**単位ベクトル**という. たとえば $x \neq 0$ のとき, $u = x/\|x\|$ は

$$(u, u) = \left(\frac{1}{\|x\|} x, \frac{1}{\|x\|} x \right) = \frac{1}{\|x\|^2}(x, x) = 1$$

より単位ベクトルであることがわかる.

代表的な内積空間を紹介しよう.

例 1 (標準内積とその行列による表し方)　ベクトル空間 R^n において, 3.3 節で述べた標準内積 $x \cdot y$ を用いて

$$(x, y) = x \cdot y \quad (x, y \in R^n) \tag{14.1-5}$$

と定めれば, (x, y) が内積の定義をみたすことは簡単にわかる. 標準内積の計算においては, その行列表示 ($1 \times n$ 行列と $n \times 1$ 行列の積)

$$(x, y) = {}^t x y \tag{14.1-6}$$

を用いると, ベクトルの各成分を書き下すことなく行うことが可能である.

例 2 (関数空間における内積)　V を区間 $[0, 1]$ で定義された実数値連続関数全部の集合とする. 関数空間の通常の和, スカラー倍 (10.1 節) により, V は実ベクトル空間となる. $f, g \in V$ に対して,

$$(f, g) = \int_0^1 f(t)g(t)\,dt \tag{14.1-7}$$

と定めると, (f, g) は V に内積を定義する.

$$p(t) = 1 + t, \qquad q(t) = 1 - t$$

のとき，次に答えよ．

(1)　内積 (p, q) を計算せよ．

(2)　ノルム $\|p\|, \|q\|$ を求めよ．

(3)　一次の多項式 $r(t) = 5 + at$ が $(p, r) = 0$ をみたすときの a の値を求めよ．

解　(1)　$(p, q) = \int_0^1 (1+t)(1-t)\,dt = \left[t - \dfrac{t^3}{3}\right]_0^1 = \dfrac{2}{3}$

(2)　(1) と同様の計算により，$(p, p) = 7/3$，$(q, q) = 1/3$ を得る．したがって，$\|p\| = \sqrt{21}/3$，$\|q\| = \sqrt{3}/3$ である．

(3)　$(p, r) = (45 + 5a)/6 = 0$ より $a = -9$ である．　▒

例 3（行列空間における内積）　2 次正方行列の場合を述べる．n 次正方行列についても同様である．V を 2 次実正方行列全部のつくるベクトル空間とする．2 次正方行列 $A = \begin{pmatrix} a_{11} & a_{12} \\ a_{21} & a_{22} \end{pmatrix}$ に対して，A の対角成分の和 $a_{11} + a_{22}$ を A の**トレース**といい，$\mathrm{tr}\,A$ で表す．$A, B \in V$ に対して

$$(A, B) = \mathrm{tr}\,({}^t AB) \tag{14.1-8}$$

と定めると，(A, B) は V に内積を与える．このとき，次に答えよ．

(1)　$A = (\boldsymbol{a}_1 \quad \boldsymbol{a}_2)$，$B = (\boldsymbol{b}_1 \quad \boldsymbol{b}_2)$ と列ベクトル分割したとき，

$$(A, B) = \boldsymbol{a}_1 \cdot \boldsymbol{b}_1 + \boldsymbol{a}_2 \cdot \boldsymbol{b}_2$$

が成り立つことを証明せよ．ただし，右辺の“・”は標準内積である．

(2)　$B = \begin{pmatrix} 1 & 1 \\ 1 & -1 \end{pmatrix}$ のとき，$(A, B) = 0$ となる A を求めよ．

解　(1)　$A = (a_{ij})$，$B = (b_{ij})$ とおく．

$$(A, B) = \mathrm{tr}\left(\begin{pmatrix} a_{11} & a_{21} \\ a_{12} & a_{22} \end{pmatrix}\begin{pmatrix} b_{11} & b_{12} \\ b_{21} & b_{22} \end{pmatrix}\right) = a_{11}b_{11} + a_{21}b_{21} + a_{12}b_{12} + a_{22}b_{22}$$

$$= \begin{pmatrix} a_{11} \\ a_{21} \end{pmatrix} \cdot \begin{pmatrix} b_{11} \\ b_{21} \end{pmatrix} + \begin{pmatrix} a_{12} \\ a_{22} \end{pmatrix} \cdot \begin{pmatrix} b_{12} \\ b_{22} \end{pmatrix} = \boldsymbol{a}_1 \cdot \boldsymbol{b}_1 + \boldsymbol{a}_2 \cdot \boldsymbol{b}_2$$

(2)　$A = \begin{pmatrix} a & b \\ c & d \end{pmatrix}$ とおくと，(1) より $a + c + b - d = 0$ である．よって，A は次のように表せる：

$$A = \begin{pmatrix} a & b \\ c & d \end{pmatrix} = \begin{pmatrix} a & b \\ c & a+b+c \end{pmatrix} = a\begin{pmatrix} 1 & 0 \\ 0 & 1 \end{pmatrix} + b\begin{pmatrix} 0 & 1 \\ 0 & 1 \end{pmatrix} + c\begin{pmatrix} 0 & 0 \\ 1 & 1 \end{pmatrix}.$$　▒

例 4（チャート―地図―） 地図とその作成図法を知っていれば，地図上で測定することにより，地形の概形がわかる．また，図法によってはある地点から他の 2 点の間を地図上で測って同じ目盛を示したからといって，実測すると異なる距離であるものもある．さて，標準内積の定義された 3 次元ベクトル空間 $\boldsymbol{R}^3$ 内にベクトル $\boldsymbol{a}_1 = \begin{pmatrix} 2 \\ 2 \\ 1 \end{pmatrix}$，$\boldsymbol{a}_2 = \begin{pmatrix} 1 \\ 1 \\ 2 \end{pmatrix}$ で生成される 2 次元部分空間 U を考える．線形写像 $\varphi : \boldsymbol{R}^2 \to U$ を $\varphi(x\boldsymbol{e}_1 + y\boldsymbol{e}_2) = x\boldsymbol{a}_1 + y\boldsymbol{a}_2$ $(x, y \in \boldsymbol{R})$ で定める．この φ を用いて $\boldsymbol{R}^2$ に U の内積を次のように移植する（“地形” U のチャートが $\boldsymbol{R}^2$）：

$$(\boldsymbol{x}, \boldsymbol{y}) = \varphi(\boldsymbol{x}) \cdot \varphi(\boldsymbol{y}) \quad (\boldsymbol{x}, \boldsymbol{y} \in \boldsymbol{R}^2). \tag{14.1-9}$$

（1） $(\boldsymbol{e}_1, \boldsymbol{e}_1), (\boldsymbol{e}_1, \boldsymbol{e}_2), (\boldsymbol{e}_2, \boldsymbol{e}_2)$ を計算せよ．

（2） $\boldsymbol{R}^2$ の内積と φ から，U のベクトル $2\boldsymbol{a}_1 + \boldsymbol{a}_2$ のノルムを求めよ．

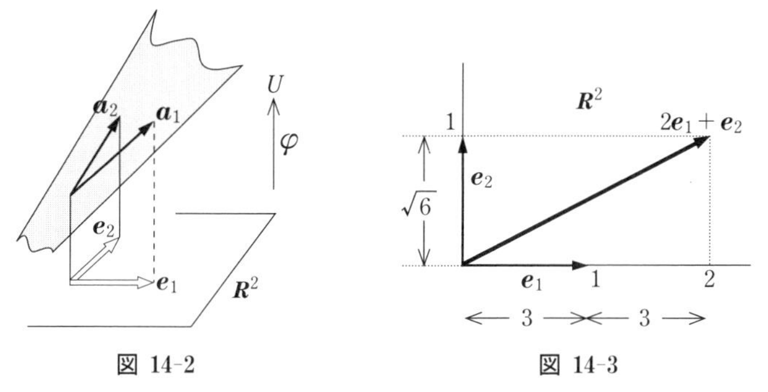

図 14-2　　　　図 14-3

解 （1） $(\boldsymbol{e}_1, \boldsymbol{e}_1) = \varphi(\boldsymbol{e}_1) \cdot \varphi(\boldsymbol{e}_1) = \boldsymbol{a}_1 \cdot \boldsymbol{a}_1 = 9$ である．同様の計算で，$(\boldsymbol{e}_2, \boldsymbol{e}_2) = 6$，また $(\boldsymbol{e}_1, \boldsymbol{e}_2) = 6$ となる．この内積に関して $\boldsymbol{e}_1$ と $\boldsymbol{e}_2$ は直交しないことがわかる．

（2） U のベクトル $2\boldsymbol{a}_1 + \boldsymbol{a}_2$ には，φ により $\boldsymbol{R}^2$ のベクトル $2\boldsymbol{e}_1 + \boldsymbol{e}_2$ が対応する．

$$\begin{aligned} \|2\boldsymbol{e}_1 + \boldsymbol{e}_2\|^2 &= (2\boldsymbol{e}_1 + \boldsymbol{e}_2, 2\boldsymbol{e}_1 + \boldsymbol{e}_2) \\ &= 4(\boldsymbol{e}_1, \boldsymbol{e}_1) + 4(\boldsymbol{e}_1, \boldsymbol{e}_2) + (\boldsymbol{e}_2, \boldsymbol{e}_2) = 66 \end{aligned}$$

であるから，$2\boldsymbol{a}_1 + \boldsymbol{a}_2$ のノルムは $\sqrt{66}$ である．∎

14.2 正規直交基底

有限次元ベクトル空間において，基底は座標軸の方向を表す代数的記述である．有限次元内積空間においては，直交座標軸の方向を表す基底が構成できる

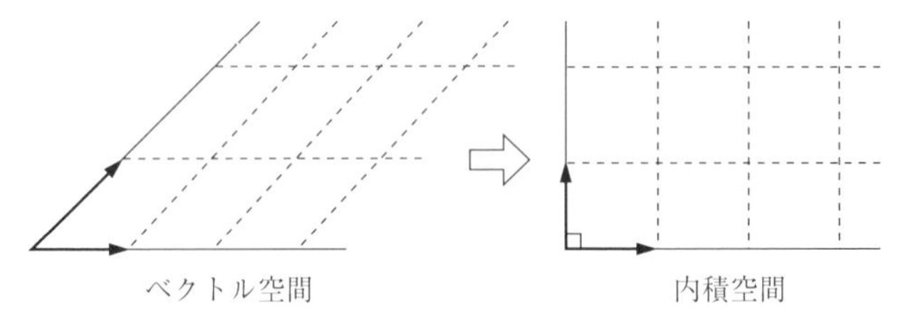

図 14-4

(図 14-4). この基底のもとでの内積の計算は標準内積のそれと一致する.

この節では, V は内積 $(\boldsymbol{x}, \boldsymbol{y})$ をもつ n 次元内積空間とする.

直交系　V の $\mathbf{0}$ でないベクトルの系 $\boldsymbol{u}_1, \cdots, \boldsymbol{u}_m$ が互いに直交するとき, すなわち,

$$(\boldsymbol{u}_i, \boldsymbol{u}_j) = 0 \quad (i \neq j) \tag{14.2-1}$$

が成り立つとき, **直交系**とよばれる. さらに,

$$(\boldsymbol{u}_i, \boldsymbol{u}_i) = 1 \quad (i = 1, \cdots, m) \tag{14.2-2}$$

がみたされるとき**正規直交系**とよばれる. このとき, 各 $\boldsymbol{u}_i$ は単位ベクトルである. V の基底 $\{\boldsymbol{u}_1, \cdots, \boldsymbol{u}_n\}$ は $\boldsymbol{u}_1, \cdots, \boldsymbol{u}_n$ が正規直交系であるとき, V の**正規直交基底**とよばれる.

定理 2〈正規直交基底のもとでの内積の計算〉

V を n 次元内積空間, $\{\boldsymbol{u}_1, \cdots, \boldsymbol{u}_n\}$ を V の正規直交基底, $\boldsymbol{R}^n$ の標準内積を $\boldsymbol{x} \cdot \boldsymbol{y}$ とする.

(1)　V のベクトル $\boldsymbol{x}$ は

$$\boldsymbol{x} = (\boldsymbol{x}, \boldsymbol{u}_1)\boldsymbol{u}_1 + \cdots + (\boldsymbol{x}, \boldsymbol{u}_n)\boldsymbol{u}_n \tag{14.2-3}$$

と表される.

(2)　V のベクトル $\boldsymbol{x} = x_1\boldsymbol{u}_1 + \cdots + x_n\boldsymbol{u}_n$ と $\boldsymbol{y} = y_1\boldsymbol{u}_1 + \cdots + y_n\boldsymbol{u}_n$ $(x_i, y_j \in \boldsymbol{R})$ の内積は

$$(\boldsymbol{x}, \boldsymbol{y}) = x_1y_1 + \cdots + x_ny_n = \begin{pmatrix} x_1 \\ \vdots \\ x_n \end{pmatrix} \cdot \begin{pmatrix} y_1 \\ \vdots \\ y_n \end{pmatrix}$$

のように $\boldsymbol{R}^n$ の標準内積を用いて表される.

(3) V のベクトルの組 $\boldsymbol{p}_1, \cdots, \boldsymbol{p}_r$ が正規直交基底と $n \times r$ 実行列 X を用いて表されているとき，$\boldsymbol{p}_1, \cdots, \boldsymbol{p}_r$ の間の内積には X の列ベクトルの間の標準内積が対応する：

$$\begin{cases} (\boldsymbol{p}_1 \ \cdots \ \boldsymbol{p}_r) = (\boldsymbol{u}_1 \ \cdots \ \boldsymbol{u}_n)X \\ X = (\boldsymbol{x}_1 \ \cdots \ \boldsymbol{x}_r) \end{cases} \Longrightarrow (\boldsymbol{p}_i, \boldsymbol{p}_j) = \boldsymbol{x}_i \cdot \boldsymbol{x}_j.$$

とくに，$\{\boldsymbol{p}_1, \cdots, \boldsymbol{p}_r\}$ が V 内の正規直交系であることと，$\{\boldsymbol{x}_1, \cdots, \boldsymbol{x}_r\}$ が $\boldsymbol{R}^n$ 内の正規直交系であることは同値である．

証明 (1) $\boldsymbol{x} = x_1\boldsymbol{u}_1 + \cdots + x_n\boldsymbol{u}_n$ とおけば，(14.2-1) と (14.2-2) から

$$\begin{aligned}(\boldsymbol{x}, \boldsymbol{u}_i) &= (x_1\boldsymbol{u}_1 + \cdots + x_n\boldsymbol{u}_n, \boldsymbol{u}_i) \\ &= x_1(\boldsymbol{u}_1, \boldsymbol{u}_i) + \cdots + x_i(\boldsymbol{u}_i, \boldsymbol{u}_i) + \cdots + x_n(\boldsymbol{u}_n, \boldsymbol{u}_i) = x_i\end{aligned}$$

(2) $$\begin{aligned}(\boldsymbol{x}, \boldsymbol{y}) &= y_1(\boldsymbol{x}, \boldsymbol{u}_1) + \cdots + y_n(\boldsymbol{x}, \boldsymbol{u}_n) \\ &= y_1x_1 + \cdots + y_nx_n \quad ((1)\text{より})\end{aligned}$$

(3) $\boldsymbol{p}_k = (\boldsymbol{u}_1 \ \cdots \ \boldsymbol{u}_n)\boldsymbol{x}_k$ $(k = i, j)$ に (2) を適用すればよい． ▒

直交系と一次関係について次の関係がある．

命題 直交系は一次独立である．

証明 $\boldsymbol{u}_1, \cdots, \boldsymbol{u}_m$ を直交系とする．これらの一次関係式を $k_1\boldsymbol{u}_1 + \cdots + k_m\boldsymbol{u}_m = \boldsymbol{0}$ … (♯) とおく．補題 1 (2) と直交性 (14.2-1) から

$$\begin{aligned}0 &= (\boldsymbol{0}, \boldsymbol{u}_i) \\ &= (k_1\boldsymbol{u}_1 + \cdots + k_i\boldsymbol{u}_i + \cdots + k_m\boldsymbol{u}_m, \boldsymbol{u}_i) = k_i(\boldsymbol{u}_i, \boldsymbol{u}_i)\end{aligned}$$

が成り立つ．$\boldsymbol{u}_i \neq \boldsymbol{0}$ であるから，$(\boldsymbol{u}_i, \boldsymbol{u}_i) \neq 0$．よって $k_i = 0$ $(i = 1, \cdots, m)$．したがって，(♯) が自明な解のみをもつから，$\boldsymbol{u}_1, \cdots, \boldsymbol{u}_m$ は一次独立である ((11.1-3))． ▒

グラム-シュミットの直交化法　一次独立なベクトルの組 $\boldsymbol{a}_1, \cdots, \boldsymbol{a}_r$ から正規直交系 $\boldsymbol{u}_1, \cdots, \boldsymbol{u}_r$ を構成する 1 つのアルゴリズムについて述べよう．

Step 1　$\boldsymbol{u}_1 = \boldsymbol{a}_1/\|\boldsymbol{a}_1\|$ とおく (図 14-5)．

Step 2　$\boldsymbol{b}_2 = \boldsymbol{a}_2 - (\boldsymbol{a}_2, \boldsymbol{u}_1)\boldsymbol{u}_1$ を計算し，$\boldsymbol{u}_2 = \boldsymbol{b}_2/\|\boldsymbol{b}_2\|$ とおく (図 14-6)．

Step 3　$\boldsymbol{b}_3 = \boldsymbol{a}_3 - (\boldsymbol{a}_3, \boldsymbol{u}_1)\boldsymbol{u}_1 - (\boldsymbol{a}_3, \boldsymbol{u}_2)\boldsymbol{u}_2$ を計算し，$\boldsymbol{u}_3 = \boldsymbol{b}_3/\|\boldsymbol{b}_3\|$ とおく (図 14-7)．

………

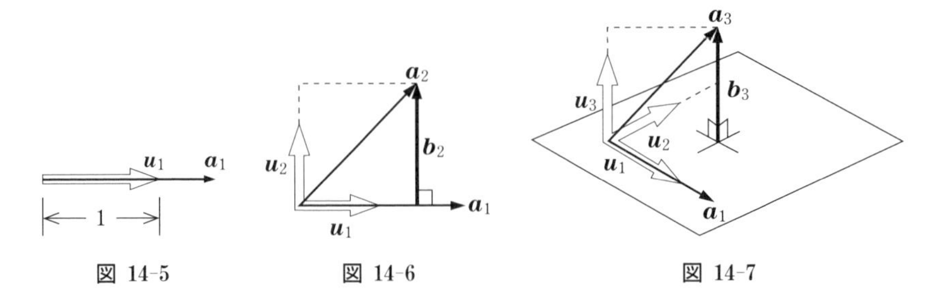

図 14-5　　図 14-6　　図 14-7

Step $(i+1)$　$\boldsymbol{b}_{i+1} = \boldsymbol{a}_{i+1} - (\boldsymbol{a}_{i+1}, \boldsymbol{u}_1)\boldsymbol{u}_1 - \cdots - (\boldsymbol{a}_{i+1}, \boldsymbol{u}_i)\boldsymbol{u}_i$　(14.2-4)

を計算し，$\boldsymbol{u}_{i+1} = \boldsymbol{b}_{i+1}/\|\boldsymbol{b}_{i+1}\|$ とおく．

以上の操作を Step r まで行って，$\boldsymbol{u}_1, \cdots, \boldsymbol{u}_r$ をつくる．この構成法は**グラム-シュミットの直交化法**として知られている．

定理 3〈グラム-シュミットの直交化法〉

$\boldsymbol{a}_1, \cdots, \boldsymbol{a}_r$ を内積空間 V の一次独立なベクトルの組とする．グラム-シュミットの直交化法で構成されたベクトルを $\boldsymbol{u}_1, \cdots, \boldsymbol{u}_r$ とする．

(1)　$\boldsymbol{u}_1, \cdots, \boldsymbol{u}_r$ は正規直交系である．

(2)　$\boldsymbol{u}_1, \cdots, \boldsymbol{u}_r$ は次のように $\boldsymbol{a}_1, \cdots, \boldsymbol{a}_r$ の一次結合で表せる：

$$(\boldsymbol{u}_1 \quad \boldsymbol{u}_2 \quad \cdots \quad \boldsymbol{u}_r) = (\boldsymbol{a}_1 \quad \boldsymbol{a}_2 \quad \cdots \quad \boldsymbol{a}_r)P, \qquad P = \begin{pmatrix} p_{11} & p_{12} & \cdots & p_{1r} \\ 0 & p_{22} & \cdots & p_{2r} \\ \vdots & \ddots & \ddots & \vdots \\ 0 & \cdots & 0 & p_{rr} \end{pmatrix}. \tag{14.2-5}$$

ここに，$p_{11} > 0, \quad \cdots, \quad p_{rr} > 0$ である．

証明　r に関する帰納法で証明する．$r = 1$ のときは明らかに成立する．r のとき，上の (1), (2) が成り立つと仮定し，(14.2-5) の行列 P を P_r と書くことにする．いま，$\boldsymbol{a}_1, \cdots, \boldsymbol{a}_r, \boldsymbol{a}_{r+1}$ は一次独立なベクトルで，Step $(r+1)$ でつくられるベクトル $\boldsymbol{b}_{r+1}$ を考える((14.2-4))．まず，$\boldsymbol{b}_{r+1} \neq \boldsymbol{0}$ を確認しよう．確認して，はじめて $\boldsymbol{u}_{r+1}$ がつくれるのである．簡単のため，$\boldsymbol{b}_{r+1} = \boldsymbol{a}_{r+1} + q_1\boldsymbol{u}_1 + \cdots + q_r\boldsymbol{u}_r$ $(q_i \in \boldsymbol{R})$ と書こう．帰納法の仮定から

$$\boldsymbol{b}_{r+1} = \underset{\sim\sim\sim\sim\sim\sim\sim\sim\sim\sim}{(\boldsymbol{u}_1 \ \cdots \ \boldsymbol{u}_r \ \ \boldsymbol{a}_{r+1})}\begin{pmatrix} q_1 \\ \vdots \\ q_r \\ 1 \end{pmatrix} = \underset{\sim\sim\sim\sim\sim\sim\sim\sim\sim\sim\sim\sim\sim\sim\sim\sim}{(\boldsymbol{a}_1 \ \cdots \ \boldsymbol{a}_r \ \ \boldsymbol{a}_{r+1})\begin{pmatrix} P_r & O \\ O & 1 \end{pmatrix}}\begin{pmatrix} q_1 \\ \vdots \\ q_r \\ 1 \end{pmatrix}$$

と表せる．もし，$\boldsymbol{b}_{r+1} = \boldsymbol{0}$ であれば，$\boldsymbol{a}_1, \cdots, \boldsymbol{a}_r, \boldsymbol{a}_{r+1}$ が一次独立であることと $\begin{vmatrix} P_r & O \\ O & 1 \end{vmatrix} = p_{11} \cdots p_{rr} \neq 0$ から ${}^t(q_1 \ \cdots \ q_r \ \ 1) = {}^t(0 \ \cdots \ 0 \ \ 0)$ でなければならない．これは矛盾であるから，$\boldsymbol{b}_{r+1} \neq \boldsymbol{0}$ でないといけない．構成法から，(14.2-5) が $r+1$ の場合に成り立つのは明らかである．

次に，$\boldsymbol{u}_1, \cdots, \boldsymbol{u}_{r+1}$ が正規直交系であることを示そう．$\boldsymbol{u}_{r+1}$ が，したがって，$\boldsymbol{b}_{r+1}$ が $\boldsymbol{u}_1, \cdots, \boldsymbol{u}_r$ と直交することは，$1 \leqq j \leqq r$ について

$$\begin{aligned}(\boldsymbol{b}_{r+1}, \boldsymbol{u}_j) &= (\boldsymbol{a}_{r+1} - (\boldsymbol{a}_{r+1}, \boldsymbol{u}_1)\boldsymbol{u}_1 - \cdots - (\boldsymbol{a}_{r+1}, \boldsymbol{u}_r)\boldsymbol{u}_r, \boldsymbol{u}_j) \\ &= (\boldsymbol{a}_{r+1}, \boldsymbol{u}_j) - (\boldsymbol{a}_{r+1}, \boldsymbol{u}_j)(\boldsymbol{u}_j, \boldsymbol{u}_j) = 0\end{aligned}$$

が成り立つことからわかる．　■

系　有限次元内積空間は正規直交基底をもつ．

証明　V を n 次元内積空間，$\{\boldsymbol{a}_1, \cdots, \boldsymbol{a}_n\}$ を V の基底とする．$\boldsymbol{a}_1, \cdots, \boldsymbol{a}_n$ にグラム-シュミットの直交化法を適用して，正規直交系 $\boldsymbol{u}_1, \cdots, \boldsymbol{u}_n$ を構成する．命題より，これらは n 個の一次独立なベクトルであるから V の基底を構成する．　■

例 5　標準内積をもつ空間 $\boldsymbol{R}^3$ において，$\boldsymbol{a}_1 = \begin{pmatrix} 1 \\ 1 \\ 1 \end{pmatrix}$，$\boldsymbol{a}_2 = \begin{pmatrix} 1 \\ 2 \\ 1 \end{pmatrix}$，

$\boldsymbol{a}_3 = \begin{pmatrix} 1 \\ 1 \\ 3 \end{pmatrix}$ で構成される基底 $\{\boldsymbol{a}_1, \boldsymbol{a}_2, \boldsymbol{a}_3\}$ を考える．

(1)　グラム-シュミットの直交化法により，この基底から $\boldsymbol{R}^3$ の正規直交基底 $\{\boldsymbol{u}_1, \boldsymbol{u}_2, \boldsymbol{u}_3\}$ を構成せよ．

(2)　$\boldsymbol{R}^3$ のベクトル $\boldsymbol{x} = \begin{pmatrix} x \\ y \\ z \end{pmatrix}$ を $\boldsymbol{u}_1, \boldsymbol{u}_2, \boldsymbol{u}_3$ の一次結合で表せ．

解　(1)　Step 1　$\underset{\sim}{\boldsymbol{u}_1} = \dfrac{\boldsymbol{a}_1}{\|\boldsymbol{a}_1\|} = \dfrac{1}{\sqrt{3}}\begin{pmatrix} 1 \\ 1 \\ 1 \end{pmatrix}$

Step 2　$\boldsymbol{b}_2 = \boldsymbol{a}_2 - (\boldsymbol{a}_2, \boldsymbol{u}_1)\boldsymbol{u}_1$

$$= \begin{pmatrix} 1 \\ 2 \\ 1 \end{pmatrix} - \frac{4}{\sqrt{3}} \cdot \frac{1}{\sqrt{3}} \begin{pmatrix} 1 \\ 1 \\ 1 \end{pmatrix} = \frac{1}{3} \begin{pmatrix} -1 \\ 2 \\ -1 \end{pmatrix}$$

$$\| \boldsymbol{b}_2 \| = \frac{\sqrt{6}}{3} \quad \text{より} \quad \underset{\sim\sim}{\boldsymbol{u}_2} = \frac{\boldsymbol{b}_2}{\| \boldsymbol{b}_2 \|} = \frac{1}{\sqrt{6}} \begin{pmatrix} -1 \\ 2 \\ -1 \end{pmatrix}$$

Step 3　$\boldsymbol{b}_3 = \boldsymbol{a}_3 - (\boldsymbol{a}_3, \boldsymbol{u}_1)\boldsymbol{u}_1 - (\boldsymbol{a}_3, \boldsymbol{u}_2)\boldsymbol{u}_2$

$$= \begin{pmatrix} 1 \\ 1 \\ 3 \end{pmatrix} - \frac{5}{\sqrt{3}} \cdot \frac{1}{\sqrt{3}} \begin{pmatrix} 1 \\ 1 \\ 1 \end{pmatrix} - \frac{(-2)}{\sqrt{6}} \cdot \frac{1}{\sqrt{6}} \begin{pmatrix} -1 \\ 2 \\ -1 \end{pmatrix} = \begin{pmatrix} -1 \\ 0 \\ 1 \end{pmatrix}$$

$$\| \boldsymbol{b}_3 \| = \sqrt{2} \quad \text{より} \quad \underset{\sim\sim}{\boldsymbol{u}_3} = \frac{\boldsymbol{b}_3}{\| \boldsymbol{b}_3 \|} = \frac{1}{\sqrt{2}} \begin{pmatrix} -1 \\ 0 \\ 1 \end{pmatrix}$$

以上の $\{\boldsymbol{u}_1, \boldsymbol{u}_2, \boldsymbol{u}_3\}$ が求める正規直交基底である.

(2)　定理 2 の (14.2-3) を用いる.

$$\boldsymbol{x} = (\boldsymbol{x}, \boldsymbol{u}_1)\boldsymbol{u}_1 + (\boldsymbol{x}, \boldsymbol{u}_2)\boldsymbol{u}_2 + (\boldsymbol{x}, \boldsymbol{u}_3)\boldsymbol{u}_3$$
$$= \frac{x+y+z}{\sqrt{3}}\boldsymbol{u}_1 + \frac{-x+2y-z}{\sqrt{6}}\boldsymbol{u}_2 + \frac{-x+z}{\sqrt{2}}\boldsymbol{u}_3$$

直交行列　　実列ベクトル空間 $\boldsymbol{R}^n$ において, n 次正方行列 A を $A = (\boldsymbol{a}_1 \ \cdots \ \boldsymbol{a}_n)$ と列ベクトル分割したとき,

$$\{\boldsymbol{a}_1, \cdots, \boldsymbol{a}_n\} \text{ が基底} \iff A \text{ が正則行列}$$

であった (12.1 節系 2). $\boldsymbol{R}^n$ を標準内積をもつ内積空間と考えたとき, 正規直交基底には“直交行列”が対応する.

n 次実正方行列 A は

$$^tAA = E \tag{14.2-6}$$

をみたすとき, **直交行列**とよばれる. 直交行列 A について

$$A^{-1} = {}^tA \tag{14.2-7}$$

が成り立つことに気をとめておこう.

定理 4〈正規直交基底と直交行列〉

$\boldsymbol{R}^n$ に標準内積を考える. n 次実正方行列 A を $A = (\boldsymbol{a}_1 \ \cdots \ \boldsymbol{a}_n)$ と列ベクトル分割したとき, 次の (1) と (2) は同値である.

(1) $\{\boldsymbol{a}_1, \cdots, \boldsymbol{a}_n\}$ は $\boldsymbol{R}^n$ の正規直交基底である．

(2) A は直交行列である．

証明　標準内積の行列表示(14.1-6)を用いて，

$$
{}^tAA = \begin{pmatrix} {}^t\boldsymbol{a}_1 \\ \vdots \\ {}^t\boldsymbol{a}_n \end{pmatrix} (\boldsymbol{a}_1 \ \cdots \ \boldsymbol{a}_n) = \begin{pmatrix} {}^t\boldsymbol{a}_1\boldsymbol{a}_1 & \cdots & {}^t\boldsymbol{a}_1\boldsymbol{a}_n \\ \vdots & & \vdots \\ {}^t\boldsymbol{a}_n\boldsymbol{a}_1 & \cdots & {}^t\boldsymbol{a}_n\boldsymbol{a}_n \end{pmatrix}
$$

$$
= \begin{pmatrix} (\boldsymbol{a}_1, \boldsymbol{a}_1) & \cdots & (\boldsymbol{a}_1, \boldsymbol{a}_n) \\ \vdots & & \vdots \\ (\boldsymbol{a}_n, \boldsymbol{a}_1) & \cdots & (\boldsymbol{a}_n, \boldsymbol{a}_n) \end{pmatrix} \qquad (\sharp)
$$

と表せる．よって，

$\{\boldsymbol{a}_1, \cdots, \boldsymbol{a}_n\}$ が $\boldsymbol{R}^n$ の正規直交基底 $\Longleftrightarrow (\boldsymbol{a}_i, \boldsymbol{a}_j) = \delta_{ij}$

(1.1節，クロネッカーのデルタ)

$\underset{(\sharp)\text{より}}{\Longleftrightarrow} {}^tAA = E$

$\Longleftrightarrow A$ は直交行列　■

演習問題

[90]　〈**内積に関する等式**〉

内積 $(\boldsymbol{x}, \boldsymbol{y})$ をもつ空間 V において，次の等式が成り立つことを証明せよ．

(1)　$\|\boldsymbol{x}+\boldsymbol{y}\|^2+\|\boldsymbol{x}-\boldsymbol{y}\|^2 = 2(\|\boldsymbol{x}\|^2+\|\boldsymbol{y}\|^2)$　(**中線定理**)

(2)　$(\boldsymbol{x}, \boldsymbol{y}) = \dfrac{1}{4}(\|\boldsymbol{x}+\boldsymbol{y}\|^2-\|\boldsymbol{x}-\boldsymbol{y}\|^2)$　(**極化恒等式**)

[91]　〈**ベクトルに直交する部分空間**〉

内積 $(\boldsymbol{x}, \boldsymbol{y})$ をもつ空間 V のベクトルを $\boldsymbol{a}$ とする．このとき，

$$U = \{\boldsymbol{x} \in V \mid (\boldsymbol{x}, \boldsymbol{a}) = 0\}$$

は V の部分空間であることを証明せよ．

[92]　〈**標準内積**〉

$\boldsymbol{R}^3$ は標準内積 $(\boldsymbol{x}, \boldsymbol{y}) = \boldsymbol{x}\cdot\boldsymbol{y}$ をもつとする．

(1)　$\boldsymbol{a} = \begin{pmatrix} 1 \\ -1 \\ 2 \end{pmatrix}$ に直交するベクトル全体のつくる部分空間 $U = \{\boldsymbol{x} \in \boldsymbol{R}^3 \mid (\boldsymbol{x}, \boldsymbol{a}) = 0\}$ の基底を求めよ．

(2)　$\boldsymbol{a} = \begin{pmatrix} 1 \\ -1 \\ 2 \end{pmatrix}$, $\boldsymbol{b} = \begin{pmatrix} 1 \\ 1 \\ 4 \end{pmatrix}$ に対して，$(\boldsymbol{a}, \boldsymbol{c}) = 1$，$(\boldsymbol{b}, \boldsymbol{c}) = -1$ をみたすベクトル $\boldsymbol{c}$ を求めよ．

[93]　〈関数空間における内積〉

$V = \langle 1, t, t^2 \rangle$ の内積 (f, g) を (14.1-7) のものとする．

(1)　$(1, f) = (t, f) = 0$ および $f(1) = 1$ をみたす $f \in V$ を求めよ．

(2)　$U = \{f \in V \mid (f, 1) = 0\}$ の基底を求めよ．

[94]　〈行列空間における内積〉

V は2次実正方行列全体のつくるベクトル空間で，その内積 (A, B) は (14.1-8) のものとする．$E = \begin{pmatrix} 1 & 0 \\ 0 & 1 \end{pmatrix}$, $A = \begin{pmatrix} 0 & 1 \\ -1 & 0 \end{pmatrix}$ とする．

(1)　ノルム $\|E + A\|$ を求めよ．

(2)　$U = \{X \in V \mid (E, X) = 0,\ (A, X) = 0\}$ の基底を求めよ．

[95]　〈チャート〉

標準内積 $\boldsymbol{x} \cdot \boldsymbol{y}$ をもつ空間 $\boldsymbol{R}^3$ 内に，$\boldsymbol{a}_1 = \begin{pmatrix} 1 \\ 1 \\ 1 \end{pmatrix}$, $\boldsymbol{a}_2 = \begin{pmatrix} 1 \\ 0 \\ 1 \end{pmatrix}$ で生成される部分空間 $U = \langle \boldsymbol{a}_1, \boldsymbol{a}_2 \rangle$ を考える．線形写像 $\varphi : \boldsymbol{R}^2 \to U$ を $\varphi(x\boldsymbol{e}_1 + y\boldsymbol{e}_2) = x\boldsymbol{a}_1 + y\boldsymbol{a}_2$ $(x, y \in \boldsymbol{R})$ で定める．$\boldsymbol{R}^2$ の内積を $(\boldsymbol{x}, \boldsymbol{y}) = \varphi(\boldsymbol{x}) \cdot \varphi(\boldsymbol{y})$ と定義する．

(1)　内積 $(\boldsymbol{e}_1, \boldsymbol{e}_1), (\boldsymbol{e}_1, \boldsymbol{e}_2), (\boldsymbol{e}_2, \boldsymbol{e}_2)$ およびノルム $\|\boldsymbol{e}_1 + \boldsymbol{e}_2\|$ を計算せよ．

(2)　$\boldsymbol{x} = x\boldsymbol{e}_1 + y\boldsymbol{e}_2$, $\varphi(\boldsymbol{x}) = X\boldsymbol{e}_1 + Y\boldsymbol{e}_2 + Z\boldsymbol{e}_3$ とする．$\boldsymbol{R}^2$ のベクトル $\boldsymbol{x}$ が $(\boldsymbol{x}, \boldsymbol{x}) = 1$ をみたすとき，x, y のみたす方程式および X, Y, Z のみたす方程式を求めよ．

[96]　〈列ベクトル空間の正規直交基底〉

標準内積 $(\boldsymbol{x}, \boldsymbol{y}) = \boldsymbol{x} \cdot \boldsymbol{y}$ をもつ空間 $\boldsymbol{R}^3$ において，$\boldsymbol{a}_1 = \begin{pmatrix} 1 \\ -1 \\ 1 \end{pmatrix}$, $\boldsymbol{a}_2 = \begin{pmatrix} 1 \\ 1 \\ 1 \end{pmatrix}$, $\boldsymbol{a}_3 = \begin{pmatrix} 1 \\ 2 \\ 3 \end{pmatrix}$ から構成される基底 $\{\boldsymbol{a}_1, \boldsymbol{a}_2, \boldsymbol{a}_3\}$ を考える．

(1)　グラム-シュミットの直交化法により，この基底から $\boldsymbol{R}^3$ の正規直交基底 $\{\boldsymbol{u}_1, \boldsymbol{u}_2, \boldsymbol{u}_3\}$ を構成せよ．

(2)　$\boldsymbol{v} = \begin{pmatrix} 2 \\ 1 \\ 2 \end{pmatrix}$ を $\boldsymbol{u}_1, \boldsymbol{u}_2, \boldsymbol{u}_3$ の一次結合で表せ．

[97]　〈関数空間における正規直交系〉

$V = \langle 1, t, t^2 \rangle$ の内積 (f, g) を (14.1-7) のものとする．

(1) $f=1$, $g=\sqrt{3}(2t-1)$ は $\|f\|=\|g\|=1$ および $(f,g)=0$ をみたすことを確かめよ．

(2) f,g を含む V の正規直交基底を求めよ．

[98] 〈**行列空間における正規直交基底**〉

2 次実正方行列全体のつくる空間 V の内積 (A,B) を (14.1-8) のものとする．以下の行列でつくられる V の基底 $\{A_1,A_2,A_3,A_4\}$ にグラム-シュミットの直交化法を適用して，V の正規直交基底を構成せよ．

$$A_1=\begin{pmatrix}1&0\\0&1\end{pmatrix},\quad A_2=\begin{pmatrix}1&0\\0&2\end{pmatrix},\quad A_3=\begin{pmatrix}0&1\\1&0\end{pmatrix},\quad A_4=\begin{pmatrix}0&1\\2&0\end{pmatrix}$$

[99] 〈**直交行列**〉

行列 $U=\dfrac{1}{\sqrt{5}}\begin{pmatrix}1&a\\2&b\end{pmatrix}$ が直交行列となるように a,b を定めよ．

[100] 〈**正則行列の直交行列と上三角行列への分解**〉

$A=\begin{pmatrix}1&3\\2&1\end{pmatrix}$ とする．$A=UR$ をみたす直交行列 U と上三角行列 R を次の指示に従って求めよ：$A=(\boldsymbol{a}_1\quad \boldsymbol{a}_2)$ とおき，$\boldsymbol{R}^2$ の基底 $\{\boldsymbol{a}_1,\boldsymbol{a}_2\}$ にグラム-シュミットの直交化法を適用して $\boldsymbol{R}^2$ の正規直交基底 $\{\boldsymbol{u}_1,\boldsymbol{u}_2\}$ を見い出し，$U=(\boldsymbol{u}_1\quad \boldsymbol{u}_2)$ とおく．

15 直交変換，正射影と対称変換

この章では，標準内積 $(\boldsymbol{x}, \boldsymbol{y}) = \boldsymbol{x} \cdot \boldsymbol{y}$ をもつ n 次元実列ベクトル空間 $\boldsymbol{R}^n$ に限定して議論する．$\boldsymbol{R}^n$ の直交座標軸の取り替えや部分空間への正射影などの線形変換について学ぶ．これらの具体的な例を通して，代数的記述である基底の幾何学への応用を体験する．

15.1 直交変換

行列の定める線形変換と内積の間には次の関係がある．

補題 n 次実正方行列 A と $\boldsymbol{R}^n$ のベクトル $\boldsymbol{x}, \boldsymbol{y}$ について

$$(A\boldsymbol{x}, \boldsymbol{y}) = (\boldsymbol{x}, {}^tA\boldsymbol{y}) \tag{15.1-1}$$

が成り立つ．

証明 14.1 節 (14.1-6) を用いて，内積の計算を行列の計算に変換する．

$$(A\boldsymbol{x}, \boldsymbol{y}) = {}^t(A\boldsymbol{x})\boldsymbol{y} = {}^t\boldsymbol{x}(A\boldsymbol{y}) = (\boldsymbol{x}, {}^tA\boldsymbol{y})$$

が 2.5 節の定理 4 を用いてわかる． ■

直交変換 線形変換 $\varphi : \boldsymbol{R}^n \to \boldsymbol{R}^n$ が任意の 2 つのベクトルの内積を変えないとき，すなわち

$$(\varphi(\boldsymbol{x}), \varphi(\boldsymbol{y})) = (\boldsymbol{x}, \boldsymbol{y}) \quad (\boldsymbol{x}, \boldsymbol{y} \in \boldsymbol{R}^n) \tag{15.1-2}$$

をみたすとき，φ を $\boldsymbol{R}^n$ の**直交変換**という．幾何学的に表現すると，原点を始点とするベクトルの長さや 2 つのベクトルのなす角を変えない移し方は直交変換である．このような移し方は自動的に線形変換となる (証明略)．

命題 1 (直交変換の性質) 直交変換 $\varphi : \boldsymbol{R}^n \to \boldsymbol{R}^n$ について次が成り立つ．

(1) $\boldsymbol{x}, \boldsymbol{y} \in \boldsymbol{R}^n$ とする．$\|\varphi(\boldsymbol{x})\| = \|\boldsymbol{x}\|$ が成り立つ．また，$(\boldsymbol{x}, \boldsymbol{y}) = 0$ であれば $(\varphi(\boldsymbol{x}), \varphi(\boldsymbol{y})) = 0$ である．

(2) $\{\boldsymbol{u}_1, \cdots, \boldsymbol{u}_n\}$ が $\boldsymbol{R}^n$ の正規直交基底であれば $\{\varphi(\boldsymbol{u}_1), \cdots, \varphi(\boldsymbol{u}_n)\}$ も $\boldsymbol{R}^n$ の正規直交基底である.

証明 (1) は (15.1-2) より明白である.

(2) $(\boldsymbol{u}_i, \boldsymbol{u}_j) = \delta_{ij}$ (クロネッカーのデルタ, 1.1節) であるから, (15.1-2) より $(\varphi(\boldsymbol{u}_i), \varphi(\boldsymbol{u}_j)) = \delta_{ij}$. したがって, $\varphi(\boldsymbol{u}_1), \cdots, \varphi(\boldsymbol{u}_n)$ は正規直交系である. 14.2節命題から, これらは n 個の一次独立なベクトルとなり, $\boldsymbol{R}^n$ の基底を構成する. ▮

定理 1〈直交変換と直交行列〉

A を n 次実正方行列とする. A の定める線形変換を $\varphi : \boldsymbol{R}^n \to \boldsymbol{R}^n$ $(\varphi(\boldsymbol{x}) = A\boldsymbol{x})$ とする. このとき, 次の (1), (2) は同値である.

(1) φ は直交変換である.

(2) A は直交行列である.

証明 (1) $\Longrightarrow$ (2) : $A = (\boldsymbol{a}_1 \ \cdots \ \boldsymbol{a}_n)$ とおくと, $\boldsymbol{a}_1 = \varphi(\boldsymbol{e}_1)$, $\cdots$, $\boldsymbol{a}_n = \varphi(\boldsymbol{e}_n)$ である. $\{\boldsymbol{e}_1, \cdots, \boldsymbol{e}_n\}$ は $\boldsymbol{R}^n$ の正規直交基底であるから, 命題 1 より $\{\varphi(\boldsymbol{e}_1), \cdots, \varphi(\boldsymbol{e}_n)\} = \{\boldsymbol{a}_1, \cdots, \boldsymbol{a}_n\}$ も $\boldsymbol{R}^n$ の正規直交基底である. よって, 14.2節定理 4 より A は直交行列である.

(2) $\Longrightarrow$ (1) : $\boldsymbol{x}, \boldsymbol{y} \in \boldsymbol{R}^n$ について,

$$
\begin{aligned}
(\varphi(\boldsymbol{x}), \varphi(\boldsymbol{y})) = (A\boldsymbol{x}, A\boldsymbol{y}) &= (\boldsymbol{x}, {}^tAA\boldsymbol{y}) \quad ((15.1\text{-}1) \text{ より}) \\
&= (\boldsymbol{x}, \boldsymbol{y}) \quad (14.2 \text{ 節 } (14.2\text{-}6) \text{ より})
\end{aligned}
$$

が成り立つ. ▮

例 1 (平面上の直交変換) 原点を O とする xy 平面において, 次のように点 $\mathrm{P}(x, y)$ を点 $\mathrm{Q}(x', y')$ に移すとき, 写像 $\varphi : \boldsymbol{R}^2 \to \boldsymbol{R}^2$ を $\varphi(\overrightarrow{\mathrm{OP}}) = \overrightarrow{\mathrm{OQ}}$ で定める. $\varphi(\boldsymbol{x}) = A\boldsymbol{x}$, すなわち $\begin{pmatrix} x' \\ y' \end{pmatrix} = A\begin{pmatrix} x \\ y \end{pmatrix}$ となる 2×2 行列 A を求めよ.

(1) 点 Q は点 P を原点のまわりに θ だけ回転した点 (**回転**).

(2) 点 Q は点 P と直線 $l : y = ax$ に関して対称な点 (**折り返し**).

解 (1) 図 15-1 において, 長方形 OAPB と長方形 OCQD は合同である. ゆえに $\overrightarrow{\mathrm{OP}} = x\boldsymbol{e}_1 + y\boldsymbol{e}_2$, $\overrightarrow{\mathrm{OA}} = x\boldsymbol{e}_1$, $\overrightarrow{\mathrm{OB}} = y\boldsymbol{e}_2$ より $\overrightarrow{\mathrm{OC}} = x\varphi(\boldsymbol{e}_1)$, $\overrightarrow{\mathrm{OD}} = y\varphi(\boldsymbol{e}_2)$ である. よって,

$$x'\boldsymbol{e}_1 + y'\boldsymbol{e}_2 = \overrightarrow{\mathrm{OQ}} = \overrightarrow{\mathrm{OC}} + \overrightarrow{\mathrm{OD}} = x\varphi(\boldsymbol{e}_1) + y\varphi(\boldsymbol{e}_2) \qquad (\sharp)$$

が成り立つ. $\varphi(\boldsymbol{e}_1) = \cos\theta\, \boldsymbol{e}_1 + \sin\theta\, \boldsymbol{e}_2$, $\varphi(\boldsymbol{e}_2) = -\sin\theta\, \boldsymbol{e}_1 + \cos\theta\, \boldsymbol{e}_2$ であるか

ら，これらを(#)に代入すると

$$x'\boldsymbol{e}_1+y'\boldsymbol{e}_2=(x\cos\theta-y\sin\theta)\boldsymbol{e}_1 \\ +(x\sin\theta+y\operatorname{con}\theta)\boldsymbol{e}_2$$

となる．$\boldsymbol{e}_1, \boldsymbol{e}_2$ の係数を比較して，

$$\begin{pmatrix} x' \\ y' \end{pmatrix}=\begin{pmatrix} \cos\theta & -\sin\theta \\ \sin\theta & \cos\theta \end{pmatrix}\begin{pmatrix} x \\ y \end{pmatrix}$$

$$\therefore\quad A=\begin{pmatrix} \cos\theta & -\sin\theta \\ \sin\theta & \cos\theta \end{pmatrix}$$

を得る．

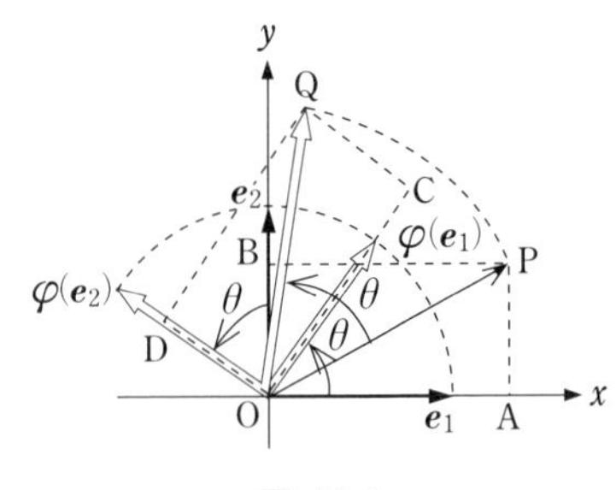

図 15-1

(2) 直線 $y=ax$ の単位方向ベクトルを $\boldsymbol{b}$ とすると，$\boldsymbol{b}=\dfrac{1}{\sqrt{a^2+1}}\begin{pmatrix} 1 \\ a \end{pmatrix}$ である．点Pの直線 l への正射影をHとする．$\boldsymbol{p}=\overrightarrow{\mathrm{OP}}$，$\boldsymbol{q}=\overrightarrow{\mathrm{OQ}}$ とおけば，$\overrightarrow{\mathrm{OH}}=(\boldsymbol{p},\boldsymbol{b})\boldsymbol{b}$ である．$\overrightarrow{\mathrm{HQ}}=\overrightarrow{\mathrm{PH}}$ であるから，$\boldsymbol{q}=\overrightarrow{\mathrm{OH}}+\overrightarrow{\mathrm{HQ}}=(\boldsymbol{p},\boldsymbol{b})\boldsymbol{b}+((\boldsymbol{p},\boldsymbol{b})\boldsymbol{b}-\boldsymbol{p})=-\boldsymbol{p}+2(\boldsymbol{p},\boldsymbol{b})\boldsymbol{b}$ である．したがって

$$\varphi(\boldsymbol{p})=\boldsymbol{q}=-\boldsymbol{p}+2(\boldsymbol{p},\boldsymbol{b})\boldsymbol{b}$$

と表せる．よって，これに $\boldsymbol{p}=\begin{pmatrix} x \\ y \end{pmatrix}$ を代入して，

$$\begin{pmatrix} x' \\ y' \end{pmatrix}=\varphi(\boldsymbol{p})=\frac{1}{a^2+1}\begin{pmatrix} (1-a^2)x+2ay \\ 2ax+(a^2-1)y \end{pmatrix}$$

$$=\frac{1}{a^2+1}\begin{pmatrix} 1-a^2 & 2a \\ 2a & a^2-1 \end{pmatrix}\begin{pmatrix} x \\ y \end{pmatrix}$$

より，$A=\dfrac{1}{a^2+1}\begin{pmatrix} 1-a^2 & 2a \\ 2a & a^2-1 \end{pmatrix}$ を得る． ■

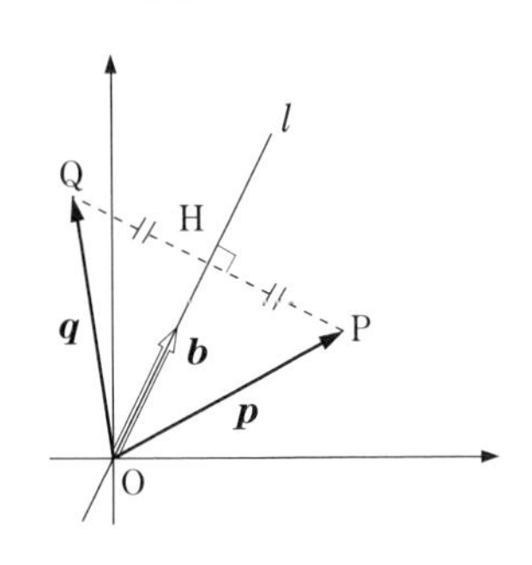

図 15-2

例 2（空間内の直交変換） 原点をOとする xyz 空間に点R(1, 1, 1)がある．点P(x, y, z)を，直線ORのまわりに，右ねじがベクトル $\overrightarrow{\mathrm{OR}}$ を向くように30°だけ回転した点をQ(x', y', z')とする．x', y', z' を x, y, z を用いて表せ．（空間内の回転の公式については演習問題 [103] 参照．）

解 (1) 原点を通り，直線ORに垂直な平面を π．π 上の点G(x, y, z)を終点とする幾何ベクトルのつくる部分空間を W とする．$(\overrightarrow{\mathrm{OG}}, \overrightarrow{\mathrm{OR}})=0$ より $x+y+z=0$ であるから，

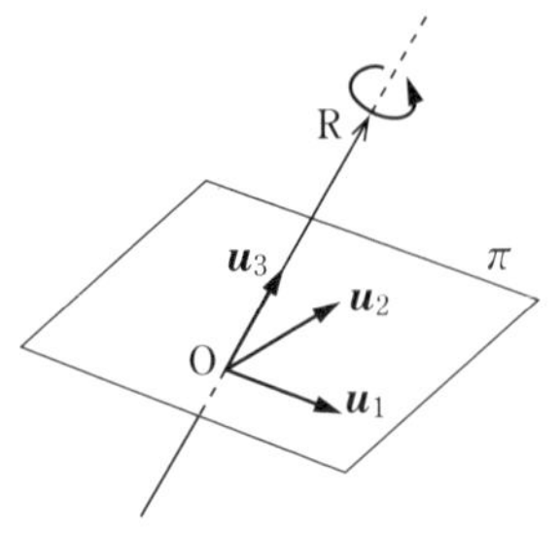

図 15-3

$$\overrightarrow{\mathrm{OG}} = \begin{pmatrix} x \\ y \\ z \end{pmatrix} = \begin{pmatrix} -y-z \\ y \\ z \end{pmatrix} = y\begin{pmatrix} -1 \\ 1 \\ 0 \end{pmatrix} + z\begin{pmatrix} -1 \\ 0 \\ 1 \end{pmatrix}$$

と表せる．したがって，$\boldsymbol{a}_1 = \begin{pmatrix} -1 \\ 1 \\ 0 \end{pmatrix}$, $\boldsymbol{a}_2 = \begin{pmatrix} -1 \\ 0 \\ 1 \end{pmatrix}$ とおけば，$W = \langle \boldsymbol{a}_1, \boldsymbol{a}_2 \rangle$ である．$\{\boldsymbol{a}_1, \boldsymbol{a}_2\}$ にグラム-シュミットの直交化法を適用して得られる W の正規直交基底 $\{\boldsymbol{u}_1, \boldsymbol{u}_2\}$ と $\overrightarrow{\mathrm{OR}}$ の長さを 1 にしてできるベクトル $\boldsymbol{u}_3$ は $\boldsymbol{R}^3$ の正規直交基底 $\{\boldsymbol{u}_1, \boldsymbol{u}_2, \boldsymbol{u}_3\}$ を構成する：

$$\boldsymbol{u}_1 = \frac{1}{\sqrt{2}}\begin{pmatrix} -1 \\ 1 \\ 0 \end{pmatrix}, \quad \boldsymbol{u}_2 = \frac{1}{\sqrt{6}}\begin{pmatrix} -1 \\ -1 \\ 2 \end{pmatrix}, \quad \boldsymbol{u}_3 = \frac{1}{\sqrt{3}}\begin{pmatrix} 1 \\ 1 \\ 1 \end{pmatrix}. \qquad (\sharp)$$

(2) $\boldsymbol{R}^3$ のベクトル $\boldsymbol{x} = x\boldsymbol{e}_1 + y\boldsymbol{e}_2 + z\boldsymbol{e}_3$ を $\boldsymbol{x} = X\boldsymbol{u}_1 + Y\boldsymbol{u}_2 + Z\boldsymbol{u}_3$ と表そう．このとき，$U = (\boldsymbol{u}_1 \ \ \boldsymbol{u}_2 \ \ \boldsymbol{u}_3)$ とおけば U は直交行列（14.2 節定理 4）であるから $U^{-1} = {}^tU$（14.2 節（14.2-7））が成り立つ．したがって，

$$\begin{pmatrix} x \\ y \\ z \end{pmatrix} = U\begin{pmatrix} X \\ Y \\ Z \end{pmatrix}, \quad \begin{pmatrix} X \\ Y \\ Z \end{pmatrix} = {}^tU\begin{pmatrix} x \\ y \\ z \end{pmatrix} \qquad (\flat)$$

が成り立つ．XYZ 座標空間では，φ は Z 軸のまわりに反時計まわりに 30° だけ回転する変換であるから，$\mathrm{P}(X, Y, Z)$, $\mathrm{Q}(X', Y', Z')$ とすれば，例 1 (1) から，ただちに

$$\begin{pmatrix} X' \\ Y' \\ Z' \end{pmatrix} = \begin{pmatrix} \cos 30^\circ & -\sin 30^\circ & 0 \\ \sin 30^\circ & \cos 30^\circ & 0 \\ 0 & 0 & 1 \end{pmatrix}\begin{pmatrix} X \\ Y \\ Z \end{pmatrix} \qquad (\natural)$$

がわかる．よって，(x', y', z') と (x, y, z) の間の関係は次のようになる．

$$\begin{pmatrix} x' \\ y' \\ z' \end{pmatrix} \underset{(\flat)より}{=} U\begin{pmatrix} X' \\ Y' \\ Z' \end{pmatrix} \underset{(\natural)より}{=} U\begin{pmatrix} \sqrt{3}/2 & -1/2 & 0 \\ 1/2 & \sqrt{3}/2 & 0 \\ 0 & 0 & 1 \end{pmatrix}\begin{pmatrix} X \\ Y \\ Z \end{pmatrix}$$

$$\underset{(\flat)より}{=} U\begin{pmatrix} \sqrt{3}/2 & -1/2 & 0 \\ 1/2 & \sqrt{3}/2 & 0 \\ 0 & 0 & 1 \end{pmatrix}{}^tU\begin{pmatrix} x \\ y \\ z \end{pmatrix}$$

$$= \frac{1}{3}\begin{pmatrix} 1+\sqrt{3} & 1-\sqrt{3} & 1 \\ 1 & 1+\sqrt{3} & 1-\sqrt{3} \\ 1-\sqrt{3} & 1 & 1+\sqrt{3} \end{pmatrix}\begin{pmatrix} x \\ y \\ z \end{pmatrix}$$

▨

15.2 正 射 影

正射影　W を $\boldsymbol{R}^n$ の部分空間とする．線形変換 $\varphi : \boldsymbol{R}^n \to \boldsymbol{R}^n$ は $\varphi(\boldsymbol{x})$ $(\boldsymbol{x} \in \boldsymbol{R}^n)$ が

- $\varphi(\boldsymbol{x}) \in W$，および　(15.2-1)
- W のすべてのベクトル $\boldsymbol{w}$ について，$(\boldsymbol{x} - \varphi(\boldsymbol{x}), \boldsymbol{w}) = 0$　(15.2-2)

が成り立つように定められているとき，$\boldsymbol{R}^n$ から W への**正射影**とよばれる．正射影の構成にはグラム-シュミットの直交化法を採用する．

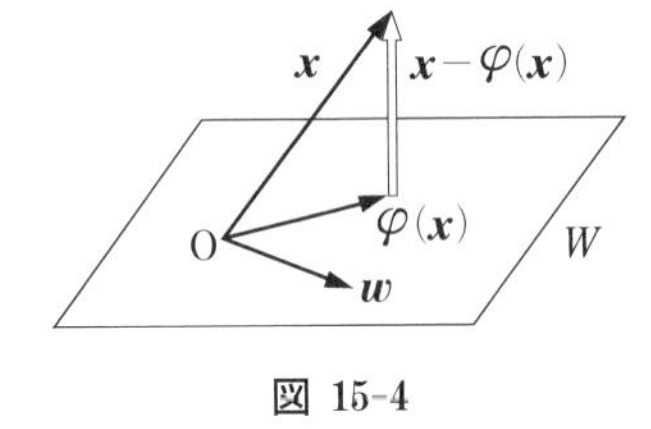

図 15-4

命題 2（正射影の構成）　W を $\boldsymbol{R}^n$ の r 次元部分空間，$\{\boldsymbol{u}_1, \cdots, \boldsymbol{u}_r\}$ を W の正規直交基底とする．このとき，$\boldsymbol{R}^n$ の線形変換 φ を

$$\varphi(\boldsymbol{x}) = (\boldsymbol{x}, \boldsymbol{u}_1)\boldsymbol{u}_1 + \cdots + (\boldsymbol{x}, \boldsymbol{u}_r)\boldsymbol{u}_r \quad (\boldsymbol{x} \in \boldsymbol{R}^n) \tag{15.2-3}$$

で定めると，φ は $\boldsymbol{R}^n$ から W への正射影である．

証明　$\varphi(\boldsymbol{x})$ の定め方から，φ が線形変換であり，$\varphi(\boldsymbol{x}) \in W \cdots (\sharp)$　および $(\boldsymbol{x} - \varphi(\boldsymbol{x}), \boldsymbol{u}_i) = 0$ $(i = 1, \cdots, r)$ が成り立つことはただちにわかる．W の任意のベクトルを $\boldsymbol{w} = k_1\boldsymbol{u}_1 + \cdots + k_r\boldsymbol{u}_r$ $(k_i \in \boldsymbol{R})$ と表せば，

$$\begin{aligned}(\boldsymbol{x} - \varphi(\boldsymbol{x}), \boldsymbol{w}) &= k_1(\boldsymbol{x} - \varphi(\boldsymbol{x}), \boldsymbol{u}_1) + \cdots + k_r(\boldsymbol{x} - \varphi(\boldsymbol{x}), \boldsymbol{u}_r) \\ &= 0 \cdots (\flat)\end{aligned}$$

となる．ゆえに，$(\sharp)$ と $(\flat)$ より φ は $\boldsymbol{R}^n$ から W への正射影である．■

例 3　xyz 座標空間において，点 P$(2, 1, 2)$ を次の平面 W_1，直線 W_2 に正射影した点をそれぞれ Q, R とする．点 Q, R の座標を求めよ．

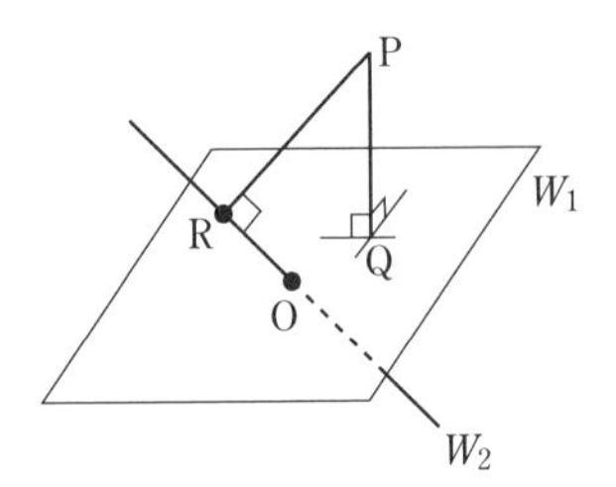

図 15-5

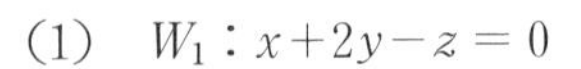

(1)　$W_1 : x + 2y - z = 0$

(2)　$W_2 : \dfrac{x}{2} = \dfrac{y}{3} = z$

解　(1)　$\begin{pmatrix} x \\ y \\ z \end{pmatrix} = \begin{pmatrix} x \\ y \\ x+2y \end{pmatrix} = x\begin{pmatrix} 1 \\ 0 \\ 1 \end{pmatrix} + y\begin{pmatrix} 0 \\ 1 \\ 2 \end{pmatrix}$ から $W_1 = \left\langle \begin{pmatrix} 1 \\ 0 \\ 1 \end{pmatrix}, \begin{pmatrix} 0 \\ 1 \\ 2 \end{pmatrix} \right\rangle$ である．括弧 $\langle\, ,\, \rangle$ 内の 2 つのベクトルは W_1 の基底である．

これにグラム-シュミットの直交化法を適用して，W の正規直交基底 $\{\boldsymbol{u}_1, \boldsymbol{u}_2\}$；$\boldsymbol{u}_1 = \frac{1}{\sqrt{2}}\begin{pmatrix}1\\0\\1\end{pmatrix}$，$\boldsymbol{u}_2 = \frac{1}{\sqrt{3}}\begin{pmatrix}-1\\1\\1\end{pmatrix}$ を得る．よって，$\boldsymbol{x} = \begin{pmatrix}x\\y\\z\end{pmatrix}$ とおけば，$\boldsymbol{R}^3$ の W_1 への正射影 φ は $\varphi(\boldsymbol{x}) = (\boldsymbol{x}, \boldsymbol{u}_1)\boldsymbol{u}_1 + (\boldsymbol{x}, \boldsymbol{u}_2)\boldsymbol{u}_2$ と表せる（(15.2-3)）から

$$\varphi\left(\begin{pmatrix}x\\y\\z\end{pmatrix}\right) = \frac{1}{2}(x+z)\begin{pmatrix}1\\0\\1\end{pmatrix} + \frac{1}{3}(-x+y+z)\begin{pmatrix}-1\\1\\1\end{pmatrix} = \frac{1}{6}\begin{pmatrix}5x-2y+z\\-2x+2y+2z\\x+2y+5z\end{pmatrix}$$

が成り立つ．とくに，$\varphi\left(\begin{pmatrix}2\\1\\2\end{pmatrix}\right) = \frac{1}{3}\begin{pmatrix}5\\1\\7\end{pmatrix}$ であるから，$\mathrm{Q}(5/3, 1/3, 7/3)$ となる．

(2)　W_2 は $x/2 = y/3 = z = t$ とおけば，$\begin{pmatrix}x\\y\\z\end{pmatrix} = t\begin{pmatrix}2\\3\\1\end{pmatrix}$ から $W_2 = \left\langle\begin{pmatrix}2\\3\\1\end{pmatrix}\right\rangle$ と表せる．W_2 の正規直交基底は $\{\boldsymbol{u}_1\}$；$\boldsymbol{u}_1 = \frac{1}{\sqrt{14}}\begin{pmatrix}2\\3\\1\end{pmatrix}$ であるから，$\boldsymbol{R}^3$ から W_1 への正射影 $\varphi(\boldsymbol{x}) = (\boldsymbol{x}, \boldsymbol{u}_1)\boldsymbol{u}_1$ は

$$\varphi\left(\begin{pmatrix}x\\y\\z\end{pmatrix}\right) = \frac{1}{14}\begin{pmatrix}4x+6y+2z\\6x+9y+3z\\2x+3y+z\end{pmatrix}$$

と表せる．とくに，$x = 2$，$y = 1$，$z = 2$ とおいて，$\mathrm{R}(9/7, 27/14, 9/14)$ を得る．■

15.3 対称変換

対称変換と実対称行列　線形変換 $\varphi : \boldsymbol{R}^n \to \boldsymbol{R}^n$ は任意の 2 つのベクトル $\boldsymbol{x}, \boldsymbol{y}$ について

$$(\varphi(\boldsymbol{x}), \boldsymbol{y}) = (\boldsymbol{x}, \varphi(\boldsymbol{y})) \tag{15.3-1}$$

をみたすとき，**対称変換**とよばれる．n 次実正方行列 A は

$${}^tA = A \tag{15.3-2}$$

をみたすとき，**実対称行列**とよばれる．

定理 2〈対称変換と実対称行列〉

A を n 次実正方行列とする．A の定める線形変換を $\varphi : \boldsymbol{R}^n \to \boldsymbol{R}^n$ とする．すなわち，$\varphi(\boldsymbol{x}) = A\boldsymbol{x}$ $(\boldsymbol{x} \in \boldsymbol{R}^n)$ である．このとき，次の (1), (2) は同値である．

(1) φ は対称変換である.

(2) A は実対称行列である.

証明 $A=(a_{ij})$ とおく. $a_{ij}={}^t\boldsymbol{e}_iA\boldsymbol{e}_j$ を利用しよう. 14.1 節(14.1-6)を用いて, $a_{ij}={}^t\boldsymbol{e}_iA\boldsymbol{e}_j=(\boldsymbol{e}_i, A\boldsymbol{e}_j)$, $a_{ji}={}^t\boldsymbol{e}_jA\boldsymbol{e}_i=(\boldsymbol{e}_j, A\boldsymbol{e}_i)$ と表せる. したがって,

$$\begin{aligned} a_{ij}&=(\boldsymbol{e}_i, A\boldsymbol{e}_j)=(\boldsymbol{e}_i, \varphi(\boldsymbol{e}_j)),\\ a_{ji}&=(\boldsymbol{e}_j, A\boldsymbol{e}_i)=(A\boldsymbol{e}_i, \boldsymbol{e}_j)=(\varphi(\boldsymbol{e}_i), \boldsymbol{e}_j) \end{aligned} \tag{♯}$$

より

$$\begin{aligned} \varphi\text{ が対称変換} &\iff (\varphi(\boldsymbol{e}_i), \boldsymbol{e}_j)=(\boldsymbol{e}_i, \varphi(\boldsymbol{e}_j)) \quad (i, j=1, \cdots, n)\\ &\underset{(♯)\text{より}}{\iff} a_{ji}=a_{ij} \quad (i, j=1, \cdots, n)\\ &\iff {}^tA=A \end{aligned}$$

■

例 4 (対称変換の“対称”の意味) 原点を O とする xy 座標平面に原点と点 $\mathrm{P}(1, a)$ を通る直線 l がある. 線形変換 $\varphi: \boldsymbol{R}^2\to\boldsymbol{R}^2$ は $\varphi(\overrightarrow{\mathrm{OP}})=\lambda\overrightarrow{\mathrm{OP}}$ ($\lambda\in\boldsymbol{R}$) をみたすものとする. 点 $\mathrm{Q}(x, y)$ の直線 l に関して対称な点を $\mathrm{R}(u, v)$ とする. $\boldsymbol{p}=\overrightarrow{\mathrm{OP}}$ とおくとき, 次に答えよ.

(1) $\boldsymbol{x}=\overrightarrow{\mathrm{OQ}}$, $\boldsymbol{u}=\overrightarrow{\mathrm{OR}}$ とおくとき, $\boldsymbol{u}$ を $\boldsymbol{x}, \boldsymbol{p}$ を用いて表せ.

(2) φ は対称変換とする. φ により, Q, R がそれぞれ Q′, R′ に移されたとき, Q′, R′ も再び直線 l に関して対称であることを証明せよ.

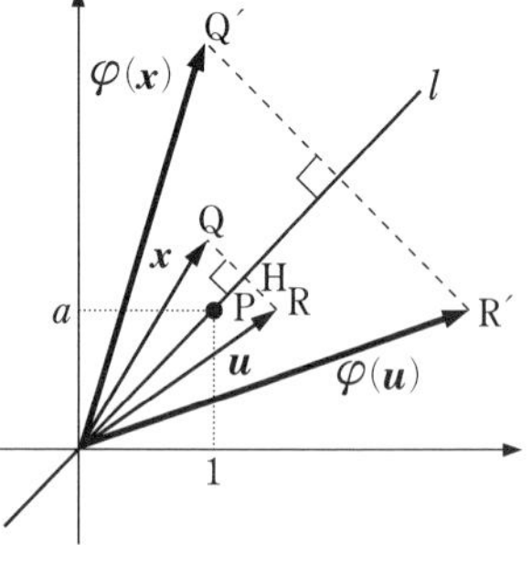

図 15-6

解 (1) 例 1(2) と同様($\boldsymbol{b}=(1/\|\boldsymbol{p}\|)\boldsymbol{p}$ とみて)にして

$$\boldsymbol{u}=-\boldsymbol{x}+\frac{2(\boldsymbol{x}, \boldsymbol{p})}{\|\boldsymbol{p}\|^2}\boldsymbol{p}$$

がわかる.

(2) $\overrightarrow{\mathrm{OQ'}}=\varphi(\boldsymbol{x})$, $\overrightarrow{\mathrm{OR'}}=\varphi(\boldsymbol{u})$ である. Q′, R′ が

$\frac{1}{2}(\overrightarrow{\mathrm{OQ'}}+\overrightarrow{\mathrm{OR'}})$ が $\boldsymbol{p}$ の実数倍 … (♯)

$(\overrightarrow{\mathrm{Q'R'}}, \boldsymbol{p})=0$ … (♭)

をみたすことを示せば, Q′ と R′ は直線 l に関して対称である. $\varphi(\boldsymbol{u})=-\varphi(\boldsymbol{x})+(2(\boldsymbol{x}, \boldsymbol{p})/\|\boldsymbol{p}\|^2)\varphi(\boldsymbol{p})$ であるから, (♯) は

$$\overrightarrow{\mathrm{OQ'}}+\overrightarrow{\mathrm{OR'}}=2(\boldsymbol{x}, \boldsymbol{p})/\|\boldsymbol{p}\|^2\varphi(\boldsymbol{p})=(2\lambda(\boldsymbol{x}, \boldsymbol{p})/\|\boldsymbol{p}\|^2)\boldsymbol{p}$$

より示せた．また(b)については $\overrightarrow{\mathrm{Q'R'}} = \varphi(\boldsymbol{u}) - \varphi(\boldsymbol{x}) = \varphi(\boldsymbol{u}-\boldsymbol{x})$ より

$$(\overrightarrow{\mathrm{Q'R'}}, \boldsymbol{p}) = (\varphi(\boldsymbol{u}-\boldsymbol{x}), \boldsymbol{p}) \underset{(15.3\text{-}1)\text{より}}{=} (\boldsymbol{u}-\boldsymbol{x}, \varphi(\boldsymbol{p}))$$
$$= \lambda(\boldsymbol{u}-\boldsymbol{x}, \boldsymbol{p}) = 0$$

と示せる．∎

演 習 問 題

[101] 〈平面内の折り返し〉

原点をOとする xy 平面において，点 $\mathrm{P}(x, y)$ の直線 $y = (\tan\theta)x$ に関して対称な点を $\mathrm{Q}(x', y')$ とするとき，x', y' を x と y を用いて表せ．

[102] 〈平面内の回転と折り返し〉

原点をOとする xy 平面において，点 $\mathrm{P}(x, y)$ の直線 $y = \dfrac{1}{\sqrt{3}}x$ に関して対称な点を $\mathrm{R}(u, v)$，点RをOのまわりに反時計まわりに30°回転した点を $\mathrm{Q}(x', y')$ とする．x', y' を x と y を用いて表せ．

[103] 〈空間内の回転〉

${a_1}^2 + {a_2}^2 + {a_3}^2 = 1$ をみたす3つの実数 a_1, a_2, a_3 に対して，

$$\boldsymbol{a} = \begin{pmatrix} a_1 \\ a_2 \\ a_3 \end{pmatrix}, \quad J = \begin{pmatrix} 0 & -a_3 & a_2 \\ a_3 & 0 & -a_1 \\ -a_2 & a_1 & 0 \end{pmatrix} \text{とおく．}$$

(1) $\boldsymbol{x} \in \boldsymbol{R}^3$ について，$J\boldsymbol{x} = \boldsymbol{a} \times \boldsymbol{x}$ が成り立つことを証明せよ．

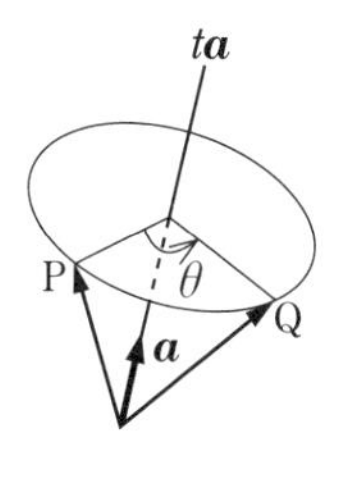

図 P-2

(2) 3次実正方行列 $A = \cos\theta\, E + (1-\cos\theta)\boldsymbol{a}\,{}^t\boldsymbol{a} + \sin\theta\, J$ の定める線形変換を $\varphi: \boldsymbol{R}^3 \to \boldsymbol{R}^3$ とする．原点をOとする xyz 空間において，$\varphi(\overrightarrow{\mathrm{OP}}) = \overrightarrow{\mathrm{OQ}}$ であれば，点Qは点Pを直線 $t\boldsymbol{a}$ のまわりに θ だけ回転した点であることを証明せよ（図 P-2）．

[104] 〈鏡　映〉

$\boldsymbol{R}^3$ の単位ベクトル $\boldsymbol{a}$ からつくられる3次正方行列 $A = E - 2\boldsymbol{a}\,{}^t\boldsymbol{a}$ の定める $\boldsymbol{R}^3$ の線形変換を φ とする．原点をOとする xyz 空間において，Oを通る平面 π はその上の点Xが $\overrightarrow{\mathrm{OX}} \cdot \boldsymbol{a} = 0$ をみたすものとする．このとき，$\varphi(\overrightarrow{\mathrm{OP}}) = \overrightarrow{\mathrm{OQ}}$ であれば，点Qは平面 π に関してPと対称な点であることを証明せよ（図 P-3）．

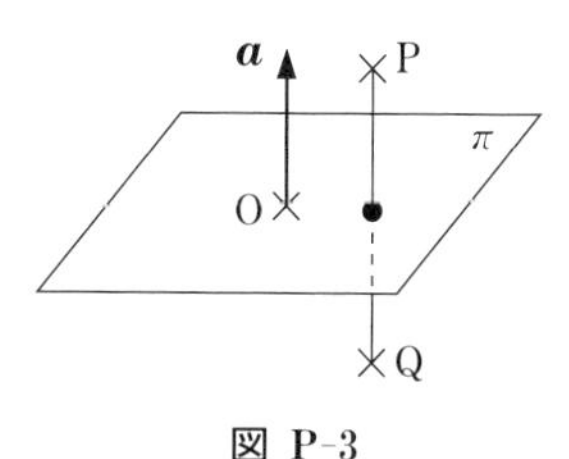

図 P-3

16 固有値と正方行列の対角化

16.1 固有値と固有ベクトル

φを有限次元ベクトル空間 V の線形変換とする．φの表現行列は，それを見てφの性質を知ろうというものであるから可能な限り簡約したい．最も簡単な場合は表現行列が対角行列になるように基底 $\{\boldsymbol{p}_1,\cdots,\boldsymbol{p}_n\}$ を選ぶことができたときである：

$$(\varphi(\boldsymbol{p}_1) \quad \cdots \quad \varphi(\boldsymbol{p}_n)) = (\boldsymbol{p}_1 \quad \cdots \quad \boldsymbol{p}_n)\begin{pmatrix} \lambda_1 & 0 & \cdots & 0 \\ 0 & \lambda_2 & \ddots & \vdots \\ \vdots & \ddots & \ddots & 0 \\ 0 & \cdots & 0 & \lambda_n \end{pmatrix}. \tag{16.1-1}$$

$\lambda_1,\cdots,\lambda_n$ はスカラー．このとき，φは

$$\varphi(\boldsymbol{p}_1) = \lambda_1\boldsymbol{p}_1, \quad \varphi(\boldsymbol{p}_2) = \lambda_2\boldsymbol{p}_2, \quad \cdots, \quad \varphi(\boldsymbol{p}_n) = \lambda_n\boldsymbol{p}_n$$

と記述される．この章では，どのような線形変換φが(16.1-1)のように簡約できるのか，また，そのときの基底 $\{\boldsymbol{p}_1,\cdots,\boldsymbol{p}_n\}$ の求め方について，行列から定まる $\boldsymbol{R}^n$ の線形変換を中心に述べる．

線形変換の固有値と固有ベクトル　V をベクトル空間，φを V の線形変換とする．スカラーλについて，ベクトル $\boldsymbol{x}$ に関する方程式

$$\varphi(\boldsymbol{x}) = \lambda\boldsymbol{x} \tag{16.1-2}$$

を考える．この方程式が$\boldsymbol{0}$でない解 $\boldsymbol{x}$ をもつとき，λをφの**固有値**という．固有値λに対して，(16.1-2)をみたす $\boldsymbol{x}$ をλに対応するφの**固有ベクトル**という．幾何学的に表現すれば，

線形変換の固有ベクトルはその変換で方向が変わらない

ベクトルである．

補題1　φ を V の線形変換，λ を φ の固有値とする．このとき，$\boldsymbol{x}, \boldsymbol{y}$ が λ に対応する固有ベクトルとすれば，和 $\boldsymbol{x}+\boldsymbol{y}$ とスカラー倍 $k\boldsymbol{x}$ も λ に対応する固有ベクトルである．

証明　定義式(16.1-2)を確かめる．和については $\varphi(\boldsymbol{x}+\boldsymbol{y}) = \varphi(\boldsymbol{x})+\varphi(\boldsymbol{y}) = \lambda\boldsymbol{x}+\lambda\boldsymbol{y} = \lambda(\boldsymbol{x}+\boldsymbol{y})$，スカラー倍については $\varphi(k\boldsymbol{x}) = k\varphi(\boldsymbol{x}) = k\lambda\boldsymbol{x} = \lambda(k\boldsymbol{x})$ となる．■

λ に対応する固有ベクトル全体の集合

$$W_\lambda = \{\boldsymbol{x} \in V \mid \varphi(\boldsymbol{x}) = \lambda\boldsymbol{x}\} \qquad (16.1\text{-}3)$$

は補題1より V の部分空間である．W_λ を λ に対応する φ の**固有空間**とよぶ．

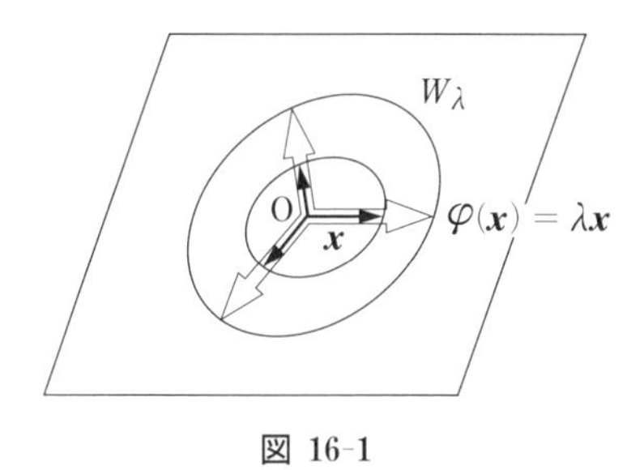

図 16-1

スカラーの取り扱い　V が実ベクトル空間であれば，固有値は実数に限定され，複素ベクトル空間のときは固有値はもちろん複素数まで許される．再び，$\boldsymbol{K} = \boldsymbol{R}$ または $\boldsymbol{C}$ とする．

行列の固有値と固有ベクトル　A を $\boldsymbol{K}$ に成分をもつ n 次正方行列とする．$\lambda \in \boldsymbol{K}$ について，$\boldsymbol{K}^n$ のベクトル $\boldsymbol{x}$ に関する方程式

$$A\boldsymbol{x} = \lambda\boldsymbol{x} \qquad (16.1\text{-}4)$$

を考える．この方程式が $\boldsymbol{0}$ でない解 $\boldsymbol{x}$ をもつとき，λ を A の**固有値**という．固有値 λ に対して，(16.1-4)をみたすベクトル $\boldsymbol{x}$ を λ に対応する A の**固有ベクトル**という．$A\boldsymbol{x} = \lambda\boldsymbol{x} \iff (A-\lambda E)\boldsymbol{x} = \boldsymbol{0}$ であるから，

固有値 λ に対応する A の固有ベクトル $\boldsymbol{x}$ は斉次連立
一次方程式 $(A-\lambda E)\boldsymbol{x} = \boldsymbol{0}$ の解ベクトル $\boldsymbol{x}$ である　(16.1-5)

と言い換えることができる．固有値 λ に対応する行列 A の**固有空間**は

$$W_\lambda = \{\boldsymbol{x} \in \boldsymbol{K}^n \mid A\boldsymbol{x} = \lambda\boldsymbol{x}\} \quad \text{または}$$
$$W_\lambda = \{\boldsymbol{x} \in \boldsymbol{K}^n \mid (A-\lambda E)\boldsymbol{x} = \boldsymbol{0}\} \tag{16.1-6}$$

で定義される．

定理 1〈行列の固有値と固有ベクトルの求め方〉

A は n 次正方行列で，$A=(a_{ij})$ とする．

(1) λ が A の固有値であることと，行列式で与えられた λ に関する n 次方程式

$$|\lambda E - A| = \begin{vmatrix} \lambda - a_{11} & -a_{12} & \cdots & -a_{1n} \\ -a_{21} & \lambda - a_{22} & \cdots & -a_{2n} \\ \cdots & \cdots & \ddots & \cdots \\ -a_{n1} & -a_{n2} & \cdots & \lambda - a_{nn} \end{vmatrix} = 0 \tag{16.1-7}$$

の解であることは同値である．

(2) λ に対応する固有ベクトル $\boldsymbol{x}$ は斉次連立一次方程式 $(A-\lambda E)\boldsymbol{x}=\boldsymbol{0}$ の解である．

証明 (1) 固有値の定義から，λ が A の固有値であることと斉次連立一次方程式 $(A-\lambda E)\boldsymbol{x}=\boldsymbol{0}$ が自明でない解 $\boldsymbol{x}$ をもつことが同等である．9.1 節の系 1 より，後者は $|A-\lambda E|=0$，すなわち $|\lambda E-A|=0$ と同値である．

(2) は (16.1-5) で述べられている． ▮

(16.1-7) の多項式を行列 A の**固有多項式**とよぶ．これを $f_A(\lambda)$ と表せば，

$$f_A(\lambda) = |\lambda E - A|$$

である．

行列の固有値の存在　固有多項式は重複を許して n 個の複素解をもつ（代数学の基本定理）．よって，$\boldsymbol{C}$ 内で行列の固有値は存在する．

例 1（行列の固有値） 次の行列の固有値，固有ベクトルおよび固有空間を求めよ．

(1) $A=\begin{pmatrix}2&1&1\\1&2&1\\1&1&2\end{pmatrix}$　　(2) $B=\begin{pmatrix}0&-1\\1&0\end{pmatrix}$ （$\boldsymbol{C}$ 内）

解　定理 1 に従って求めよう．

(1) 固有値：A の固有多項式は

$$f_A(\lambda)=\begin{vmatrix}\lambda-2&-1&-1\\-1&\lambda-2&-1\\-1&-1&\lambda-2\end{vmatrix}=(\lambda-1)^2(\lambda-4)$$

となる．よって，A の固有値は $\lambda=1,4$ である．

固有ベクトルと固有空間：斉次連立一次方程式 $(A-\lambda E)\boldsymbol{x}=\boldsymbol{0}$ を解く．

$\lambda=1$ のときは，$\boldsymbol{x}={}^t(x\quad y\quad z)$ とおいて

$$(A-E\mid\boldsymbol{0})=\left(\begin{array}{ccc|c}1&1&1&0\\1&1&1&0\\1&1&1&0\end{array}\right)\begin{matrix}\\ -1\ -1\\ \\ \end{matrix}\longrightarrow\left(\begin{array}{ccc|c}1&1&1&0\\0&0&0&0\\0&0&0&0\end{array}\right)$$

$$\text{より}\quad x+y+z=0$$

であるから，固有ベクトルは

$$\boldsymbol{x}=\begin{pmatrix}x\\y\\z\end{pmatrix}=\begin{pmatrix}-y-z\\y\\z\end{pmatrix}=y\begin{pmatrix}-1\\1\\0\end{pmatrix}+z\begin{pmatrix}-1\\0\\1\end{pmatrix}\quad(y,z\text{ はスカラー})$$

と表せる．よって，固有空間 $W_1=\left\langle\begin{pmatrix}-1\\1\\0\end{pmatrix},\begin{pmatrix}-1\\0\\1\end{pmatrix}\right\rangle$ を得る．

$\lambda=4$ のときは，$\boldsymbol{x}={}^t(x\quad y\quad z)$ とおいて，

$$(A-4E\mid\boldsymbol{0})=\left(\begin{array}{ccc|c}-2&1&1&0\\1&-2&1&0\\1&1&-2&0\end{array}\right)\longrightarrow\cdots\longrightarrow\left(\begin{array}{ccc|c}1&0&-1&0\\0&1&-1&0\\0&0&0&0\end{array}\right)$$

$$\text{より}\quad\begin{cases}x-z=0\\y-z=0\end{cases}$$

であるから，固有ベクトル $\boldsymbol{x}$ と固有空間 W_4 は次のようになる．

$$\boldsymbol{x}=\begin{pmatrix}x\\y\\z\end{pmatrix}=\begin{pmatrix}z\\z\\z\end{pmatrix}=z\begin{pmatrix}1\\1\\1\end{pmatrix},\qquad W_4=\left\langle\begin{pmatrix}1\\1\\1\end{pmatrix}\right\rangle.$$

(2) 固有値：B の固有多項式は

$$f_B(\lambda)=\begin{vmatrix}\lambda&1\\-1&\lambda\end{vmatrix}=\lambda^2+1$$

である．よって，B の固有値は実数ではなく，$\lambda=i,-i$ である．

固有ベクトルと固有空間：(1) と同様にして，固有空間

$$W_i = \left\langle \begin{pmatrix} i \\ 1 \end{pmatrix} \right\rangle, \quad W_{-i} = \left\langle \begin{pmatrix} -i \\ 1 \end{pmatrix} \right\rangle$$

を得る．$i, -i$ に対応する固有ベクトルはそれぞれ W_i, W_{-i} のベクトルである． ▒

例 2（線形変換の固有値） V を 2 次元実ベクトル空間，$\{\boldsymbol{a}_1, \boldsymbol{a}_2\}$ を V の基底とする．次で与えられる V の線形変換 φ の固有値，固有ベクトルおよび固有空間を求めよ．

(1) $\varphi(\boldsymbol{a}_1) = \boldsymbol{a}_1 + \boldsymbol{a}_2, \quad \varphi(\boldsymbol{a}_2) = \boldsymbol{a}_1 - \boldsymbol{a}_2$

(2) $\varphi(\boldsymbol{a}_1) = \boldsymbol{a}_1 - \boldsymbol{a}_2, \quad \varphi(\boldsymbol{a}_2) = \boldsymbol{a}_1 + \boldsymbol{a}_2$

解 (1) φ の定義から

$$(\varphi(\boldsymbol{a}_1) \quad \varphi(\boldsymbol{a}_2)) = (\boldsymbol{a}_1 \quad \boldsymbol{a}_2)A, \quad A = \begin{pmatrix} 1 & 1 \\ 1 & -1 \end{pmatrix} \tag{♯}$$

である．φ の固有値を λ，λ に対応する固有ベクトルを $\boldsymbol{x} = k_1\boldsymbol{a}_1 + k_2\boldsymbol{a}_2$ とする．ただし，λ, k_1, k_2 は実数である．(♯) より

$$\varphi(\boldsymbol{x}) = (\varphi(\boldsymbol{a}_1) \quad \varphi(\boldsymbol{a}_2))\begin{pmatrix} k_1 \\ k_2 \end{pmatrix} = (\boldsymbol{a}_1 \quad \boldsymbol{a}_2)A\begin{pmatrix} k_1 \\ k_2 \end{pmatrix}$$

である．$\boldsymbol{k} = \begin{pmatrix} k_1 \\ k_2 \end{pmatrix}$ とおけば，定義式 $\varphi(\boldsymbol{x}) = \lambda\boldsymbol{x}$ は $(\boldsymbol{a}_1 \quad \boldsymbol{a}_2)A\boldsymbol{k} = (\boldsymbol{a}_1 \quad \boldsymbol{a}_2)(\lambda\boldsymbol{k})$ と表せるから，

$$A\boldsymbol{k} = \lambda\boldsymbol{k} \tag{♭}$$

が成り立つ．したがって，φ の固有値 λ およびそれに対応する固有ベクトル $\boldsymbol{x} = k_1\boldsymbol{a}_1 + k_2\boldsymbol{a}_2$ を求めるには，表現行列に関する固有値問題 (♭) を解くことにより，$\lambda, \boldsymbol{k} = \begin{pmatrix} k_1 \\ k_2 \end{pmatrix}$ を求め，それを $\boldsymbol{x} = k_1\boldsymbol{a}_1 + k_2\boldsymbol{a}_2$ に代入すればよい．

(♭) を例 1 と同様にして解く．A の固有値は $\lambda = \sqrt{2}, -\sqrt{2}$ で，それぞれに対応する固有空間を $W_{\sqrt{2}}', W_{-\sqrt{2}}'$ とおけば，$W_{\sqrt{2}}' = \left\langle \begin{pmatrix} 1+\sqrt{2} \\ 1 \end{pmatrix} \right\rangle, W_{-\sqrt{2}}' = \left\langle \begin{pmatrix} 1-\sqrt{2} \\ 1 \end{pmatrix} \right\rangle$ である．

以上より，φ の固有値は $\lambda = \pm\sqrt{2}$ であり，固有ベクトル $\boldsymbol{x}$ および固有空間は，k をスカラーとおいて次のようになる．

$\lambda = \sqrt{2}$ のとき，$\boldsymbol{x} = k\{(1+\sqrt{2})\boldsymbol{a}_1 + \boldsymbol{a}_2\}$，$W_{\sqrt{2}} = \langle (1+\sqrt{2})\boldsymbol{a}_1 + \boldsymbol{a}_2 \rangle$

$\lambda = -\sqrt{2}$ のとき，$\boldsymbol{x} = k\{(1-\sqrt{2})\boldsymbol{a}_1 + \boldsymbol{a}_2\}$，$W_{-\sqrt{2}} = \langle (1-\sqrt{2})\boldsymbol{a}_1 + \boldsymbol{a}_2 \rangle$．

(2) φ の表現行列は $A = \begin{pmatrix} 1 & 1 \\ -1 & 1 \end{pmatrix}$ である．(1) で述べたように，A の固有値問題を解けばよい．A の固有多項式は $f_A(\lambda) = \lambda^2 - 2\lambda + 2$ となり，方程式 $f_A(\lambda) = 0$ は実数解をもたない．したがって，φ の固有値はない．（複素ベクトル空間で考える

ときは，固有値は存在し，(1) と同様の議論を続行できる.)

16.2 正方行列の対角化可能性

n 次元ベクトル空間 V の線形変換に関する等式(16.1-1)を n 次正方行列 A についてのそれに書き改めよう. A の定める線形変換 $\varphi: \boldsymbol{K}^n \to \boldsymbol{K}^n$ を(16.1-1)に代入すると，$(\varphi(\boldsymbol{p}_1) \ \cdots \ \varphi(\boldsymbol{p}_n)) = (A\boldsymbol{p}_1 \ \cdots \ A\boldsymbol{p}_n)$ より

$$A(\boldsymbol{p}_1 \ \cdots \ \boldsymbol{p}_n) = (\boldsymbol{p}_1 \ \cdots \ \boldsymbol{p}_n)\begin{pmatrix} \lambda_1 & & O \\ & \ddots & \\ O & & \lambda_n \end{pmatrix} \qquad (16.2\text{-}1)$$

となる. 両辺の列ベクトルを比較すれば，$A\boldsymbol{p}_1 = \lambda_1\boldsymbol{p}_1$, $\cdots$, $A\boldsymbol{p}_n = \lambda_n\boldsymbol{p}_n$ であるから，

$$\begin{array}{l} \lambda_1, \cdots, \lambda_n \text{ は } A \text{ の固有値,} \\ \{\boldsymbol{p}_1, \cdots, \boldsymbol{p}_n\} \text{ は } A \text{ の固有ベクトルからなる } \boldsymbol{K}^n \text{ の基底} \end{array} \qquad (16.2\text{-}2)$$

である. $P = (\boldsymbol{p}_1 \ \cdots \ \boldsymbol{p}_n)$ とおくと，12.1節の系2から P は正則行列である. (16.2-1) の右端の対角行列を D とおくと，(16.2-1) は $AP = PD$，すなわち

$$P^{-1}AP = D, \qquad D \text{ は対角行列} \qquad (16.2\text{-}3)$$

と表される. このとき，A は正則行列 P により対角行列 D に**対角化**されたという. また，n 次正方行列 A は適当な正則行列 P と対角行列 D を用いて，(16.2-3) のように表されるとき，(正則行列により) **対角化可能**であるとよばれる.

以上の議論より，次の定理を得る.

定理 2〈正方行列の対角化可能性の判定法〉

n 次正方行列 A について，次の (1) と (2) は同値である.

(1) A は正則行列により対角化可能である.

(2) A の固有ベクトルから構成される $\boldsymbol{K}^n$ の基底がある.

このとき，A の固有値を $\lambda_1, \cdots, \lambda_n$，それぞれに対応する固有ベクトル $\boldsymbol{p}_1, \cdots, \boldsymbol{p}_n$ が $\boldsymbol{K}^n$ の基底を構成すれば，$P = (\boldsymbol{p}_1 \ \cdots \ \boldsymbol{p}_n)$ とおいて

$$P^{-1}AP = \begin{pmatrix} \lambda_1 & & O \\ & \ddots & \\ O & & \lambda_n \end{pmatrix}$$

が成り立つ．

固有ベクトルの一次独立性　定理 2 から，正方行列が対角化可能かどうかは $\boldsymbol{K}^n$ の固有ベクトルから構成される $\boldsymbol{K}^n$ の基底を見つけることができるかどうかである．基底を探すとき，次の補題 2 (3) を念頭におく．

補題 2　n 次正方行列 A の異なる固有値を $\lambda_1, \cdots, \lambda_r$ とする．

(1)　$\lambda_1, \cdots, \lambda_r$ に対応する $\mathbf{0}$ でない固有ベクトルをそれぞれ $\boldsymbol{x}_1, \cdots, \boldsymbol{x}_r$ とすると，これらは一次独立である．

(2)　$\boldsymbol{y}_1, \cdots, \boldsymbol{y}_m$ が一次独立であれば，$\boldsymbol{y}_1 + \cdots + \boldsymbol{y}_m \neq \mathbf{0}$ である．

(3)　$\lambda_1, \cdots, \lambda_r$ に対応する固有空間 $W_{\lambda_1}, \cdots, W_{\lambda_r}$ の基底をそれぞれ $\{\boldsymbol{p}_1, \cdots, \boldsymbol{p}_s\}, \cdots, \{\boldsymbol{q}_1, \cdots, \boldsymbol{q}_t\}$ とすると，$\boldsymbol{p}_1, \cdots, \boldsymbol{p}_s, \cdots, \boldsymbol{q}_1, \cdots, \boldsymbol{q}_t$ は一次独立である．

証明　(1)　一次関係式 $k_1\boldsymbol{x}_1 + \cdots + k_r\boldsymbol{x}_r = \mathbf{0} \cdots (\sharp)$　を考える．この両辺に $E, A, A^2, \cdots, A^{r-1}$ を施すと，いつも $\mathbf{0}$ であるから，$A^s\boldsymbol{x}_i = \lambda_i{}^s\boldsymbol{x}_i$ を用いて

$$\begin{cases} k_1\boldsymbol{x}_1 + \cdots + k_r\boldsymbol{x}_r = \mathbf{0} \\ \lambda_1 k_1\boldsymbol{x}_1 + \cdots + \lambda_r k_r\boldsymbol{x}_r = \mathbf{0} \\ \cdots\ \cdots \\ \lambda_1{}^{r-1}k_1\boldsymbol{x}_1 + \cdots + \lambda_r{}^{r-1}k_r\boldsymbol{x}_r = \mathbf{0} \end{cases}$$

$$\therefore\quad (k_1\boldsymbol{x}_1 \quad \cdots \quad k_r\boldsymbol{x}_r)\begin{pmatrix} 1 & \lambda_1 & \cdots & \lambda_1{}^{r-1} \\ & & \cdots\cdots & \\ 1 & \lambda_r & \cdots & \lambda_r{}^{r-1} \end{pmatrix} = (\mathbf{0} \quad \cdots \quad \mathbf{0}) \cdots (\flat)$$

と形式的に書ける．$(\flat)$ に現れる r 次正方行列を P とする．$|{}^tP|$ はヴァンデルモンドの行列式であり，$\lambda_1, \cdots, \lambda_r$ がすべて異なるから $|{}^tP| \neq 0$ である．ゆえに，$|P| = |{}^tP| \neq 0$．よって，P は正則行列となる．$(\flat)$ の両辺に右から P^{-1} を掛けて $k_1\boldsymbol{x}_1 = \cdots = k_r\boldsymbol{x}_r = \mathbf{0}$，したがって，$k_1 = \cdots = k_r = 0$ を得る．これは $(\sharp)$ が自明な関係式のみもつことを示している．

(2)　$\boldsymbol{y}_1 + \cdots + \boldsymbol{y}_m = \mathbf{0}$ であれば，$\boldsymbol{y}_1, \cdots, \boldsymbol{y}_m$ は一次従属になってしまう．

(3)　$k_1\boldsymbol{p}_1 + \cdots + k_s\boldsymbol{p}_s + \cdots + l_1\boldsymbol{q}_1 + \cdots + l_t\boldsymbol{q}_t = \mathbf{0}$ とおく．$\boldsymbol{x}_1 = k_1\boldsymbol{p}_1 + \cdots + k_s\boldsymbol{p}_s, \cdots, \boldsymbol{x}_r = l_1\boldsymbol{q}_1 + \cdots + l_t\boldsymbol{q}_t$ とおけば，これらはそれぞれ $\lambda_1, \cdots, \lambda_r$ に対応する固有ベクトルである．$\boldsymbol{x}_1, \cdots, \boldsymbol{x}_r$ のうち $\mathbf{0}$ でないものがあるとする．それらをたとえば $\boldsymbol{x}_1,$

$\cdots, \boldsymbol{x}_u$ とおこう．(1) より，$\boldsymbol{x}_1, \cdots, \boldsymbol{x}_u$ は一次独立，したがって (2) より $\boldsymbol{x}_1 + \cdots + \boldsymbol{x}_u \neq \boldsymbol{0}$ となり矛盾である．よって，$\boldsymbol{x}_1 = \cdots = \boldsymbol{x}_r = \boldsymbol{0}$ でなければならない．したがって，$k_1 = \cdots = k_s = 0$，$\cdots$，$l_1 = \cdots = l_t = 0$ を得る． ▮

例 3（行列の対角化） 行列 $A = \begin{pmatrix} -1 & 0 & 3 \\ 0 & 1 & 0 \\ -2 & 0 & 4 \end{pmatrix}$ を正則行列により対角化せよ．

解 (i) 固有値：A の固有多項式は

$$\begin{vmatrix} \lambda+1 & 0 & -3 \\ 0 & \lambda-1 & 0 \\ 2 & 0 & \lambda-4 \end{vmatrix} = (\lambda-1)^2(\lambda-2)$$

であるから，A の固有値は $\lambda = 1, 2$ である．

(ii) 固有空間：例 1 と同様にして

$\lambda = 1$ のとき，$(A-E)\boldsymbol{x} = \boldsymbol{0}$ を解いて，$W_1 = \left\langle \begin{pmatrix} 0 \\ 1 \\ 0 \end{pmatrix}, \begin{pmatrix} 3 \\ 0 \\ 2 \end{pmatrix} \right\rangle$

$\lambda = 2$ のとき，$(A-2E)\boldsymbol{x} = \boldsymbol{0}$ を解いて，$W_2 = \left\langle \begin{pmatrix} 1 \\ 0 \\ 1 \end{pmatrix} \right\rangle$

を得る．（W_1, W_2 の表示に現れたベクトルは 1 通りではない．斉次連立一次方程式の解の表し方による．ただし，これらの解空間の次元は 1 通りである．）

(iii) A の対角化：(2) に現れたベクトルをそれぞれ，

$$\boldsymbol{p}_1 = \begin{pmatrix} 0 \\ 1 \\ 0 \end{pmatrix}, \quad \boldsymbol{p}_2 = \begin{pmatrix} 3 \\ 0 \\ 2 \end{pmatrix}, \quad \boldsymbol{p}_3 = \begin{pmatrix} 1 \\ 0 \\ 1 \end{pmatrix}$$

とおく．$\{\boldsymbol{p}_1, \boldsymbol{p}_2\}, \{\boldsymbol{p}_3\}$ はそれぞれ W_1, W_2 の基底であるから，$\boldsymbol{p}_1, \boldsymbol{p}_2, \boldsymbol{p}_3$ は一次独立である（補題 2 (3)）．これらは $\boldsymbol{K}^3$ の 3 個の一次独立なベクトルであるから，$\boldsymbol{K}^3$ の基底を構成する．よって，定理 2 より

$$P = (\boldsymbol{p}_1 \quad \boldsymbol{p}_2 \quad \boldsymbol{p}_3) = \begin{pmatrix} 0 & 3 & 1 \\ 1 & 0 & 0 \\ 0 & 2 & 1 \end{pmatrix} \text{とおくと，} P^{-1}AP = \begin{pmatrix} 1 & 0 & 0 \\ 0 & 1 & 0 \\ 0 & 0 & 2 \end{pmatrix}.$$ ▮

例 4（対角化できない行列） 行列 $A = \begin{pmatrix} 3 & 1 \\ -1 & 1 \end{pmatrix}$ が対角化できないことを証明せよ．

解 A の固有多項式は

$$\begin{vmatrix} \lambda-3 & -1 \\ 1 & \lambda-1 \end{vmatrix} = (\lambda-2)^2$$

であるから，A の固有値は $\lambda=2$ のみである．

$$(A-2E)\boldsymbol{x}=\boldsymbol{0} \text{ を解いて，} W_2 = \left\langle \begin{pmatrix} 1 \\ -1 \end{pmatrix} \right\rangle$$

を得る．A の固有ベクトルはスカラー倍を無視すれば $\begin{pmatrix} 1 \\ -1 \end{pmatrix}$ のみである．固有ベクトルを用いて $\boldsymbol{K}^2$ の基底を構成できないから，定理 2 より A は対角化できない．■

例 5（A^n の計算） A が対角化可能で，$P^{-1}AP=D$（D は対角行列）とする．両辺を n 乗すると $P^{-1}A^nP=D^n$，したがって

$$A^n = PD^nP^{-1}$$

である．例 3 の行列 A について，A^n を求めよ．

解
$$\begin{pmatrix} -1 & 0 & 3 \\ 0 & 1 & 0 \\ -2 & 0 & 4 \end{pmatrix}^n = \begin{pmatrix} 0 & 3 & 1 \\ 1 & 0 & 0 \\ 0 & 2 & 1 \end{pmatrix}\begin{pmatrix} 1 & 0 & 0 \\ 0 & 1 & 0 \\ 0 & 0 & 2^n \end{pmatrix}\begin{pmatrix} 0 & 3 & 1 \\ 1 & 0 & 0 \\ 0 & 2 & 1 \end{pmatrix}^{-1}$$
$$= \begin{pmatrix} 3-2^{n+1} & 0 & -3+3\cdot 2^n \\ 0 & 1 & 0 \\ 2-2^{n+1} & 0 & -2+3\cdot 2^n \end{pmatrix}$$
■

16.3 対角化問題作成のカラクリ

例 3 の行列を見つけた種明かし 対角化可能な最も単純な行列を，算術的に“変形”して例 3 の行列を見つけた話をしよう．

n 次正方行列 B は正則行列 P を用いて

$$B = P^{-1}AP \tag{16.3-1}$$

と表されるとき，A に**相似**であるとよばれる．

補助知識 1 B が A に相似で，A が対角化可能であれば B も対角化可能である：実際，$B=P^{-1}AP$，$Q^{-1}AQ=D$（D は対角行列）とおけば，$A=PBP^{-1}$ から $D=Q^{-1}AQ=Q^{-1}PBP^{-1}Q=(P^{-1}Q)^{-1}B(P^{-1}Q)$ である．

補助知識 2 P を基本行列とする．$P^{-1}AP$ は A に対して P に対応する列基本変形を施して，次に P^{-1} に対応する行基本変形を行って得られる（8.2 節）．たとえば，

$$A = \begin{pmatrix} \overset{i}{\vdots} & \overset{j}{\vdots} \end{pmatrix} \xrightarrow{} \begin{matrix} i) \\ j) \end{matrix}\begin{pmatrix} \cdots & \cdots \\ \cdots & \cdots \end{pmatrix}^{-k} \longrightarrow P(i,j;k)^{-1}AP(i,j;k)$$

である．

補題 3　A, B を n 次正方行列とする．B が A に相似であれば，A と B の固有多項式は一致する．したがって，固有値も一致する．

証明　n 次正則行列 P を用いて，$B = P^{-1}AP \cdots (\sharp)$　と表されたとする．A, B の固有多項式 $f_A(\lambda), f_B(\lambda)$ が一致することを示す：

$$\begin{aligned} f_B(\lambda) &= |\lambda E - B| = |\lambda E - P^{-1}AP| \\ &= |P^{-1}||\lambda E - A||P| = |\lambda E - A| = f_A(\lambda) \end{aligned}$$

■

以上の補助知識 1, 2 と補題 3 を用いて，固有値の変わらない変形

$$\begin{pmatrix} 1 & 0 & 0 \\ 0 & 1 & 0 \\ 0 & 0 & 2 \end{pmatrix} \longrightarrow \begin{pmatrix} 1 & 0 & 0 \\ 0 & 1 & 0 \\ -4 & 0 & 2 \end{pmatrix} \longrightarrow \begin{pmatrix} 1 & 0 & 0 \\ 0 & 1 & 0 \\ -2 & 0 & 2 \end{pmatrix}$$

$$\longrightarrow \begin{pmatrix} 1 & 0 & -1 \\ 0 & 1 & 0 \\ -2 & 0 & 4 \end{pmatrix} \longrightarrow \begin{pmatrix} -1 & 0 & 3 \\ 0 & 1 & 0 \\ -2 & 0 & 4 \end{pmatrix}$$

（変形の注記：-2，$+2$，-1，$+1$）

を行って，例 3 の行列 A を見つけたのである．

演習問題

[105]　〈**行列の固有値**〉

n 次正方行列 A の固有値の 1 つを α とする．

(1)　$\alpha^2+\alpha$ は A^2+A の固有値であることを証明せよ．

(2)　A が正則であるとき，$1/\alpha$ は A^{-1} の固有値であることを証明せよ．

[106] **〈行列の固有値と固有空間〉**

次の行列の固有値および固有空間を求めよ．

(1) $\begin{pmatrix} 1 & -1 & -1 \\ -2 & 0 & 1 \\ 2 & 2 & 1 \end{pmatrix}$　　(2) $\begin{pmatrix} 1 & -4 & 4 \\ -2 & -1 & 4 \\ 1 & 2 & 1 \end{pmatrix}$

[107] **〈線形変換の固有値（関数空間）〉**

$V = \langle 1, t \rangle$ の線形変換 φ を

$$\varphi(1) = 2+4t, \quad \varphi(t) = 1+5t$$

で定めるとき，φ の固有値および固有空間を求めよ．

[108] **〈線形変換の固有値（行列空間）〉**

$H = \begin{pmatrix} 1 & 0 \\ 0 & -1 \end{pmatrix}$, $A = \begin{pmatrix} 0 & 1 \\ 0 & 0 \end{pmatrix}$, $B = \begin{pmatrix} 0 & 0 \\ 1 & 0 \end{pmatrix}$ とおき，$V = \langle H, A, B \rangle$ とする．
V の線形変換 φ を $\varphi(X) = AX - XA$ $(X \in V)$ で定めるとき，φ の固有値および固有空間を求めよ．

[109] **〈正則行列による対角化と A^n の計算〉**

次の行列 A を対角化し，A^n を求めよ．

(1) $\begin{pmatrix} 3 & -1 \\ 2 & 0 \end{pmatrix}$　　(2) $\begin{pmatrix} -1 & 0 & 2 \\ 2 & 1 & -2 \\ -4 & 0 & 5 \end{pmatrix}$

[110] **〈対角化できない行列〉**

次の行列が対角化できないことを証明せよ．

(1) $\begin{pmatrix} 3 & -4 \\ 1 & -1 \end{pmatrix}$　　(2) $\begin{pmatrix} 3 & -2 & 2 \\ 0 & 2 & 0 \\ -1 & 1 & 0 \end{pmatrix}$

17 実対称行列の直交行列による対角化

17.1 実対称行列の直交行列による対角化

本節では，実対称行列を直交行列で対角化する方法を学ぶ．また，本章を通して $\boldsymbol{R}^n$ は標準内積 $(\boldsymbol{x}, \boldsymbol{y}) = \boldsymbol{x}\cdot\boldsymbol{y}$ をもつ内積空間とする．まず，対角化の過程がすべて実数の範囲で議論できることを見よう．

命題 1（固有値の実数性） 実対称行列の固有値はすべて実数である．

証明 A を n 次実対称行列とする．よって，A は ${}^tA = A \cdots (\sharp)$ をみたす実正方行列である．λ を A の固有値とする．したがって，$A\boldsymbol{x} = \lambda\boldsymbol{x} \cdots (\flat)$ をみたす固有ベクトル $\boldsymbol{x}$ ($\boldsymbol{x} \neq \boldsymbol{0} \cdots (\natural)$) がある．この段階では $\lambda \in \boldsymbol{C}$，$\boldsymbol{x} \in \boldsymbol{C}^n$ である．

複素数 $z = a+bi$ ($a, b \in \boldsymbol{R}$) に対して，$\bar{z} = a-bi$ を z の共役複素数とよぶのであった．また，z の絶対値 $|z| = \sqrt{a^2+b^2}$ について，$z\bar{z} = |z|^2$ が成り立つ．行列 $X = (x_{ij})$ に対して，行列 $\overline{X}$ を $\overline{X} = (\overline{x_{ij}})$ と定める．$\boldsymbol{C}^n$ のベクトル $\boldsymbol{y}$ についても同様に $\overline{\boldsymbol{y}}$ が定義される．

さて，証明にもどろう．$(\flat)$ の両辺を転置すると，$(\sharp)$ より ${}^t\boldsymbol{x}A = \lambda{}^t\boldsymbol{x}$ である．さらに，この両辺の“バー”をとると，A が実行列であるから ${}^t\overline{\boldsymbol{x}}A = \overline{\lambda}{}^t\overline{\boldsymbol{x}}$ となる．この両辺に右から $\boldsymbol{x}$ を行列として掛けると，

$$ {}^t\overline{\boldsymbol{x}}A\boldsymbol{x} = \overline{\lambda}{}^t\overline{\boldsymbol{x}}\,\boldsymbol{x} \qquad \therefore\ (\flat)\text{より，}\lambda{}^t\overline{\boldsymbol{x}}\,\boldsymbol{x} = \overline{\lambda}{}^t\overline{\boldsymbol{x}}\,\boldsymbol{x} \cdots (*) $$

が導かれる．$\boldsymbol{x} = {}^t(x_1 \ \cdots \ x_n)$ とおくと，${}^t\overline{\boldsymbol{x}}\,\boldsymbol{x} = \bar{x}_1x_1 + \cdots + \bar{x}_nx_n = |x_1|^2 + \cdots + |x_n|^2$ となる．$(\natural)$ から ${}^t\overline{\boldsymbol{x}}\boldsymbol{x} > 0$ であるから，$(*)$ より $\lambda = \overline{\lambda}$ を得る．よって，λ は実数である． ■

補題 1 A を n 次実対称行列，$\{\boldsymbol{u}_1, \cdots, \boldsymbol{u}_n\}$ を $\boldsymbol{R}^n$ の正規直交基底とする．このとき，$A(\boldsymbol{u}_1 \ \cdots \ \boldsymbol{u}_n) = (\boldsymbol{u}_1 \ \cdots \ \boldsymbol{u}_n)B$ をみたす n 次実正方行列 $B = (b_{ij})$ について次が成り立つ．

(1) $b_{ij} = (A\boldsymbol{u}_j, \boldsymbol{u}_i)$ ($i, j = 1, \cdots, n$)

(2) B は実対称行列である．

証明 (1) $A\boldsymbol{u}_j = b_{1j}\boldsymbol{u}_1 + \cdots + b_{ij}\boldsymbol{u}_i + \cdots + b_{nj}\boldsymbol{u}_n$ であるから，$b_{ij} = (A\boldsymbol{u}_j, \boldsymbol{u}_i)$ である．

(2) 15.1 節の補題と ${}^tA = A$ を順に用いて，$b_{ij} = (A\boldsymbol{u}_j, \boldsymbol{u}_i) = (\boldsymbol{u}_j, {}^tA\boldsymbol{u}_i) = (\boldsymbol{u}_j, A\boldsymbol{u}_i) = (A\boldsymbol{u}_i, \boldsymbol{u}_j) = b_{ji}$ が成り立つから，B は実対称行列である． ■

定理 1〈実対称行列の直交行列による対角化〉

A を n 次実対称行列，$\boldsymbol{R}^n$ は標準内積 $(\boldsymbol{x}, \boldsymbol{y}) = \boldsymbol{x}\cdot\boldsymbol{y}$ の定義された内積空間とする．このとき，A の固有ベクトルから構成される $\boldsymbol{R}^n$ の正規直交基底 $\{\boldsymbol{p}_1, \cdots, \boldsymbol{p}_n\}$ が存在する．さらに，$\boldsymbol{p}_1, \cdots, \boldsymbol{p}_n$ がそれぞれ A の固有値 $\lambda_1, \cdots, \lambda_n$ に対応するとき，$P = (\boldsymbol{p}_1 \ \cdots \ \boldsymbol{p}_n)$ とおけば A は

$$ {}^tPAP = \begin{pmatrix} \lambda_1 & & O \\ & \ddots & \\ O & & \lambda_n \end{pmatrix} $$

と対角化される．直交行列 P について，${}^tP = P^{-1}$ であることに注意しよう．

証明 n に関する帰納法で証明する．

$n = 1$ のとき，1×1 行列 A を $A = (a)\ (a \in \boldsymbol{R})$，1 項列ベクトルを $\boldsymbol{p}_1 = (1)$ とおくと，$A\boldsymbol{p}_1 = a\boldsymbol{p}_1$ であり，$\{\boldsymbol{p}_1\}$ は $\boldsymbol{R}^1$ の正規直交基底である．

$n-1$ のときを仮定して，n について示せば証明は完了する．A を n 次実対称行列とする．固有値は必ず存在する (16.1 節)．A の固有値の 1 つを λ_1 とおき，$\boldsymbol{b}_1$ をそれに対応する固有ベクトルとする．命題 1 より λ_1 は実数であるから，$\boldsymbol{b}_1 \in \boldsymbol{R}^n$ としてよい．$\boldsymbol{p}_1 = \boldsymbol{b}_1/\|\boldsymbol{b}_1\|$ とおく．$\boldsymbol{p}_1$ を含む $\boldsymbol{R}^n$ の基底をとり (12.2 節定理 6 の基底の延長定理)，シュミットの直交化法 (14.2 節定理 3) を用いて，$\boldsymbol{R}^n$ の正規直交基底 $\{\boldsymbol{u}_1, \boldsymbol{u}_2, \cdots, \boldsymbol{u}_n\}$，$\boldsymbol{u}_1 = \boldsymbol{p}_1$ が選べる．このとき，

$$ A(\boldsymbol{p}_1 \ \ \boldsymbol{u}_2 \ \ \cdots \ \ \boldsymbol{u}_n) = (\boldsymbol{p}_1 \ \ \boldsymbol{u}_2 \ \ \cdots \ \ \boldsymbol{u}_n)\begin{pmatrix} \lambda_1 & O \\ O & A_1 \end{pmatrix} \qquad (\sharp) $$

A_1 は $n-1$ 次実対称行列

と表されることは，補題 1 と $(A\boldsymbol{p}_1, \boldsymbol{u}_j) = \lambda_1(\boldsymbol{p}_1, \boldsymbol{u}_j) = 0\ (j \geqq 2)$ からわかる．

帰納法の仮定を A_1 に適用すると，A_1 の固有値 $\lambda_2, \cdots, \lambda_n$ とそれぞれに対応する $\boldsymbol{R}^{n-1}$ 内の固有ベクトル $\boldsymbol{q}_2, \cdots, \boldsymbol{q}_n$ で，$\{\boldsymbol{q}_2, \cdots, \boldsymbol{q}_n\}$ が $\boldsymbol{R}^{n-1}$ の正規直交基底となるものがある．$Q = (\boldsymbol{q}_2 \ \cdots \ \boldsymbol{q}_n)$ とおくと，

$$A_1 Q = Q\begin{pmatrix} \lambda_2 & & O \\ & \ddots & \\ O & & \lambda_n \end{pmatrix} \qquad (\flat)$$

が成り立つ．ここで，$\boldsymbol{R}^n$ のベクトル $\boldsymbol{p}_2, \cdots, \boldsymbol{p}_n$ を $(\boldsymbol{p}_2 \ \cdots \ \boldsymbol{p}_n) = (\boldsymbol{u}_2 \ \cdots \ \boldsymbol{u}_n)Q$ と定めると，

$$(\boldsymbol{p}_1 \ \boldsymbol{p}_2 \ \cdots \ \boldsymbol{p}_n) = (\boldsymbol{u}_1 \ \boldsymbol{u}_2 \ \cdots \ \boldsymbol{u}_n)\begin{pmatrix} 1 & O \\ O & Q \end{pmatrix} \qquad (\natural)$$

が成り立つ．

$\{\boldsymbol{p}_1, \cdots, \boldsymbol{p}_n\}$ が $\boldsymbol{R}^n$ の正規直交基底であること：$(\natural)$ の右端の行列の列ベクトルは正規直交系であるから，14.2 節の定理 2 (3) から $\boldsymbol{p}_1, \cdots, \boldsymbol{p}_n$ も正規直交系である．14.2 節の命題より n 個のベクトル $\boldsymbol{p}_1, \cdots, \boldsymbol{p}_n$ は一次独立であるから，$\boldsymbol{R}^n$ の基底を構成する．

$\boldsymbol{p}_1, \cdots, \boldsymbol{p}_n$ が固有ベクトルであること：これは次のように示される．

$$\begin{aligned} A(\boldsymbol{p}_1 \ \boldsymbol{p}_2 \ \cdots \ \boldsymbol{p}_n) &\underset{(\natural)\text{より}}{=} A(\boldsymbol{u}_1 \ \boldsymbol{u}_2 \ \cdots \ \boldsymbol{u}_n)\begin{pmatrix} 1 & O \\ O & Q \end{pmatrix} \\ &\underset{(\sharp)\text{より}}{=} (\boldsymbol{p}_1 \ \boldsymbol{u}_2 \ \cdots \ \boldsymbol{u}_n)\begin{pmatrix} \lambda_1 & O \\ O & A_1 \end{pmatrix}\begin{pmatrix} 1 & O \\ O & Q \end{pmatrix} \\ &\underset{(\flat)\text{より}}{=} (\boldsymbol{p}_1 \ \boldsymbol{u}_2 \ \cdots \ \boldsymbol{u}_2)\begin{pmatrix} 1 & O \\ O & Q \end{pmatrix}\begin{pmatrix} \lambda_1 & & & O \\ & \lambda_2 & & \\ & & \ddots & \\ O & & & \lambda_n \end{pmatrix} \\ &\underset{(\natural)\text{より}}{=} (\boldsymbol{p}_1 \ \boldsymbol{p}_2 \ \cdots \ \boldsymbol{p}_n)\begin{pmatrix} \lambda_1 & & & O \\ & \lambda_2 & & \\ & & \ddots & \\ O & & & \lambda_n \end{pmatrix} \end{aligned}$$ ■

固有ベクトルの直交性　実対称行列の幾何学的特徴を述べよう．これは，直交行列による対角化の実行の手助けとなる．

命題 2　実対称行列において相異なる固有値に対応する固有ベクトルは直交する．

証明　A を n 次実対称行列，λ_1, λ_2 を A の固有値で，$\lambda_1 \neq \lambda_2$ とする．$\boldsymbol{x}, \boldsymbol{y}$ をそれぞれ λ_1, λ_2 に対応する $\boldsymbol{R}^n$ のベクトルとする．$(\boldsymbol{x}, \boldsymbol{y}) = 0$ は次の等式と $\lambda_1 \neq \lambda_2$ からわかる：

$$(A\boldsymbol{x}, \boldsymbol{y}) = (\boldsymbol{x}, A\boldsymbol{y}) \qquad \therefore \ \lambda_1(\boldsymbol{x}, \boldsymbol{y}) = \lambda_2(\boldsymbol{x}, \boldsymbol{y}).$$ ■

実対称行列の直交行列による対角化の手順　A を n 次実対称行列とする．

(i)　A の異なる固有値 $\lambda_1, \cdots, \lambda_r$ をすべて求める．

(ii)　固有値 $\lambda_1, \cdots, \lambda_r$ に対応する固有空間 $W_{\lambda_1}, \cdots, W_{\lambda_r}$ を求める．

(iii)　$W_{\lambda_1}, \cdots, W_{\lambda_r}$ のそれぞれの正規直交基底を求める．

(iv)　(iii) で求めた基底を構成する列ベクトルを順に並べて n 次直交行列 P をつくる．

以上 (i)〜(iv) の作業を行って，次の対角化を得る：

$$
{}^tPAP = \begin{pmatrix} \lambda_1 & & & & & & O \\ & \ddots & & & & & \\ & & \lambda_1 & & & & \\ & & & \ddots & & & \\ & & & & \lambda_r & & \\ & & & & & \ddots & \\ O & & & & & & \lambda_r \end{pmatrix}.
$$

P が直交行列であることは，異なる固有空間の正規直交基底を構成するベクトルが互いに直交する (命題 2) ことからわかる．

例 1 (対角化)　次の対称行列を直交行列により対角化せよ．

(1)　$A = \begin{pmatrix} 1 & 2 \\ 2 & -2 \end{pmatrix}$　　　(2)　$B = \begin{pmatrix} -3 & 2 & 2 \\ 2 & 0 & -1 \\ 2 & -1 & 0 \end{pmatrix}$

解　(1)　(i)　固有値：A の固有多項式は

$$
\begin{vmatrix} \lambda-1 & -2 \\ -2 & \lambda+2 \end{vmatrix} = \lambda^2+\lambda-6 = (\lambda+3)(\lambda-2)
$$

であるから，固有値は $\lambda = -3, 2$ である．

(ii)　固有空間：

$\lambda = -3$ のとき，$(A+3E)\boldsymbol{x} = \boldsymbol{0}$ を解いて，$W_{-3} = \left\langle \begin{pmatrix} 1 \\ -2 \end{pmatrix} \right\rangle$

$\lambda = 2$ のとき，$(A-2E)\boldsymbol{x} = \boldsymbol{0}$ を解いて，$W_2 = \left\langle \begin{pmatrix} 2 \\ 1 \end{pmatrix} \right\rangle$

(iii)　固有空間の正規直交基底：W_{-3}, W_2 の正規直交基底 $\{\boldsymbol{p}_1\}, \{\boldsymbol{p}_2\}$ として，次のものが選べる：

$$
\boldsymbol{p}_1 = \frac{1}{\sqrt{5}}\begin{pmatrix} 1 \\ -2 \end{pmatrix}, \qquad \boldsymbol{p}_2 = \frac{1}{\sqrt{5}}\begin{pmatrix} 2 \\ 1 \end{pmatrix}.
$$

（iv） 対角化：

$$P=(\boldsymbol{p}_1 \quad \boldsymbol{p}_2)=\begin{pmatrix} 1/\sqrt{5} & 2/\sqrt{5} \\ -2/\sqrt{5} & 1/\sqrt{5} \end{pmatrix} \text{とおいて，} {}^tPAP=\begin{pmatrix} -3 & 0 \\ 0 & 2 \end{pmatrix}$$

（2）（i） 固有値：B の固有多項式は

$$\begin{vmatrix} \lambda+3 & -2 & -2 \\ -2 & \lambda & 1 \\ -2 & 1 & \lambda \end{vmatrix} = (\lambda-1)^2(\lambda+5)$$

であるから，固有値は $\lambda=-5, 1$ である．

（ii） 固有空間：

$$\lambda=-5 \text{ のとき，} (B+5E)\boldsymbol{x}=\boldsymbol{0} \text{ を解いて，} W_{-5}=\left\langle \begin{pmatrix} -2 \\ 1 \\ 1 \end{pmatrix} \right\rangle$$

$$\lambda=1 \text{ のとき，} (B-E)\boldsymbol{x}=\boldsymbol{0} \text{ を解いて，} W_1=\left\langle \begin{pmatrix} 1 \\ 2 \\ 0 \end{pmatrix}, \begin{pmatrix} 0 \\ -1 \\ 1 \end{pmatrix} \right\rangle$$

（iii） 固有空間の正規直交基底：W_{-5}, W_1 の正規直交基底 $\{\boldsymbol{p}_1\}, \{\boldsymbol{p}_2, \boldsymbol{p}_3\}$ として次のようなものが選べる．ここで，$\boldsymbol{p}_2, \boldsymbol{p}_3$ は W_1 に現れた 2 つのベクトルにグラム-シュミットの直交化法を適用した．

$$\boldsymbol{p}_1=\frac{1}{\sqrt{6}}\begin{pmatrix} -2 \\ 1 \\ 1 \end{pmatrix}, \quad \boldsymbol{p}_2=\frac{1}{\sqrt{5}}\begin{pmatrix} 1 \\ 2 \\ 0 \end{pmatrix}, \quad \boldsymbol{p}_3=\frac{1}{\sqrt{30}}\begin{pmatrix} 2 \\ -1 \\ 5 \end{pmatrix}$$

（iv） 対角化：

$$P=(\boldsymbol{p}_1 \quad \boldsymbol{p}_2 \quad \boldsymbol{p}_3)=\begin{pmatrix} -2/\sqrt{6} & 1/\sqrt{5} & 2/\sqrt{30} \\ 1/\sqrt{6} & 2/\sqrt{5} & -1/\sqrt{30} \\ 1/\sqrt{6} & 0 & 5/\sqrt{30} \end{pmatrix} \text{とおいて，}$$

$${}^tPAP=\begin{pmatrix} -5 & 0 & 0 \\ 0 & 1 & 0 \\ 0 & 0 & 1 \end{pmatrix}$$

■

例 2（A^n の計算） 例 1 の行列 $A=\begin{pmatrix} 1 & 2 \\ 2 & -2 \end{pmatrix}$ について，A^n を求めよ．

解 直交行列 P について，$({}^tPAP)^n = {}^tPAP\,{}^tPAP \cdots {}^tPAP = {}^tPA^nP$ であるから，

$$A^n = P({}^tPAP)^n\,{}^tP$$

が成り立つ．これを例 1 で求めた P に適用して，

$$A^n=\frac{1}{\sqrt{5}}\begin{pmatrix} 1 & 2 \\ -2 & 1 \end{pmatrix}\begin{pmatrix} (-3)^n & 0 \\ 0 & 2^n \end{pmatrix}\frac{1}{\sqrt{5}}\begin{pmatrix} 1 & -2 \\ 2 & 1 \end{pmatrix}$$

$$= \frac{1}{5}\begin{pmatrix} (-1)^n 3^n + 2^{n+2} & (-1)^{n+1}3^n \cdot 2 + 2^{n+1} \\ (-1)^{n+1}3^n \cdot 2 + 2^{n+1} & (-1)^n 3^n \cdot 4 + 2^n \end{pmatrix}$$

17.2 実二次形式

実二次形式　n 次実対称行列 A に対して，n 個の文字 $x_1, \cdots, x_n$ の列ベクトル $\boldsymbol{x} = \begin{pmatrix} x_1 \\ \vdots \\ x_n \end{pmatrix}$ を用いて ${}^t\boldsymbol{x}A\boldsymbol{x}$ で表される斉次二次式を**実二次形式**という．$A = (a_{ij})$ とおいて，二次形式を要素で書き下せば，$a_{ij} = a_{ji}$ に注意すると

$$\begin{aligned} {}^t\boldsymbol{x}A\boldsymbol{x} &= (x_1 \quad \cdots \quad x_n)\begin{pmatrix} a_{11} & \cdots & a_{1n} \\ & \cdots\cdots\cdots & \\ a_{n1} & \cdots & a_{nn} \end{pmatrix}\begin{pmatrix} x_1 \\ \vdots \\ x_n \end{pmatrix} \\ &= a_{11}{x_1}^2 + \cdots + a_{nn}{x_n}^2 + 2\sum_{i<j} a_{ij}x_i x_j \end{aligned} \qquad (17.2\text{-}1)$$

となる．ここに，$\sum\limits_{i<j}$ は i, j が $i < j$ をみたしながら 1 から n を動くときの総和を表す．

われわれは，実対称行列の対角化の方法を手にしているので，ただちに二次形式の著しい性質が導ける．二次形式は A の固有値を用いた簡単な形で表されるのである．

定理 2〈実二次形式の標準形〉

A を n 次実対称行列，${}^t\boldsymbol{x}A\boldsymbol{x}$ を実二次形式とする．A の直交行列 P による対角化を

$${}^tPAP = \begin{pmatrix} \lambda_1 & & O \\ & \ddots & \\ O & & \lambda_n \end{pmatrix}$$

とする．このとき，直交変換 $\boldsymbol{x} = P\boldsymbol{y}$；$\begin{pmatrix} x_1 \\ \vdots \\ x_n \end{pmatrix} = P\begin{pmatrix} y_1 \\ \vdots \\ y_n \end{pmatrix}$ を行うと，

$${}^t\boldsymbol{x}A\boldsymbol{x} = \lambda_1{y_1}^2 + \cdots + \lambda_n{y_n}^2$$

と表される．これを実二次形式 ${}^t\boldsymbol{x}A\boldsymbol{x}$ の**標準形**という．

証明　$\boldsymbol{x} = P\boldsymbol{y}$ を実二次形式に代入すればよい：

$$ {}^t\boldsymbol{x}A\boldsymbol{x} = {}^t\boldsymbol{y}\,{}^tPAP\boldsymbol{y} = (y_1 \quad \cdots \quad y_n)\begin{pmatrix} \lambda_1 & & O \\ & \ddots & \\ O & & \lambda_n \end{pmatrix}\begin{pmatrix} y_1 \\ \vdots \\ y_n \end{pmatrix} = \lambda_1 {y_1}^2 + \cdots + \lambda_n {y_n}^2. $$ ▒

例 3（実二次形式の標準形）　$A = \begin{pmatrix} 2 & -1 \\ -1 & 2 \end{pmatrix}$ のとき，実二次形式

$$ {}^t\boldsymbol{x}A\boldsymbol{x} = 2{x_1}^2 - 2x_1x_2 + 2{x_2}^2 $$

の標準形を求めよ．

解　(i)　A の対角化：A の固有多項式は $|\lambda E - A| = (\lambda-1)(\lambda-3)$ であるから，A の固有値は $\lambda = 1, 3$ である．これらに対応する固有空間（1 次元）の正規直交基底をそれぞれ $\{\boldsymbol{p}_1\}, \{\boldsymbol{p}_2\}$ とすれば，$\boldsymbol{p}_1 = \dfrac{1}{\sqrt{2}}\begin{pmatrix} 1 \\ 1 \end{pmatrix}$，$\boldsymbol{p}_2 = \dfrac{1}{\sqrt{2}}\begin{pmatrix} 1 \\ -1 \end{pmatrix}$ である．

$$ P = \begin{pmatrix} 1/\sqrt{2} & 1/\sqrt{2} \\ 1/\sqrt{2} & -1/\sqrt{2} \end{pmatrix} \text{ とおくと，} {}^tPAP = \begin{pmatrix} 1 & 0 \\ 0 & 3 \end{pmatrix} $$

が成り立つ．

(ii)　標準形：$\boldsymbol{x} = P\boldsymbol{y}$，すなわち

$$ \begin{pmatrix} x_1 \\ x_2 \end{pmatrix} = \frac{1}{\sqrt{2}}\begin{pmatrix} y_1 + y_2 \\ y_1 - y_2 \end{pmatrix} \text{ とおけば，} {}^t\boldsymbol{x}A\boldsymbol{x} = {y_1}^2 + 3{y_2}^2 $$

である． ▒

正値二次形式　　実二次形式 ${}^t\boldsymbol{x}A\boldsymbol{x}$ は，$\boldsymbol{x} \in \boldsymbol{R}^n$ について

$$ \boldsymbol{x} \neq \boldsymbol{0} \quad \text{のときつねに} \quad {}^t\boldsymbol{x}A\boldsymbol{x} > 0 $$

が成り立つとき**正値**であるという．このとき，${}^t\boldsymbol{x}A\boldsymbol{x}$ は $\boldsymbol{x} = \boldsymbol{0}$ でのみ最小値 0 をもつ．

命題 3（正値性の判定法）　実対称行列 A の固有値がすべて正であることと，実二次形式 ${}^t\boldsymbol{x}A\boldsymbol{x}$ が正値であることは同値である．

証明　定理 2 より適当な直交行列 P を選び，直交変換 $\boldsymbol{x} = P\boldsymbol{y}$ を行って，

$$ {}^t\boldsymbol{x}A\boldsymbol{x} = \lambda_1 {y_1}^2 + \cdots + \lambda_n {y_n}^2 \qquad (\sharp) $$

と表される．ここに，$\lambda_1, \cdots, \lambda_n$ は A の固有値である．このとき，$\boldsymbol{x}$ が $\boldsymbol{R}^n$ 全体を動けば，$\boldsymbol{y} = {}^tP\boldsymbol{x}$ も $\boldsymbol{R}^n$ 全体を動く．よって，${}^t\boldsymbol{x}A\boldsymbol{x}$ が正値であることと，$(\sharp)$ の右辺が $\boldsymbol{y} \neq \boldsymbol{0}$ のときつねに正であること，したがって，$\lambda_1 > 0$，$\cdots$，$\lambda_n > 0$ と同値である． ▒

例 4（実二次形式の標準形とその応用） $f = 2x^2 + 4xy - y^2$ について次に答えよ．

(1) $\boldsymbol{x} = \begin{pmatrix} x \\ y \end{pmatrix}$ とおくとき，$f = {}^t\boldsymbol{x}A\boldsymbol{x}$ となる 2 次実対称行列 A を求めよ．

(2) 実二次形式 ${}^t\boldsymbol{x}A\boldsymbol{x}$ の標準形を求めよ．

(3) $f > 0$，$f = 0$，$f < 0$ をみたす領域を図示せよ．

(4) 二次曲線 $2x^2 + 4xy - y^2 = 1$ の概形を図示せよ．

解 (1) ${}^t\boldsymbol{x}A\boldsymbol{x}$ を書き下した式 (17.2-1) から，$A = (a_{ij})$ の成分は，f の x^2, y^2, xy の係数をながめて，順に $a_{11} = 2$，$a_{22} = -1$，$2a_{12} = 4$ とおけばよいことがわかる．よって，$A = \begin{pmatrix} 2 & 2 \\ 2 & -1 \end{pmatrix}$ である．

(2) A の直交行列による対角化：A の固有多項式は $|\lambda E - A| = (\lambda+2)(\lambda-3)$ であるから，A の固有値は $\lambda = -2, 3$ である．固有空間 W_3, W_{-2} の正規直交基底をそれぞれ $\{\boldsymbol{p}_1\}, \{\boldsymbol{p}_2\}$ とすると，$\boldsymbol{p}_1 = \frac{1}{\sqrt{5}}\begin{pmatrix} 2 \\ 1 \end{pmatrix}$，$\boldsymbol{p}_2 = \frac{1}{\sqrt{5}}\begin{pmatrix} 1 \\ -2 \end{pmatrix}$ である．このとき，

$$P = \begin{pmatrix} 2/\sqrt{5} & 1/\sqrt{5} \\ 1/\sqrt{5} & -2/\sqrt{5} \end{pmatrix} \text{とおけば，} {}^tPAP = \begin{pmatrix} 3 & 0 \\ 0 & -2 \end{pmatrix}$$

となる．よって，$\boldsymbol{x} = P\boldsymbol{y}$，$\boldsymbol{y} = {}^t(X \quad Y)$，すなわち

$$\begin{pmatrix} x \\ y \end{pmatrix} = \frac{1}{\sqrt{5}}\begin{pmatrix} 2X + Y \\ X - 2Y \end{pmatrix} \text{とおいて，} {}^t\boldsymbol{x}A\boldsymbol{x} = 3X^2 - 2Y^2 \qquad (\sharp)$$

を得る．

(3) 曲線 $f = 0$ で領域に区分される．(2) で用いた XY 座標系は X 軸方向を $\boldsymbol{p}_1$，Y 軸方向を $\boldsymbol{p}_2$ とするものである．よって，xy 座標平面に X 軸，Y 軸を描き，この XY 平面の上に領域を図示すればよい．$f = 0$ は $3X^2 - 2Y^2 = 0$ を表すから，ただちに図 17-1 を得る．

（$\sqrt{3}X - \sqrt{2}Y = 0$ と x 軸の位置関係は x 軸の XY 座標での方程式を求めればわかる．(2) の ($\sharp$) の座標変換の式に $y = 0$ を代入し，x 軸の方程式 $X - 2Y = 0$ を得る．図 17-2 は点 (X, Y, f) の描く空間内の曲面で，鞍の形をしている．これを見るには，XY, Yf, Xf 平面に平行な面での切り口の形を調べる．c を定数とすれば，$f = c$ のとき双曲線 $3X^2 - 2Y^2 = c$，$X = c$ のとき放物線 $f = -Y^2 + 3c^2$，$Y = c$ のとき放物線 $f = 3X^2 - 2c^2$ である．）

(4) (3) と同様の考え方をする．(3) の XY 座標平面に双曲線 $3X^2 - 2Y^2 = 1$ を描くと，図 17-3 のようになる．$Y = \pm\sqrt{3/2}X$ が漸近線である． ▒

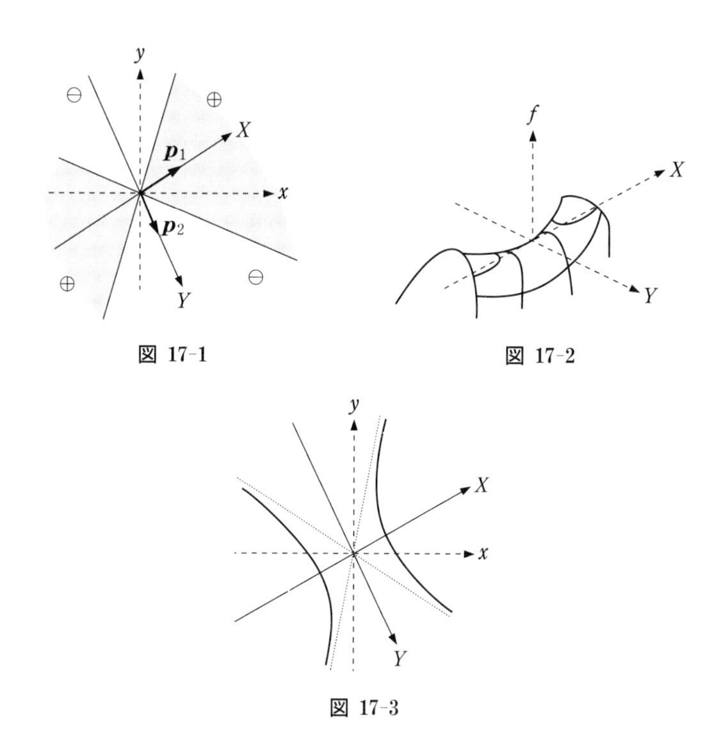

図 17-1

図 17-2

図 17-3

17.3 実対称行列のスペクトル分解

n 次実対称行列の直交行列による対角化の作業では，A の異なる固有値 λ_1, $\cdots$, λ_r，固有空間 $W_{\lambda_1}, \cdots, W_{\lambda_r}$ の正規直交基底 $\{\boldsymbol{p}_1, \cdots, \boldsymbol{p}_s\}, \cdots, \{\boldsymbol{q}_1, \cdots, \boldsymbol{q}_t\}$ をそれぞれ求めた．このとき，

$$A(\boldsymbol{p}_1 \ \cdots \ \boldsymbol{p}_s \ \cdots \ \boldsymbol{q}_1 \ \cdots \ \boldsymbol{q}_t)$$
$$= (\boldsymbol{p}_1 \ \cdots \ \boldsymbol{p}_s \ \cdots \ \boldsymbol{q}_1 \ \cdots \ \boldsymbol{q}_t)\begin{pmatrix} \lambda_1 E_s & & O \\ & \ddots & \\ O & & \lambda_r E_t \end{pmatrix} \quad (17.3\text{-}1)$$

が成り立つのであった．ここで，$\lambda_1 E_s$ は λ_1 が対角線上に s 個並ぶ s 次の対角行列である．この節では，正規直交基底からつくられる n 次正方行列

$$P_1 = \boldsymbol{p}_1{}^t\boldsymbol{p}_1 + \cdots + \boldsymbol{p}_s{}^t\boldsymbol{p}_s, \quad \cdots, \quad P_r = \boldsymbol{q}_1{}^t\boldsymbol{q}_1 + \cdots + \boldsymbol{q}_t{}^t\boldsymbol{q}_t \quad (17.3\text{-}2)$$

の代数的および幾何学的意味について考えよう．$P_1, \cdots, P_r$ は

$$P_1 = (\boldsymbol{p}_1 \ \cdots \ \boldsymbol{p}_s)^t(\boldsymbol{p}_1 \ \cdots \ \boldsymbol{p}_s), \quad \cdots, \quad P_r = (\boldsymbol{q}_1 \ \cdots \ \boldsymbol{q}_t)^t(\boldsymbol{q}_1 \ \cdots \ \boldsymbol{q}_t)$$

(17.3-3)

とも表される．（2.4 節の行列の分割による積の計算参照．）

以下，この節ではこれらの記号をそのまま用いる．

定理 3〈実対称行列のスペクトル分解〉

A を n 次実対称行列とする．上記(17.3-2)で定義された，A の固有値 $\lambda_1, \cdots, \lambda_r$ に対応する n 次正方行列 $P_1, \cdots, P_r$ について次が成り立つ．

(1) $$E = P_1 + \cdots + P_r,$$
$$P_i^2 = P_i, \quad P_iP_j = P_jP_i = O \quad (i \neq j) \tag{17.3-4}$$

(2) $$A = \lambda_1 P_1 + \cdots + \lambda_r P_r \tag{17.3-5}$$

(1)を A によって定まる $\boldsymbol{E}$ **の分解**，(2)を A の**スペクトル分解**という．

証明 (1) n 次正方行列 $P = (\boldsymbol{p}_1 \ \cdots \ \boldsymbol{p}_s \ \cdots \ \boldsymbol{q}_1 \ \cdots \ \boldsymbol{q}_t)$ は直交行列であるから，$P^{-1} = {}^tP$ ((14.2-7)) である．よって，$E = PP^{-1} = P{}^tP$ が成り立つ．ゆえに，

$$E = P{}^tP = (\boldsymbol{p}_1 \ \cdots \ \boldsymbol{p}_s \ \cdots \ \boldsymbol{q}_1 \ \cdots \ \boldsymbol{q}_t)\begin{pmatrix} {}^t\boldsymbol{p}_1 \\ \vdots \\ {}^t\boldsymbol{p}_s \\ \vdots \\ {}^t\boldsymbol{q}_1 \\ \vdots \\ {}^t\boldsymbol{q}_t \end{pmatrix} = P_1 + \cdots + P_r.$$

$P_iP_j = O$ $(i \neq j)$ を $i = 1$, $j = r$ のときのみ示す．$\boldsymbol{p}_1, \cdots, \boldsymbol{q}_t$ は正規直交系であるから，${}^t\boldsymbol{p}_k \boldsymbol{q}_l = (\boldsymbol{p}_k, \boldsymbol{q}_l) = 0$ $(1 \leqq k \leqq s,\ 1 \leqq l \leqq t)$ である．よって，

$$P_1P_r = (\boldsymbol{p}_1{}^t\boldsymbol{p}_1 + \cdots + \boldsymbol{p}_s{}^t\boldsymbol{p}_s)(\boldsymbol{q}_1{}^t\boldsymbol{q}_1 + \cdots + \boldsymbol{q}_s{}^t\boldsymbol{q}_s) = O.$$

したがって，$P_i^2 = P_i$ は次のように示される：

$$P_i = P_iE = P_i(P_1 + \cdots + P_i + \cdots + P_r) = P_i^2.$$

(2) $A\boldsymbol{p}_i = \lambda_1 \boldsymbol{p}_i$ を用いて，$AP_1 = A\boldsymbol{p}_1{}^t\boldsymbol{p}_1 + \cdots + A\boldsymbol{p}_s{}^t\boldsymbol{p}_s = \lambda_1 P_1$ を得る．同様にして，$AP_i = \lambda_i P_i$ $(1 \leqq i \leqq r)$ である．よって，(1)より

$$A = AE = A(P_1 + \cdots + P_r) = \lambda_1 P_1 + \cdots + \lambda_r P_r.$$ ∎

例 5（実対称行列のスペクトル分解） $A = \begin{pmatrix} 2 & 1 & 1 \\ 1 & 2 & 1 \\ 1 & 1 & 2 \end{pmatrix}$ のスペクトル分解を求めよ．

解　16.1節の例1(1)の行列と同じである．A の固有値は，$\lambda_1 = 1$，$\lambda_2 = 4$，これらに対応する固有空間 W_1, W_4 の基底はそれぞれ $\left\{\begin{pmatrix} -1 \\ 1 \\ 0 \end{pmatrix}, \begin{pmatrix} -1 \\ 0 \\ 1 \end{pmatrix}\right\}, \left\{\begin{pmatrix} 1 \\ 1 \\ 1 \end{pmatrix}\right\}$ であった．グラム-シュミットの直交化法を適用して，W_1, W_4 の正規直交基底 $\{\boldsymbol{p}_1, \boldsymbol{p}_2\}$，$\{\boldsymbol{p}_3\}$ として次のようなベクトルが選べる：

$$\boldsymbol{p}_1 = \frac{1}{\sqrt{2}}\begin{pmatrix} -1 \\ 1 \\ 0 \end{pmatrix}, \quad \boldsymbol{p}_2 = \frac{1}{\sqrt{6}}\begin{pmatrix} -1 \\ -1 \\ 2 \end{pmatrix}, \quad \boldsymbol{p}_3 = \frac{1}{\sqrt{3}}\begin{pmatrix} 1 \\ 1 \\ 1 \end{pmatrix}.$$

$P_1 = (\boldsymbol{p}_1 \;\; \boldsymbol{p}_2)^t(\boldsymbol{p}_1 \;\; \boldsymbol{p}_2)$，$P_2 = (\boldsymbol{p}_3)^t(\boldsymbol{p}_3)$ とおく．(17.3-5) より $A = P_1 + 4P_2$ であるから，

$$\begin{pmatrix} 2 & 1 & 1 \\ 1 & 2 & 1 \\ 1 & 1 & 2 \end{pmatrix} = 1 \cdot \frac{1}{6}\begin{pmatrix} -\sqrt{3} & -1 \\ \sqrt{3} & -1 \\ 0 & 2 \end{pmatrix}\begin{pmatrix} -\sqrt{3} & \sqrt{3} & 0 \\ -1 & -1 & 2 \end{pmatrix} + 4 \cdot \frac{1}{3}\begin{pmatrix} 1 \\ 1 \\ 1 \end{pmatrix}(1 \;\; 1 \;\; 1)$$

$$= 1 \cdot \frac{1}{3}\begin{pmatrix} 2 & -1 & -1 \\ -1 & 2 & -1 \\ -1 & -1 & 2 \end{pmatrix} + 4 \cdot \frac{1}{3}\begin{pmatrix} 1 & 1 & 1 \\ 1 & 1 & 1 \\ 1 & 1 & 1 \end{pmatrix}$$

が求めるスペクトル分解である．∎

例6（A^n の計算）　$A = \begin{pmatrix} 2 & 1 & 1 \\ 1 & 2 & 1 \\ 1 & 1 & 2 \end{pmatrix}$ のとき，A^n を求めよ．

解　例5における A のスペクトル分解 $A = P_1 + 4P_2$ を利用する．${P_1}^2 = P_1$，$P_1 P_2 = P_2 P_1 = O$，${P_2}^2 = P_2$ であるから，

$$A^n = (P_1 + 4P_2)^n = {P_1}^n + 4^n {P_2}^n = P_1 + 4^n P_2$$

である．よって，

$$\begin{pmatrix} 2 & 1 & 1 \\ 1 & 2 & 1 \\ 1 & 1 & 2 \end{pmatrix}^n = \frac{1}{3}\begin{pmatrix} 2 & -1 & -1 \\ -1 & 2 & -1 \\ -1 & -1 & 2 \end{pmatrix} + 4^n \frac{1}{3}\begin{pmatrix} 1 & 1 & 1 \\ 1 & 1 & 1 \\ 1 & 1 & 1 \end{pmatrix}$$

$$= \frac{1}{3}\begin{pmatrix} 2+4^n & -1+4^n & -1+4^n \\ -1+4^n & 2+4^n & -1+4^n \\ -1+4^n & -1+4^n & 2+4^n \end{pmatrix}$$ ∎

命題3（P_i の幾何学的意味）　P_i を (17.3-2) で定義された n 次正方行列とする．P_i の定める線形変換 $\varphi: \boldsymbol{R}^n \to \boldsymbol{R}^n$ ($\varphi(\boldsymbol{x}) = P_i \boldsymbol{x}$) は $\boldsymbol{R}^n$ から固有空間 W_{λ_i} への正射影である．

証明　P_1, W_{λ_1} についてのみ示す．$\boldsymbol{x} = x_1\boldsymbol{p}_1 + \cdots + x_s\boldsymbol{p}_s + \cdots + x_n\boldsymbol{q}_t$ $(x_i \in \boldsymbol{R})$ とおく．標準内積 $(\boldsymbol{p}, \boldsymbol{q}) = \boldsymbol{p} \cdot \boldsymbol{q} = {}^t\boldsymbol{p}\boldsymbol{q}$ を考慮して，

$$\begin{aligned}\varphi(\boldsymbol{x}) &= P_1\boldsymbol{x} \\ &= (\boldsymbol{p}_1{}^t\boldsymbol{p}_1 + \cdots + \boldsymbol{p}_s{}^t\boldsymbol{p}_s)\boldsymbol{x} \\ &= (\boldsymbol{x}, \boldsymbol{p}_1)\boldsymbol{p}_1 + \cdots + (\boldsymbol{x}, \boldsymbol{p}_s)\boldsymbol{p}_s\end{aligned}$$

であるから，15.2 節の命題 2 から φ が $\boldsymbol{R}^n$ から W_{λ_1} への正射影であることがわかる．■

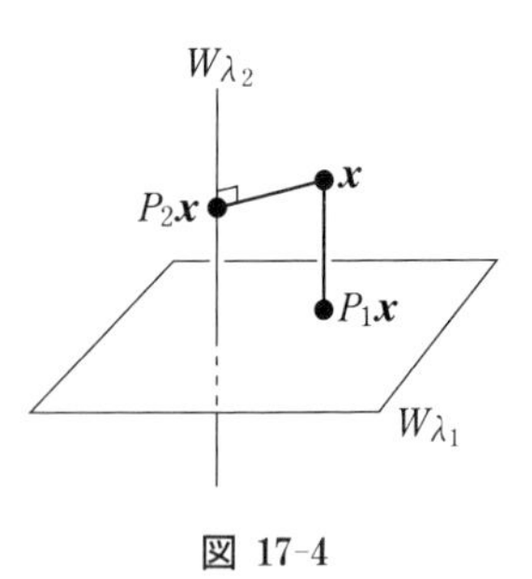

図 17-4

演習問題

[111]　〈実対称行列の直交行列による対角化と A^n の計算〉

行列 $A = \begin{pmatrix} -1 & 2 \\ 2 & -1 \end{pmatrix}$ を直交行列により対角化し，A^n を計算せよ．

[112]　〈実対称行列の直交行列による対角化〉

次の行列を直交行列により対角化せよ．

(1) $\begin{pmatrix} 3 & -1 & -1 \\ -1 & 2 & 0 \\ -1 & 0 & 2 \end{pmatrix}$　　(2) $\begin{pmatrix} 1 & 2 & 2 \\ 2 & 4 & 4 \\ 2 & 4 & 4 \end{pmatrix}$

[113]　〈実二次形式の標準形とその応用〉

$f = 5x^2 + 2axy + 5y^2$ について，次に答えよ．

(1)　$\boldsymbol{x} = \begin{pmatrix} x \\ y \end{pmatrix}$ とおくとき，$f = {}^t\boldsymbol{x}A\boldsymbol{x}$ となる 2 次実対称行列 A を求めよ．

(2)　実二次形式 ${}^t\boldsymbol{x}A\boldsymbol{x}$ の標準形を求めよ．

(3)　$(x, y) \neq (0, 0)$ のとき，つねに $f > 0$ となるような a の範囲を求めよ．

(4)　二次曲線 $5x^2 + 2xy + 5y^2 = 1$ の概形を図示せよ．

[114]　〈スペクトル分解〉

$A = \begin{pmatrix} 2 & -1 & 0 \\ -1 & 3 & -1 \\ 0 & -1 & 2 \end{pmatrix}$ のスペクトル分解を求め，A^n を計算せよ．

18 ジョルダンの標準形

正方行列の正則行列による対角化について学んだ(16.2節定理2). 一般のn次正方行列はどのような形に簡約できるのであろうか？ 本章では, n次正方行列Aは適当な正則行列Pを用いると, $P^{-1}AP$が "ジョルダンの標準形" とよばれる対角行列に近い形にできることを述べる. 取り扱うスカラーは複素数の範囲まで必要である. ジョルダンの標準形を掃き出し法で求める計算方法を18.4節で紹介する.

18.1 ケーリー-ハミルトンの定理

多項式と正方行列　xに関するスカラー係数の多項式 $f(x)=k_0+k_1x+\cdots+k_mx^m$ のxに正方行列Aを代入してできる行列を

$$f(A)=k_0E+k_1A+\cdots+k_mA^m$$

と表し, **行列の多項式**という. また, スカラーを成分とするn次正方行列$A_0, A_1, \cdots, A_m$と変数xを用いて表される行列

$$A_0+A_1x+\cdots+A_mx^m$$

を**行列係数の多項式**という.

例1　(1)　$f(x)=x^2-4x+7$ とする. $A=\begin{pmatrix}1 & 2\\ -1 & 3\end{pmatrix}$ について $f(A)$ を計算せよ.

(2)　行列 $\begin{pmatrix}x^2+x-1 & x+1\\ 2x & 2x^2+1\end{pmatrix}$ を行列係数の多項式で表せ.

解　(1)　$f(A)=A^2-4A+7E=\begin{pmatrix}2 & 0\\ 0 & 2\end{pmatrix}$

(2) $\begin{pmatrix} x^2+x-1 & x+1 \\ 2x & 2x^2+1 \end{pmatrix} - \begin{pmatrix} 1 & 0 \\ 0 & 2 \end{pmatrix}x^2 + \begin{pmatrix} 1 & 1 \\ 2 & 0 \end{pmatrix}x + \begin{pmatrix} -1 & 1 \\ 0 & 1 \end{pmatrix}$ ∎

定理 1〈ケイリー-ハミルトンの定理〉

n 次正方行列 A の固有多項式 $f_A(x) = |xE - A|$ について,

$$f_A(A) = O$$

が成り立つ.

証明　A の固有多項式を x について

$$f_A(x) = |xE - A| = k_0 x + k_1 x + \cdots + k_{n-1} x^{n-1} + x^n \qquad (\sharp)$$

と表し, $A(x) = xE - A$ を, 成分に x を含む, n 次正方行列とする. $A(x)$ の (i, j) 余因子を $A_{ij}(x)$, これを (j, i) 成分とする $A(x)$ の余因子行列 (7.2 節 (7.2-1)) を $B(x) = (A_{ji}(x))$ とおくと, 7.2 節の補題より

$$A(x)B(x) = f_A(x)E \qquad (\flat)$$

が成り立つ. $A_{ii}(x)$ は $n-1$ 次, $A_{ij}(x)$ $(i \neq j)$ は $n-2$ 次以下の多項式であるから, $B(x)$ は x に関する行列係数の多項式

$$B(x) = B_0 + B_1 x + \cdots + B_{n-1} x^{n-1}, \quad B_i \text{ は } n \text{ 次正方行列} \qquad (\natural)$$

と表せる. $(\sharp)$ と $(\natural)$ を $(\flat)$ に代入した式

$$(xE - A)(B_0 + B_1 x + \cdots + B_{n-1} x^{n-1}) = k_0 E + k_1 E x + \cdots + k_{n-1} E x^{n-1} + E x^n$$

の $1, x, \cdots, x^n$ の係数を比較して,

$$k_0 E = -AB_0, \quad k_1 E = B_0 - AB_1, \quad k_2 E = B_1 - AB_2, \quad \cdots,$$
$$k_{n-1} E = B_{n-2} - AB_{n-1}, \quad E = B_{n-1}$$

を得る. よって, $f_A(A)$ の各項は $k_i A^i = A^i(k_i E) = A^i(B_{i-1} - AB_i)$ と表せるから

$$\begin{aligned} f_A(A) &= k_0 E + k_1 A + k_2 A^2 + \cdots + k_{n-1} A^{n-1} + A^n \\ &= -AB_0 + A(B_0 - AB_1) + A^2(B_1 - AB_2) + \cdots \\ &\quad + A^{n-1}(B_{n-2} - AB_{n-1}) + A^n B_{n-1} \\ &= -AB_0 + (AB_0 - A^2 B_1) + (A^2 B_1 - A^3 B_2) + \cdots \\ &\quad + (A^{n-1} B_{n-2} - A^n B_{n-1}) + A^n B_{n-1} \\ &= O \end{aligned}$$

∎

例 2（A^n の計算）　$A = \begin{pmatrix} 1 & 2 \\ 1 & 0 \end{pmatrix}$ とおくとき, 次に答えよ.

(1)　E, A, A^2 のみたす行列の等式を求めよ.

(2)　A^n を計算せよ.

解 (1) A の固有多項式 $f_A(x)$ は

$$f_A(x) = \begin{vmatrix} x-1 & -2 \\ -1 & x \end{vmatrix} = x^2-x-2$$

であるから，ケーリー-ハミルトンの定理より

$$A^2-A-2E = O \qquad (\sharp)$$

(2) $(\sharp)$ の両辺に A^{n-1} をかけると行列 A^n の 3 項間漸化式

$$A^{n+1}-A^n-2A^{n-1} = O \qquad (\flat)$$

が現れる．$x^2-x-2=0$ の 2 つの解 $-1, 2$ を考慮して，

$$A^n-(-1)A^{n-1} = 2(A^{n-1}+A^{n-2}) = \cdots = 2^{n-1}(A+E), \qquad (\natural 1)$$

$$A^n-2A^{n-1} = -(A^{n-1}-2A^{n-2}) = \cdots = (-1)^{n-1}(A-2E) \qquad (\natural 2)$$

ゆえに，$2(\natural 1)+(\natural 2)$ を計算して

$$A^n = \frac{1}{3}\{2^n(A+E)+(-1)^{n-1}(A-2E)\}$$

$$= \frac{1}{3}\begin{pmatrix} 2^{n+1}+(-1)^n & 2^{n+1}+2(-1)^{n-1} \\ 2^n+(-1)^{n-1} & 2^n+2(-1)^n \end{pmatrix}$$ ■

18.2 一般固有空間と E の射影行列による分解

16.2 節の n 次正方行列 A の対角化可能性の判定法は i) A の固有空間の基底を求めること，ii) すべての固有空間の基底を集めたものは一次独立である (16.2 節補題 2 (3)) の 2 つに基づいている．A のジョルダン標準形の議論は A のすべての“一般固有空間”の基底を集めて $\boldsymbol{C}^n$ の基底を構成できるという性質に基づく．本節の E の射影行列による分解は基底の取り扱いに必要である．

一般固有空間　n 次正方行列 A の固有多項式の因数分解を

$$f_A(x) = (x-\lambda_1)^{m_1}\cdots(x-\lambda_r)^{m_r} \qquad (18.2\text{-}1)$$

とする．$\lambda_1, \cdots, \lambda_r$ はすべて異なる．固有値 λ_i について，

$$\widetilde{W}_{\lambda_i} = \{\boldsymbol{x} \in \boldsymbol{C}^n \,|\, (A-\lambda_i E)^{m_i}\boldsymbol{x} = \boldsymbol{0}\} \qquad (18.2\text{-}2)$$

を固有値 λ_i に対応する A の**一般固有空間**という．m_i は (18.2-1) に現れた次数である．固有空間 $W_{\lambda_i} = \{\boldsymbol{x} \in \boldsymbol{C}^n \,|\, (A-\lambda_i E)\boldsymbol{x} = \boldsymbol{0}\}$ とは $W_{\lambda_i} \subseteqq \widetilde{W}_{\lambda_i}$ の関係があるのは明らかである．

一般固有空間の求め方については，18.4 節の例 3，例 4，例 5，それぞれの

(ii) で述べる．

射影行列　n 次正方行列 P は $P^2=P$ をみたすとき，**射影行列**とよばれる．射影行列 P について，

$$P=(\boldsymbol{p}_1 \quad \cdots \quad \boldsymbol{p}_n) \text{ とおけば，} P\boldsymbol{p}_1=\boldsymbol{p}_1,\ \cdots,\ P\boldsymbol{p}_n=\boldsymbol{p}_n \tag{18.2-3}$$

が成り立つことが，$PP=P$ の列ベクトルを比較してわかる．

$\boldsymbol{E}$ の射影行列による分解　n 次単位行列 E が n 次正方行列 $P_1, \cdots, P_r$ を用いて，

$$E=P_1+\cdots+P_r \qquad \text{ただし，} P_iP_j=O \quad (i \neq j) \tag{18.2-4}$$

と表されたとき，(18.2-4) を **$\boldsymbol{E}$ の射影行列 $\boldsymbol{P_i}$ による分解**という．P_i が射影行列であることは，$P_i=P_iE=P_i(P_1+\cdots+P_i+\cdots+P_r)=P_i^2$ よりわかる．

補題 1（$\boldsymbol{E}$ の射影分解と基底の構成）　E の射影行列 P_i による分解

$$E=P_1+\cdots+P_r$$

に対して，$P_1=(\boldsymbol{p}_1 \quad \cdots \quad \boldsymbol{p}_n)$，$\cdots$，$P_r=(\boldsymbol{q}_1 \quad \cdots \quad \boldsymbol{q}_n)$ とおき，$\boldsymbol{K}^n$ の部分空間

$$V_1=\langle \boldsymbol{p}_1, \cdots, \boldsymbol{p}_n \rangle, \quad \cdots, \quad V_r=\langle \boldsymbol{q}_1, \cdots, \boldsymbol{q}_n \rangle$$

を考える．$V_1, \cdots, V_r$ の基底をそれぞれ $\{\boldsymbol{p}_1, \cdots, \boldsymbol{p}_s\}, \cdots, \{\boldsymbol{q}_1, \cdots, \boldsymbol{q}_t\}$ とおく．記述を簡潔にするため，このようにおいた．このとき，$\{\boldsymbol{p}_1, \cdots, \boldsymbol{p}_s, \cdots, \boldsymbol{q}_1, \cdots, \boldsymbol{q}_t\}$ は $\boldsymbol{K}^n$ の基底である．

証明　$\boldsymbol{p}_{s+1}, \cdots, \boldsymbol{p}_n$ は $\boldsymbol{p}_1, \cdots, \boldsymbol{p}_s$ の一次結合，$\cdots$，$\boldsymbol{q}_{t+1}, \cdots, \boldsymbol{q}_n$ は $\boldsymbol{q}_1, \cdots, \boldsymbol{q}_t$ の一次結合であるから，$s\times(n-s)$ 行列 B_1，$\cdots$，$t\times(n-t)$ 行列 B_r を用いて

$$(\boldsymbol{p}_{s+1} \quad \cdots \quad \boldsymbol{p}_n)=(\boldsymbol{p}_1 \quad \cdots \quad \boldsymbol{p}_s)B_1, \quad \cdots, \quad (\boldsymbol{q}_{t+1} \quad \cdots \quad \boldsymbol{q}_n)=(\boldsymbol{q}_1 \quad \cdots \quad \boldsymbol{q}_t)B_r \tag{♯}$$

と表せる．$(\boldsymbol{p}_1 \quad \cdots \quad \boldsymbol{p}_s \quad \cdots \quad \boldsymbol{p}_n)=(\boldsymbol{p}_1 \quad \cdots \quad \boldsymbol{p}_s)(E_s \mid B_1)$ などから

$$P_1=(\boldsymbol{p}_1 \quad \cdots \quad \boldsymbol{p}_s)(E_s \mid B_1), \quad \cdots, \quad P_r=(\boldsymbol{q}_1 \quad \cdots \quad \boldsymbol{q}_t)(E_t \mid B_r) \tag{♭}$$

である．

$\boldsymbol{K}^n=\langle \boldsymbol{p}_1, \cdots, \boldsymbol{p}_s, \cdots, \boldsymbol{q}_1, \cdots, \boldsymbol{q}_t \rangle$ を示す：$\boldsymbol{K}^n$ のベクトル $\boldsymbol{x}$ が

$$\boldsymbol{x}=E\boldsymbol{x} \underset{(18.2\text{-}4)\text{より}}{=} P_1\boldsymbol{x}+\cdots+P_r\boldsymbol{x}$$

$$\underset{(\text{ｂ})\text{より}}{=} (\boldsymbol{p}_1 \ \cdots \ \boldsymbol{p}_s)((E_s \vdots B_1)\boldsymbol{x}) + \cdots + (\boldsymbol{q}_1 \ \cdots \ \boldsymbol{q}_t)((E_t \vdots B_r)\boldsymbol{x})$$

と表せることから，$\boldsymbol{x}$ が $\boldsymbol{p}_1, \cdots, \boldsymbol{p}_s, \cdots, \boldsymbol{q}_1, \cdots, \boldsymbol{q}_t$ の一次結合であることがわかる．

$\boldsymbol{p}_1, \cdots, \boldsymbol{p}_s, \cdots, \boldsymbol{q}_1, \cdots, \boldsymbol{q}_t$ が一次独立であることを示す：一次関係式

$$k_1\boldsymbol{p}_1 + \cdots + k_s\boldsymbol{p}_s + \cdots + l_1\boldsymbol{q}_1 + \cdots + l_t\boldsymbol{q}_t = \boldsymbol{0} \qquad (\natural)$$

を考える．$k_1 = \cdots = k_s = \cdots = l_1 = \cdots = l_t = 0$ を示すわけであるが，$k_1 = \cdots = k_s = 0$ のみを示そう．他も同様である．P_i が射影行列であるから，(18.2-3) より $P_1\boldsymbol{p}_1 = \boldsymbol{p}_1$，…，$P_1\boldsymbol{p}_s = \boldsymbol{p}_s$，…，$P_r\boldsymbol{q}_1 = \boldsymbol{q}_1$，…，$P_r\boldsymbol{q}_t = \boldsymbol{q}_t$ が成り立つ．また，$P_1P_j = O$ $(1 \neq j)$ から，たとえば $P_1P_r = O$ から，$P_1\boldsymbol{q}_1 = \boldsymbol{0}$，…，$P_1\boldsymbol{q}_t = \boldsymbol{0}$ を得る．したがって，($\natural$) に P_1 を施して，

$$\begin{aligned} \boldsymbol{0} &= k_1P_1\boldsymbol{p}_1 + \cdots + k_sP_1\boldsymbol{p}_s + \cdots + l_1P_1\boldsymbol{q}_1 + \cdots + l_tP_1\boldsymbol{q}_t \\ &= k_1\boldsymbol{p}_1 + \cdots + k_s\boldsymbol{p}_s. \end{aligned}$$

$\boldsymbol{p}_1, \cdots, \boldsymbol{p}_s$ の一次独立性から，$k_1 = \cdots = k_s = 0$ である． ■

18.3 ジョルダンの標準形

基本となる行列　次の型の m 次正方行列 $J(\lambda, m)$ を**ジョルダン細胞**という：

$$J(\lambda, m) = \begin{pmatrix} \lambda & 1 & & O \\ & \ddots & \ddots & \\ & & \ddots & 1 \\ O & & & \lambda \end{pmatrix}, \quad J(\lambda, 1) = (\lambda). \qquad (18.3\text{-}1)$$

対角線上にジョルダン細胞を並べてつくられる“ブロック対角行列”を**ジョルダン行列**という．たとえば，

$$J(2,3) = \begin{pmatrix} 2 & 1 & 0 \\ 0 & 2 & 1 \\ 0 & 0 & 2 \end{pmatrix}, \quad \begin{pmatrix} J(2,1) & O \\ O & J(3,2) \end{pmatrix} = \begin{pmatrix} 2 & 0 & 0 \\ 0 & 3 & 1 \\ 0 & 0 & 3 \end{pmatrix}$$

はジョルダン行列である．また，このように対角線上に正方行列を並べて（他の成分はすべて 0）つくられる行列を**ブロック対角行列**という．

定理 2〈ジョルダンの標準形〉

n 次正方行列 A のすべての相異なる固有値を $\lambda_1, \cdots, \lambda_r$ とする．このとき，適当な正則行列 P を選んで

$$P^{-1}AP = \begin{pmatrix} \Lambda_1 & & O \\ & \ddots & \\ O & & \Lambda_r \end{pmatrix}, \quad \Lambda_i = \begin{pmatrix} J(\lambda_i, i_1) & & O \\ & \ddots & \\ O & & J(\lambda_i, i_p) \end{pmatrix}$$

(18.3-2)

というブロック対角行列の形に表すことができる．これを A の**ジョルダン標準形**という．

証明 [証明のあらすじ]：対角化と類似の方法をとる．一般固有空間のそれぞれの基底を拾い上げて $\boldsymbol{C}^n$ の基底をつくる．次に，各一般固有空間において，(18.3-2) の右の項にあるような形になるように基底を取り替える．最後に，それらを並べて変形する行列 P をつくるのである．

前編は A の固有多項式の因数分解

$$f_A(x) = (x-\lambda_1)^{m_1}\cdots(x-\lambda_r)^{m_r} \tag{*}$$

をもとに議論を進める．

[前編の 1] A からつくられる E の射影行列による分解：キーとなる等式は

$$f_A(A) = (A-\lambda_1 E)^{m_1}\cdots(A-\lambda_r E)^{m_r} = O \qquad (\sharp 1)$$

である(ケイリー–ハミルトンの定理)．$f_A(x)$ から因子 $(x-\lambda_i)^{m_i}$ を除いた多項式を

$$h_i(x) = \frac{f_A(x)}{(x-\lambda_i)^{m_i}} = (x-\lambda_1)^{m_1}\cdots \overset{i}{\vee} \cdots(x-\lambda_r)^{m_r} \qquad (\sharp 2)$$

とおく．$h_1(x), \cdots, h_r(x)$ は共通解をもたないから最大公約数は 1 である．このとき，多項式 $g_1(x), \cdots, g_r(x)$ をうまく選んで

$$g_1(x)h_1(x)+\cdots+g_r(x)h_r(x) = 1 \qquad (\sharp 3)$$

と書けることが知られている(“1 の多項式による分解” 演習問題 [117] 参照)．($\sharp$ 3) の x に A を代入した式において，$P_i = g_i(A)h_i(A)$ とおくと，E の分解

$$P_1+\cdots+P_r = E \qquad (\sharp 4)$$

が現れる．$i \neq j$ とする．($\sharp$ 2) より $g_i(x)h_i(x)g_j(x)h_j(x)$ は $f_A(x)$ で割り切れるから，これの x に A を代入すれば ($\sharp$ 1) より

$$P_iP_j = O \quad (i \neq j) \qquad (\sharp 5)$$

を得る．E の射影行列による分解 ($\sharp$ 4, $\sharp$ 5) が導けた．

[前編の 2] 基底の確認：$P_1, \cdots, P_r$ の列ベクトル分割

$$P_1 = (\boldsymbol{p}_1 \ \cdots \ \boldsymbol{p}_n), \quad \cdots, \quad P_r = (\boldsymbol{q}_1 \ \cdots \ \boldsymbol{q}_n) \ \text{から} \qquad (\sharp 6)$$

$$W_1 = \langle \boldsymbol{p}_1, \cdots, \boldsymbol{p}_n \rangle, \quad \cdots, \quad W_r = \langle \boldsymbol{q}_1, \cdots, \boldsymbol{q}_n \rangle \qquad (\sharp 7)$$

と部分空間をつくる．$W_1, \cdots, W_r$ の基底をそれぞれ，簡略のため

$$\{\boldsymbol{p}_1, \cdots, \boldsymbol{p}_s\}, \quad \cdots, \quad \{\boldsymbol{q}_1, \cdots, \boldsymbol{q}_t\} \qquad (\sharp 8)$$

とおこう．補題 1 より，これらを集めて $\boldsymbol{C}^n$ の基底を構成できる．

中編では $W_1, \cdots, W_r$ がそれぞれ一般固有空間 $\widetilde{W}_{\lambda_1}, \cdots, \widetilde{W}_{\lambda_r}$ と一致することを示し，

さらに，これらの部分空間の基底の再構成を行う．

［中編の1］ $W_i = \widetilde{W}_{\lambda_i}$ の証明：$i = 1$ のときを示す．$\boldsymbol{x} \in W_1$ とする．(18.2-3) より $\boldsymbol{x} = P_1\boldsymbol{x}$ が成り立つ．$(A - \lambda_1 E)^{m_1} P_1$ は $f_A(A)$ の行列倍であるから，$(A - \lambda_1 E)^{m_1}\boldsymbol{x} = \boldsymbol{0}$．したがって，$\boldsymbol{x} \in \widetilde{W}_{\lambda_1}$ である．逆に，$\boldsymbol{y} \in \widetilde{W}_{\lambda_1}$ とおく．(♯4) より $\boldsymbol{y} = P_1\boldsymbol{y} + \cdots + P_r\boldsymbol{y}$ である．$P_2, \cdots, P_r$ は $(A - \lambda_1 E)^{m_1}$ の行列倍であるから，$P_2\boldsymbol{y} = \cdots = P_r\boldsymbol{y} = \boldsymbol{0}$．よって，$\boldsymbol{y} = P_1\boldsymbol{y}$ と表せる．ゆえに (♯6) より $\boldsymbol{y}$ が $\boldsymbol{p}_1, \cdots, \boldsymbol{p}_n$ の一次結合であり，さらに (♯7) より $\boldsymbol{y} \in W_1$ が導かれる．

中編の後半では，$W_i = \widetilde{W}_{\lambda_i}$ の基底の選び方について述べる．

［中編の2］ 補助的に利用する $\widetilde{W}_{\lambda_i}$ の部分空間：$V = \widetilde{W}_{\lambda_i}$，$\lambda = \lambda_i$，$m_i = m$ とおく．

$$V = \{\boldsymbol{x} \in \boldsymbol{C}^n \mid N_\lambda{}^m \boldsymbol{x} = \boldsymbol{0}\} \qquad (♭1)$$

$$N_\lambda = A - \lambda E \qquad (♭2)$$

と表そう．補助的に次の部分空間を考える：

$$V_1 = \{\boldsymbol{x} \in \boldsymbol{C}^n \mid N_\lambda \boldsymbol{x} = \boldsymbol{0}\}, \quad V_2 = \{\boldsymbol{x} \in \boldsymbol{C}^n \mid N_\lambda{}^2 \boldsymbol{x} = \boldsymbol{0}\}, \quad \cdots \qquad (♭3)$$

$$\{\boldsymbol{0}\} \subseteqq V_1 \subseteqq V_2 \subseteqq \cdots \subseteqq V_s = \{\boldsymbol{x} \in \boldsymbol{C}^n \mid N_\lambda{}^s \boldsymbol{x} = \boldsymbol{0}\} = V \qquad (♭4)$$

$(s \leqq m)$．

［中編の3］ $\widetilde{W}_{\lambda_i}$ $(= V)$ の基底の選び方：簡単のため，(♭4) で $s = 3$，$V_3 = V$ とする．一般の s についても同様である．

Step 1：V_2 の基底に $\boldsymbol{f}_1, \cdots, \boldsymbol{f}_u$ をつけ加えて，V_3 の基底をつくる．

Step 2：V_1 の基底と $N_\lambda \boldsymbol{f}_1, \cdots, N_\lambda \boldsymbol{f}_u$ に $\boldsymbol{g}_1, \cdots, \boldsymbol{g}_v$ をつけ加えて V_2 の基底をつくる．

Step 3：$N_\lambda{}^2 \boldsymbol{f}_1, \cdots, N_\lambda{}^2 \boldsymbol{f}_u$ と $N_\lambda \boldsymbol{g}_1, \cdots, N_\lambda \boldsymbol{g}_v$ に $\boldsymbol{h}_1, \cdots, \boldsymbol{h}_w$ をつけ加えて V_1 の基底をつくる．図 18-1 では．$\{\boldsymbol{f}_1, \cdots, \boldsymbol{f}_u\}$ などを単に $\{\boldsymbol{f}_i\}$ と書いた．

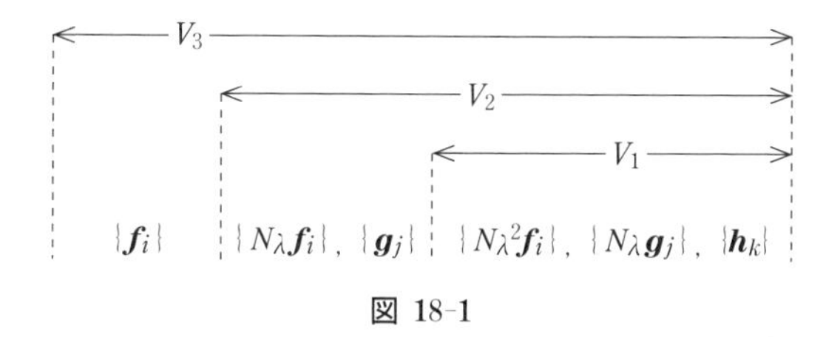

図 18-1

Step 1〜Step 3 で現れたベクトル $\boldsymbol{f}_i, N_\lambda \boldsymbol{f}_i, \boldsymbol{g}_j, N_\lambda{}^2 \boldsymbol{f}_i, N_\lambda \boldsymbol{g}_j, \boldsymbol{h}_k$ $(i = 1, \cdots, u\,;\ j = 1, \cdots, v\,;\ k = 1, \cdots, w)$ は $V = V_3$ の基底を構成する． (♭5)

この基底を用いると，

$$N_\lambda (N_\lambda{}^2 \boldsymbol{f}_i \quad N_\lambda \boldsymbol{f}_i \quad \boldsymbol{f}_i) = (N_\lambda{}^2 \boldsymbol{f}_i \quad N_\lambda \boldsymbol{f}_i \quad \boldsymbol{f}_i) \begin{pmatrix} 0 & 1 & 0 \\ 0 & 0 & 1 \\ 0 & 0 & 0 \end{pmatrix},$$

$$N_\lambda(N_\lambda \boldsymbol{g}_j \quad \boldsymbol{g}_j) = (N_\lambda \boldsymbol{g}_j \quad \boldsymbol{g}_j)\begin{pmatrix} 0 & 1 \\ 0 & 0 \end{pmatrix}, \qquad N_\lambda \boldsymbol{h}_k = \boldsymbol{0}$$

であるから，$A = \lambda E + N_\lambda$ より

$$\begin{aligned} &A(N_\lambda{}^2\boldsymbol{f}_i \quad N_\lambda \boldsymbol{f}_i \quad \boldsymbol{f}_i) = (N_\lambda{}^2\boldsymbol{f}_i \quad N_\lambda \boldsymbol{f}_i \quad \boldsymbol{f}_i)\begin{pmatrix} \lambda & 1 & 0 \\ 0 & \lambda & 1 \\ 0 & 0 & \lambda \end{pmatrix}, \\ &A(N_\lambda \boldsymbol{g}_j \quad \boldsymbol{g}_j) = (N_\lambda \boldsymbol{g}_j \quad \boldsymbol{g}_j)\begin{pmatrix} \lambda & 1 \\ 0 & \lambda \end{pmatrix}, \qquad A\boldsymbol{h}_k = \lambda \boldsymbol{h}_k \end{aligned} \tag{♭6}$$

となる．

［後編］ ジョルダン標準形の完成：［前編の 2］の (♯8) の基底 $\{\boldsymbol{p}_1, \cdots, \boldsymbol{p}_s\}, \cdots, \{\boldsymbol{q}_1, \cdots, \boldsymbol{q}_t\}$ それぞれを［中編の 3］のような基底

$$\{N_\lambda{}^2\boldsymbol{f}_1, N_\lambda \boldsymbol{f}_1, \boldsymbol{f}_1, \cdots, N_\lambda{}^2\boldsymbol{f}_u, N_\lambda \boldsymbol{f}_u, \boldsymbol{f}_u, N_\lambda \boldsymbol{g}_1, \boldsymbol{g}_1, \cdots, N_\lambda \boldsymbol{g}_v, \boldsymbol{g}_v, \boldsymbol{h}_1, \cdots, \boldsymbol{h}_w\} \tag{♮}$$

に取り替える．これら $W_1, \cdots, W_r$ の基底をそれぞれ $\{\boldsymbol{p}_1', \cdots, \boldsymbol{p}_s'\}, \{\boldsymbol{q}_1', \cdots, \boldsymbol{q}_t'\}$ とおき，$P' = (\boldsymbol{p}_1' \ \cdots \ \boldsymbol{p}_s' \ \cdots \ \boldsymbol{q}_1' \ \cdots \ \boldsymbol{q}_t')$ とする．このとき，(♭6) より

$$(P')^{-1}AP' = \begin{pmatrix} A_1' & & O \\ & \ddots & \\ O & & A_r' \end{pmatrix},$$

各 A_i' は (♭6) に現れる λ を λ_i としたジョルダン細胞を並べてつくったブロック対角行列

と表される．

［補足］ ［後編］の (♭5) の証明：まず，V_2 の中で

$N_\lambda \boldsymbol{f}_1, \cdots, N_\lambda \boldsymbol{f}_u$ と V_1 の基底を構成するベクトル $\boldsymbol{r}_1, \cdots, \boldsymbol{r}_d$ は一次独立 (*)

である．実際，$\sum_{i=1}^{u} \alpha_i N_\lambda \boldsymbol{f}_i + \sum_{j=1}^{d} \beta_j \boldsymbol{r}_j = \boldsymbol{0}$ とおき，両辺に N_λ を左からかけて，$\sum_{i=1}^{u} \alpha_i N_\lambda{}^2 \boldsymbol{f}_i = \boldsymbol{0}$．$\therefore \ \sum_{i=1}^{u} \alpha_i \boldsymbol{f}_i \in V_2$．$\boldsymbol{f}_i$ の選び方から，$\alpha_1 = \cdots = \alpha_u = 0$ である．よって，$\sum_{j=1}^{d} \beta_j \boldsymbol{r}_j = \boldsymbol{0}$ から $\beta_1 = \cdots = \beta_d = 0$ も得る．次に，V_1 の中で

$N_\lambda{}^2\boldsymbol{f}_1, \cdots, N_\lambda{}^2\boldsymbol{f}_u, N_\lambda \boldsymbol{g}_1, \cdots, N_\lambda \boldsymbol{g}_v$ が一次独立

であることがわかる．実際，$\sum_{i=1}^{u} \alpha_i N_\lambda{}^2 \boldsymbol{f}_i + \sum_{j=1}^{v} \beta_j N_\lambda \boldsymbol{g}_j = \boldsymbol{0}$ とおくと $\sum_{i=1}^{u} \alpha_i N_\lambda \boldsymbol{f}_i + \sum_{j=1}^{v} \beta_j \boldsymbol{g}_j \in V_1$ であるから，(*) と $\boldsymbol{g}_j$ の選び方から，$\alpha_1 = \cdots = \alpha_u = \beta_1 = \cdots = \beta_v = 0$ を得る． ■

補題 2（一般固有空間の次元） A の固有多項式を $f_A(x) = (x-\lambda_1)^{m_1} \cdots (x-\lambda_r)^{m_r}$，ただし，$\lambda_1, \cdots, \lambda_r$ はすべて相異なる，とする．このとき

$$\dim \widetilde{W}_{\lambda_i} = m_i$$

が成り立つ．

証明　$n_i = \dim \widetilde{W}_{\lambda_i}$ とおくと，定理 2 の (18.3-2) の行列 Λ_i は n_i 次の正方行列である．16.3 節の補題 3 より，$f_A(x) = f_{P^{-1}AP}(x)$ であるから，

$$f_A(x) = f_{P^{-1}AP}(x) = |xE - P^{-1}AP|$$
$$= \begin{vmatrix} xE_{n_1} - \Lambda_1 & & O \\ & \ddots & \\ O & & xE_{n_r} - \Lambda_r \end{vmatrix} = (x-\lambda_1)^{n_1} \cdots (x-\lambda_r)^{n_r}$$

となる．よって，多項式の一意因数分解性から $n_1 = m_1$，…，$n_r = m_r$ である．■

18.4　ジョルダンの標準形の求め方

ジョルダン標準形に変形する手順　　A を n 次正方行列とする．

(i)　A の固有多項式 $f_A(x) = |xE - A|$ を因数分解する．

$$f_A(x) = (x-\lambda_1)^{m_1} \cdots (x-\lambda_r)^{m_r}, \quad \lambda_1, \cdots, \lambda_r \text{ はすべて異なる．}$$

(ii)　固有値 $\lambda_1, \cdots, \lambda_r$ に対応する一般固有空間 $\widetilde{W}_{\lambda_1}, \cdots, \widetilde{W}_{\lambda_r}$ を求める．

(iii)　各 $\widetilde{W}_{\lambda_i}$ において，定理 2 の証明の [中編の 3] のような基底とその並べ方もこめて選ぶ．

(iv)　$\widetilde{W}_{\lambda_1}, \cdots, \widetilde{W}_{\lambda_r}$ の順に，(iii) で選んだ基底を並べて n 次正方行列 P をつくると，$P^{-1}AP$ がジョルダン行列となる．

手順に従って，具体的な計算を実行しよう．最もやっかいなのは一般固有空間の計算である．これを掃き出し法のみで計算する方法を実際の作業を通じて紹介しよう．

例 3　$A = \begin{pmatrix} 1 & 0 & -1 \\ 1 & 2 & 1 \\ 1 & 0 & 3 \end{pmatrix}$ のジョルダンの標準形および変形する行列 P を求めよ．

解　(i)　固有値：A の固有多項式は

$$f_A(x) = \begin{vmatrix} x-1 & 0 & 1 \\ -1 & x-2 & -1 \\ -1 & 0 & x-3 \end{vmatrix} = (x-2)^3$$

であるから，A の固有値は $\lambda = 2$ のみである．

(ii)　一般固有空間：$\widetilde{W}_2$ のみで，18.3 節の補題 2 から $\dim \widetilde{W}_2 = 3$ である．

（ア）　$V_1 = \{\boldsymbol{x} \in \boldsymbol{C}^3 \mid (A-2E)\boldsymbol{x} = \boldsymbol{0}\}$ を求める．

$$(A-2E \mid \boldsymbol{0}) = \left(\begin{array}{ccc|c} -1 & 0 & -1 & 0 \\ 1 & 0 & 1 & 0 \\ 1 & 0 & 1 & 0 \end{array}\right) \begin{array}{l} \\ +1 \\ +1 \end{array} \xrightarrow[①]{} \left(\begin{array}{ccc|c} -1 & 0 & -1 & 0 \\ 0 & 0 & 0 & 0 \\ 0 & 0 & 0 & 0 \end{array}\right) \times(-1)$$

$$\xrightarrow[②]{} \left(\begin{array}{ccc|c} 1 & 0 & 1 & 0 \\ 0 & 0 & 0 & 0 \\ 0 & 0 & 0 & 0 \end{array}\right)$$

$$\therefore \quad x_1 + x_3 = 0.$$

$$\begin{pmatrix} x_1 \\ x_2 \\ x_3 \end{pmatrix} = \begin{pmatrix} -x_3 \\ x_2 \\ x_3 \end{pmatrix} = x_3\boldsymbol{b}_1 + x_2\boldsymbol{b}_2 \,; \quad \boldsymbol{b}_1 = \begin{pmatrix} -1 \\ 0 \\ 1 \end{pmatrix}, \ \boldsymbol{b}_2 = \begin{pmatrix} 0 \\ 1 \\ 0 \end{pmatrix}$$

と表せるから，

$$V_1 = \langle \boldsymbol{b}_1, \boldsymbol{b}_2 \rangle$$

となる．$\dim V_1 = 2 < 3 = \dim \widetilde{W}_2$ であるから，次の作業（イ）に進む．

（イ）　$V_2 = \{\boldsymbol{x} \in \boldsymbol{C}^n \mid (A-2E)^2\boldsymbol{x} = \boldsymbol{0}\}$ を求める．V_2 のベクトル $\boldsymbol{x}$ は

$(A-2E)\boldsymbol{x}$ が V_1 のベクトルとなる

ものであるから連立一次方程式

$$(A-2E)\boldsymbol{x} = k_1\boldsymbol{b}_1 + k_2\boldsymbol{b}_2 = (\boldsymbol{b}_1 \quad \boldsymbol{b}_2)\begin{pmatrix} k_1 \\ k_2 \end{pmatrix} \qquad (♯1)$$

の解である．$A-2E$ に行った変形①，②を $(\boldsymbol{b}_1 \quad \boldsymbol{b}_2)$ に行って，

$$(\boldsymbol{b}_1 \quad \boldsymbol{b}_2) = \begin{pmatrix} -1 & 0 \\ 0 & 1 \\ 1 & 0 \end{pmatrix} \begin{array}{l} \\ +1 \\ +1 \end{array} \xrightarrow[①]{} \begin{pmatrix} -1 & 0 \\ -1 & 1 \\ 0 & 0 \end{pmatrix} \times(-1) \xrightarrow[②]{} \begin{pmatrix} 1 & 0 \\ -1 & 1 \\ 0 & 0 \end{pmatrix}$$

より（♯1）は①，②で

$$\begin{pmatrix} 1 & 0 & 1 \\ 0 & 0 & 0 \\ 0 & 0 & 0 \end{pmatrix}\begin{pmatrix} x_1 \\ x_2 \\ x_3 \end{pmatrix} = \begin{pmatrix} 1 & 0 \\ -1 & 1 \\ 0 & 0 \end{pmatrix}\begin{pmatrix} k_1 \\ k_2 \end{pmatrix} \qquad \therefore \quad \begin{cases} x_1 + x_3 = +k_1 \\ 0 = -k_1 + k_2 \end{cases} \qquad (♯2)$$

と変形される．（（♯2）の $-k_1 + k_2 = 0$ は（♯1）の解 $\boldsymbol{x}$ が存在するための条件である．）ゆえに，

$$\begin{pmatrix} x_1 \\ x_2 \\ x_3 \end{pmatrix} = \begin{pmatrix} -x_3 + k_1 \\ x_2 \\ x_3 \end{pmatrix} = x_3\boldsymbol{b}_1 + x_2\boldsymbol{b}_2 + k_1\boldsymbol{b}_3 \,; \quad \boldsymbol{b}_3 = \begin{pmatrix} 1 \\ 0 \\ 0 \end{pmatrix}$$

と表せるから，

$$V_2 = \langle \boldsymbol{b}_1, \boldsymbol{b}_2, \boldsymbol{b}_3 \rangle$$

である．$\dim V_2 = 3 = \dim \widetilde{W}_2$（$\therefore \ V_2 = \widetilde{W}_2$）となったから，ここで終了．

（iii）　$V_2 = \widetilde{W}_2$ の基底の取り替え：V_1 にないベクトル $\boldsymbol{b}_3$ から出発して，V_2 の基底 $\{\boldsymbol{p}_1, \boldsymbol{p}_2, \boldsymbol{p}_3\}$ を次のように選ぶ：

$$\boldsymbol{p}_1 = \boldsymbol{b}_3 = \begin{pmatrix} 1 \\ 0 \\ 0 \end{pmatrix}, \quad \boldsymbol{p}_2 = (A-2E)\boldsymbol{p}_1 = \begin{pmatrix} -1 & 0 & -1 \\ 1 & 0 & 1 \\ 1 & 0 & 1 \end{pmatrix}\begin{pmatrix} 1 \\ 0 \\ 0 \end{pmatrix} = \begin{pmatrix} -1 \\ 1 \\ 1 \end{pmatrix},$$

$\boldsymbol{p}_3 = \boldsymbol{b}_1$（$\boldsymbol{p}_2$ と独立な V_1 のベクトル $\boldsymbol{p}_3$ を選んだ）.

（iv） ジョルダン標準形：$(A-2E)\boldsymbol{p}_1 = \boldsymbol{p}_2$，$(A-2E)\boldsymbol{p}_2 = \boldsymbol{0}$，$(A-2E)\boldsymbol{p}_3 = \boldsymbol{0}$ から $A\boldsymbol{p}_1 = 2\boldsymbol{p}_1 + \boldsymbol{p}_2$，$A\boldsymbol{p}_2 = 2\boldsymbol{p}_2$，$A\boldsymbol{p}_3 = 2\boldsymbol{p}_3$ となる．ゆえに

$$A(\boldsymbol{p}_2 \quad \boldsymbol{p}_1 \quad \boldsymbol{p}_3) = (\boldsymbol{p}_2 \quad \boldsymbol{p}_1 \quad \boldsymbol{p}_3)\begin{pmatrix} 2 & 1 & 0 \\ 0 & 2 & 0 \\ 0 & 0 & 2 \end{pmatrix},$$

したがって，A のジョルダン標準形は

$$P = (\boldsymbol{p}_2 \quad \boldsymbol{p}_1 \quad \boldsymbol{p}_3) = \begin{pmatrix} -1 & 1 & -1 \\ 1 & 0 & 0 \\ 1 & 0 & 1 \end{pmatrix} \text{とおいて，} P^{-1}AP = \begin{pmatrix} 2 & 1 & 0 \\ 0 & 2 & 0 \\ 0 & 0 & 2 \end{pmatrix}$$

である．（$\boldsymbol{p}_1, \boldsymbol{p}_2, \boldsymbol{p}_3$ の順序に注意せよ．） ▒

例 4 $A = \begin{pmatrix} 0 & -1 & 1 \\ 1 & 2 & 1 \\ 0 & 0 & 1 \end{pmatrix}$ のジョルダン標準形および変形する行列 P を求めよ．

解 （i） 固有値：A の固有多項式は

$$f_A(x) = \begin{vmatrix} x & 1 & -1 \\ -1 & x-2 & -1 \\ 0 & 0 & x-1 \end{vmatrix} = (x-1)^3$$

であるから，固有値は $\lambda = 1$ である．

（ii） 一般固有空間：$\widetilde{W}_1$ のみで，$\dim \widetilde{W}_1 = 3$ である．

（ア） $V_1 = \{\boldsymbol{x} \in \boldsymbol{C}^3 \mid (A-E)\boldsymbol{x} = \boldsymbol{0}\}$ を求める．

$$(A-E \mid \boldsymbol{0}) = \left(\begin{array}{ccc|c} -1 & -1 & 1 & 0 \\ 1 & 1 & 1 & 0 \\ 0 & 0 & 0 & 0 \end{array}\right) \underset{①}{\xrightarrow{+1}} \left(\begin{array}{ccc|c} -1 & -1 & 1 & 0 \\ 0 & 0 & 2 & 0 \\ 0 & 0 & 0 & 0 \end{array}\right) \times\tfrac{1}{2},\ -1 \underset{②}{\longrightarrow}$$

$$\left(\begin{array}{ccc|c} -1 & -1 & 0 & 0 \\ 0 & 0 & 1 & 0 \\ 0 & 0 & 0 & 0 \end{array}\right) \times(-1) \underset{③}{\longrightarrow} \left(\begin{array}{ccc|c} 1 & 1 & 0 & 0 \\ 0 & 0 & 1 & 0 \\ 0 & 0 & 0 & 0 \end{array}\right)$$

より $x_1 + x_2 = 0$，$x_3 = 0$．よって，

$$\begin{pmatrix} x_1 \\ x_2 \\ x_3 \end{pmatrix} = \begin{pmatrix} -x_2 \\ x_2 \\ 0 \end{pmatrix} = x_2 \boldsymbol{b}_1 ; \quad \boldsymbol{b}_1 = \begin{pmatrix} -1 \\ 1 \\ 0 \end{pmatrix}$$

と表されるから，

$$V_1 = \langle \boldsymbol{b}_1 \rangle$$
となる．$\dim V_1 = 1 < 3 = \dim \widetilde{W}_1$ であるから，次の作業（イ）に進む．

（イ）　$V_2 = \{\boldsymbol{x} \in \boldsymbol{C}^3 \,|\, (A-E)^2 \boldsymbol{x} = \boldsymbol{0}\}$ を求める．連立一次方程式
$$(A-E)\boldsymbol{x} = k_1 \boldsymbol{b}_1 = \boldsymbol{b}_1(k_1) \qquad (\sharp 1)$$
を解く．①,②,③ を $\boldsymbol{b}_1$ に行って，
$$\boldsymbol{b}_1 = \begin{pmatrix} -1 \\ 1 \\ 0 \end{pmatrix} \overset{+1}{} \xrightarrow[①]{} \begin{pmatrix} -1 \\ 0 \\ 0 \end{pmatrix} \times \frac{1}{2} \;\; {}^{-1} \xrightarrow[②]{} \begin{pmatrix} -1 \\ 0 \\ 0 \end{pmatrix}^{\times(-1)} \xrightarrow[③]{} \begin{pmatrix} 1 \\ 0 \\ 0 \end{pmatrix}$$
より (♯1) は
$$\begin{pmatrix} 1 & 1 & 0 \\ 0 & 0 & 1 \\ 0 & 0 & 0 \end{pmatrix} \begin{pmatrix} x_1 \\ x_2 \\ x_3 \end{pmatrix} = \begin{pmatrix} 1 \\ 0 \\ 0 \end{pmatrix} (k_1) \qquad \therefore \quad \begin{cases} x_1 + x_2 = k_1 \\ \qquad x_3 = 0 \end{cases}$$
と変形される．ゆえに，
$$\begin{pmatrix} x_1 \\ x_2 \\ x_3 \end{pmatrix} = \begin{pmatrix} -x_2 + k_1 \\ x_2 \\ 0 \end{pmatrix} = x_2 \boldsymbol{b}_1 + k_1 \boldsymbol{b}_2 ; \quad \boldsymbol{b}_2 = \begin{pmatrix} 1 \\ 0 \\ 0 \end{pmatrix}$$
と表されるから，
$$V_2 = \langle \boldsymbol{b}_1, \boldsymbol{b}_2 \rangle$$
である．$\dim V_2 = 2 < 3 = \dim \widetilde{W}_2$ であるから，次の作業（ウ）に進む．

（ウ）　$V_3 = \{\boldsymbol{x} \in \boldsymbol{C}^3 \,|\, (A-2E)^3 \boldsymbol{x} = \boldsymbol{0}\}$ を求める．V_3 のベクトル $\boldsymbol{x}$ は $(A-2E)\boldsymbol{x}$ が V_2 に入るようなベクトルであるから，
$$(A-E)\boldsymbol{x} = (\boldsymbol{b}_1 \quad \boldsymbol{b}_2) \begin{pmatrix} k_1 \\ k_2 \end{pmatrix} \qquad (\sharp 2)$$
を解く．
$$(\boldsymbol{b}_1 \quad \boldsymbol{b}_2) = \begin{pmatrix} -1 & 1 \\ 1 & 0 \\ 0 & 0 \end{pmatrix} \overset{+1}{} \xrightarrow[①]{} \begin{pmatrix} -1 & 1 \\ 0 & 1 \\ 0 & 0 \end{pmatrix} \times \frac{1}{2} \;\; {}^{-1}$$
$$\xrightarrow[②]{} \begin{pmatrix} -1 & 1/2 \\ 0 & 1 \\ 0 & 0 \end{pmatrix}^{\times(-1)} \xrightarrow[③]{} \begin{pmatrix} 1 & -1/2 \\ 0 & 1 \\ 0 & 0 \end{pmatrix}$$
より (♯2) は
$$\begin{pmatrix} 1 & 1 & 0 \\ 0 & 0 & 1 \\ 0 & 0 & 0 \end{pmatrix} \begin{pmatrix} x_1 \\ x_2 \\ x_3 \end{pmatrix} = \begin{pmatrix} 1 & -1/2 \\ 0 & 1 \\ 0 & 0 \end{pmatrix} \begin{pmatrix} k_1 \\ k_2 \end{pmatrix} \qquad \therefore \quad \begin{cases} x_1 + x_2 = k_1 - \dfrac{k_2}{2} \\ \qquad x_3 = k_2 \end{cases}$$
と変形される．ゆえに，

$$\begin{pmatrix} x_1 \\ x_2 \\ x_3 \end{pmatrix} = \begin{pmatrix} -x_2+k_1-k_2/2 \\ x_2 \\ k_2 \end{pmatrix} = x_2\boldsymbol{b}_1+k_1\boldsymbol{b}_2-\frac{k_2}{2}\boldsymbol{b}_3\ ; \quad \boldsymbol{b}_3 = \begin{pmatrix} 1 \\ 0 \\ -2 \end{pmatrix}$$

と表せるから

$$V_3 = \langle \boldsymbol{b}_1, \boldsymbol{b}_2, \boldsymbol{b}_3 \rangle$$

である．$\dim V_3 = 3 = \dim \widetilde{W}_1$ となったから，ここで終了．

（iii）$V_3 = \widetilde{W}_1$ の基底の取り替え：V_2 にないベクトル $\boldsymbol{b}_3$ から出発して，V_3 の基底 $\{\boldsymbol{p}_1, \boldsymbol{p}_2, \boldsymbol{p}_3\}$ を次のように選ぶ：

$$\boldsymbol{p}_1 = \boldsymbol{b}_3, \quad \boldsymbol{p}_2 = (A-E)\boldsymbol{p}_1 = \begin{pmatrix} -1 & -1 & 1 \\ 1 & 1 & 1 \\ 0 & 0 & 0 \end{pmatrix}\begin{pmatrix} 1 \\ 0 \\ -2 \end{pmatrix} = \begin{pmatrix} -3 \\ -1 \\ 0 \end{pmatrix},$$

$$\boldsymbol{p}_3 = (A-E)\boldsymbol{p}_2 = \begin{pmatrix} -1 & -1 & 1 \\ 1 & 1 & 1 \\ 0 & 0 & 0 \end{pmatrix}\begin{pmatrix} -3 \\ -1 \\ 0 \end{pmatrix} = \begin{pmatrix} 4 \\ -4 \\ 0 \end{pmatrix}.$$

（iv）ジョルダンの標準形：

$$(A-E)\boldsymbol{p}_1 = \boldsymbol{p}_2, \quad (A-E)\boldsymbol{p}_2 = \boldsymbol{p}_3, \quad (A-E)\boldsymbol{p}_3 = \boldsymbol{0}$$
$$\therefore \quad A\boldsymbol{p}_1 = \boldsymbol{p}_1+\boldsymbol{p}_2, \quad A\boldsymbol{p}_2 = \boldsymbol{p}_2+\boldsymbol{p}_3, \quad A\boldsymbol{p}_3 = \boldsymbol{p}_3$$

であるから，A のジョルダンの標準形は

$$P = (\boldsymbol{p}_3 \quad \boldsymbol{p}_2 \quad \boldsymbol{p}_1) = \begin{pmatrix} 4 & -3 & 1 \\ -4 & -1 & 0 \\ 0 & 0 & -2 \end{pmatrix} \text{とおいて，} P^{-1}AP = \begin{pmatrix} 1 & 1 & 0 \\ 0 & 1 & 1 \\ 0 & 0 & 1 \end{pmatrix}. \quad ▒$$

例 5　$A = \begin{pmatrix} -2 & 3 & -4 \\ 1 & 4 & -4 \\ 1 & 1 & -1 \end{pmatrix}$ のジョルダン標準形および変形する行列 P を求めよ．

解　（i）固有値：A の固有多項式は

$$f_A(x) = \begin{vmatrix} x+2 & -3 & 4 \\ -1 & x-4 & 4 \\ -1 & -1 & x+1 \end{vmatrix} \begin{matrix} \leftarrow \\ \rfloor -1 \\ \rceil -1 \\ \leftarrow \end{matrix} = \begin{vmatrix} x+3 & 1-x & 0 \\ -1 & x-4 & 4 \\ 0 & -(x-3) & x-3 \end{vmatrix} = (x+1)^2(x-3)$$

であるから，固有値は $\lambda_1 = -1$，$\lambda_2 = 3$ である．

（ii）一般固有空間は $\widetilde{W}_{-1}$ および $\widetilde{W}_3$ である．

$\widetilde{W}_{-1}$ について：$\dim \widetilde{W}_{-1} = 2$ である．

（ア）$V_1 = \{\boldsymbol{x} \in \boldsymbol{C}^3 \mid (A+E)\boldsymbol{x} = \boldsymbol{0}\}$ を求める．

$$(A+E \mid \boldsymbol{0}) = \left(\begin{array}{ccc|c} -1 & 3 & -4 & 0 \\ 1 & 5 & -4 & 0 \\ 1 & 1 & 0 & 0 \end{array}\right) \begin{matrix} \\ +1 \\ +1 \end{matrix} \xrightarrow[①]{} \left(\begin{array}{ccc|c} -1 & 3 & -4 & 0 \\ 0 & 8 & -8 & 0 \\ 0 & 4 & -4 & 0 \end{array}\right) \begin{matrix} \times(-1) \\ \times(-1/8) \\ \times(-1/4) \end{matrix}$$

$$\xrightarrow[②]{} \left(\begin{array}{ccc|c} 1 & -3 & 4 & 0 \\ 0 & 1 & -1 & 0 \\ 0 & 1 & -1 & 0 \end{array}\right) \begin{matrix} +3 \\ -1 \end{matrix} \xrightarrow[③]{} \left(\begin{array}{ccc|c} 1 & 0 & 1 & 0 \\ 0 & 1 & -1 & 0 \\ 0 & 0 & 0 & 0 \end{array}\right)$$

$$\therefore \quad \begin{cases} x_1 + x_3 = 0 \\ x_2 - x_3 = 0 \end{cases}$$

より

$$\begin{pmatrix} x_1 \\ x_2 \\ x_3 \end{pmatrix} = \begin{pmatrix} -x_3 \\ x_3 \\ x_3 \end{pmatrix} = x_3 \boldsymbol{b}_1 \,;\, \boldsymbol{b}_1 = \begin{pmatrix} -1 \\ 1 \\ 1 \end{pmatrix}$$ と表されるから，$V_1 = \langle \boldsymbol{b}_1 \rangle$.

$\dim V_1 = 1 < 2 = \dim \widetilde{W}_{-1}$ であるから，次の作業（イ）に進む．

（イ）　$V_2 = \{\boldsymbol{x} \in \boldsymbol{C}^3 \,|\, (A+E)^2 \boldsymbol{x} = \boldsymbol{0}\}$ を求める．連立一次方程式

$$(A+E)\boldsymbol{x} = k_1 \boldsymbol{b}_1 = \boldsymbol{b}_1(k_1) \tag{♯1}$$

を解く．①,②,③ を $\boldsymbol{b}_1$ に行うと

$$\boldsymbol{b}_1 = \begin{pmatrix} -1 \\ 1 \\ 1 \end{pmatrix} \begin{matrix} +1 \\ +1 \end{matrix} \xrightarrow[①]{} \begin{pmatrix} -1 \\ 0 \\ 0 \end{pmatrix} \begin{matrix} \times(-1) \\ \times(-1/8) \\ \times(-1/4) \end{matrix} \xrightarrow[②]{} \begin{pmatrix} 1 \\ 0 \\ 0 \end{pmatrix} \begin{matrix} +3 \\ -1 \end{matrix} \xrightarrow[③]{} \begin{pmatrix} 1 \\ 0 \\ 0 \end{pmatrix}$$

より (♯1) は

$$\begin{pmatrix} 1 & 0 & 1 \\ 0 & 1 & -1 \\ 0 & 0 & 0 \end{pmatrix} \begin{pmatrix} x_1 \\ x_2 \\ x_3 \end{pmatrix} = \begin{pmatrix} 1 \\ 0 \\ 0 \end{pmatrix} (k_1) \qquad \therefore \quad \begin{cases} x_1 + x_3 = k_1 \\ x_2 - x_3 = 0 \end{cases} \tag{♯2}$$

と変形される．ゆえに，

$$\begin{pmatrix} x_1 \\ x_2 \\ x_3 \end{pmatrix} = \begin{pmatrix} -x_3 + k_1 \\ x_3 \\ x_3 \end{pmatrix} = x_3 \boldsymbol{b}_1 + k_1 \boldsymbol{b}_2 \,; \quad \boldsymbol{b}_2 = \begin{pmatrix} 1 \\ 0 \\ 0 \end{pmatrix}$$

と表されるから，

$$V_2 = \langle \boldsymbol{b}_1, \boldsymbol{b}_2 \rangle$$

である．$\dim V_2 = 2 = \dim \widetilde{W}_{-1}$ となったから，ここで終了．

$\widetilde{W}_3$ について：$V_1{}' = \{\boldsymbol{x} \in \boldsymbol{C}^3 \,|\, (A-3E)\boldsymbol{x} = \boldsymbol{0}\}$ を求める．ここで，$\dim \widetilde{W}_3 = 1$ であるから，$V_1{}' = \langle \boldsymbol{b}_1{}' \rangle$ となるベクトル $\boldsymbol{b}_1{}'$ を求めることになる．

$$(A-3E \mid \boldsymbol{0}) = \left(\begin{array}{ccc|c} -5 & 3 & -4 & 0 \\ 1 & 1 & -4 & 0 \\ 1 & 1 & -4 & 0 \end{array}\right) \longrightarrow \cdots \longrightarrow \left(\begin{array}{ccc|c} 1 & 0 & -1 & 0 \\ 0 & 1 & -3 & 0 \\ 0 & 0 & 0 & 0 \end{array}\right)$$

より

$$V_1{}' = \langle \boldsymbol{b}_1{}' \rangle, \qquad \boldsymbol{b}_1{}' = \begin{pmatrix} 1 \\ 3 \\ 1 \end{pmatrix}$$

と表せる．

(iii) 基底の取り替え．$\widetilde{W}_{-1} = V_2$ については，基底 $\{\boldsymbol{p}_1, \boldsymbol{p}_2\}$ を次のように選ぶ：

$$\boldsymbol{p}_1 = \boldsymbol{b}_2 = \begin{pmatrix} 1 \\ 0 \\ 0 \end{pmatrix}, \quad \boldsymbol{p}_2 = (A+E)\boldsymbol{p}_1 = \begin{pmatrix} -1 & 3 & -4 \\ 1 & 5 & -4 \\ 1 & 1 & 0 \end{pmatrix}\begin{pmatrix} 1 \\ 0 \\ 0 \end{pmatrix} = \begin{pmatrix} -1 \\ 1 \\ 1 \end{pmatrix}.$$

$\widetilde{W}_3 = V_1'$ については，基底 $\{\boldsymbol{q}_1\}$ を $\boldsymbol{q}_1 = \begin{pmatrix} 1 \\ 3 \\ 1 \end{pmatrix}$ と選ぶ．

(iv) ジョルダンの標準形．

$$P = (\boldsymbol{p}_2 \quad \boldsymbol{p}_1 \quad \boldsymbol{q}_1) = \begin{pmatrix} -1 & 1 & 1 \\ 1 & 0 & 3 \\ 1 & 0 & 1 \end{pmatrix} \text{とおけば，} P^{-1}AP = \begin{pmatrix} -1 & 1 & 0 \\ 0 & -1 & 0 \\ 0 & 0 & 3 \end{pmatrix}. \quad ■$$

演習問題

[115] **〈逆行列の計算（ケーリー-ハミルトンの定理）〉**

$A = \begin{pmatrix} 1 & 1 & 1 \\ 2 & 0 & -3 \\ -2 & 1 & 4 \end{pmatrix}$ の逆行列 A^{-1} が $A^{-1} = \dfrac{1}{4}(A^2-5A+7E)$ をみたすことを証明し，これを用いて A^{-1} を計算せよ．

[116] **〈基底からつくられる E の射影行列による分解〉**

K^3 の基底 $\{\boldsymbol{p}_1, \boldsymbol{p}_2, \boldsymbol{p}_3\}$ について，$P = (\boldsymbol{p}_1 \quad \boldsymbol{p}_2 \quad \boldsymbol{p}_3)$ とおく．P の逆行列を $P^{-1} = \begin{pmatrix} \boldsymbol{d}_1 \\ \boldsymbol{d}_2 \\ \boldsymbol{d}_3 \end{pmatrix}$ と行ベクトル分割する．このとき，3 次正方行列 $P_1 = \boldsymbol{p}_1\boldsymbol{d}_1$，$P_2 = \boldsymbol{p}_2\boldsymbol{d}_2$，$P_3 = \boldsymbol{p}_3\boldsymbol{d}_3$ をつくると，$E = P_1+P_2+P_3$ が E の射影行列による分解であることを証明せよ．

[117] **〈1 の多項式による分解〉**

$f(x) = (x-1)^2(x-2)$ について，$h_1(x) = x-2$，$h_2(x) = (x-1)^2$ とおく．

(1) $\dfrac{1}{f(x)} = \dfrac{a}{x-1} + \dfrac{b}{(x-1)^2} + \dfrac{c}{x-2}$ をみたす定数 a, b, c を求めよ．

(2) (1) の式の両辺に $f(x)$ をかけることにより，1 の多項式による分解 $1 = g_1(x)h_1(x) + g_2(x)h_2(x)$ を求めよ．

[118] **〈ジョルダン標準形〉**

次の行列のジョルダン標準形および変形する行列 P を求めよ．

(1) $\begin{pmatrix} 1 & -1 \\ 1 & 3 \end{pmatrix}$　(2) $\begin{pmatrix} 3 & -2 & 2 \\ 0 & 2 & 0 \\ -1 & 1 & 0 \end{pmatrix}$　(3) $\begin{pmatrix} 1 & 1 & 0 & 1 \\ 2 & 0 & 0 & -3 \\ 2 & -1 & 3 & -1 \\ -2 & 1 & 0 & 4 \end{pmatrix}$

演習問題の略解

1 行　列

[1]　$a_{14}=4$, $a_{23}=3$, $a_{32}=5$

[2]　(1) $\begin{pmatrix}2&3&4\\3&4&5\end{pmatrix}$　(2) $\begin{pmatrix}1&2&3\\2&4&6\end{pmatrix}$　(3) $\begin{pmatrix}1&2&0\\0&1&-1\end{pmatrix}$

[3]　(1) $\begin{pmatrix}5&6\\4&-1\\1&4\end{pmatrix}$　(2) $\begin{pmatrix}-13&4&-5\\-6&-7&-8\end{pmatrix}$

(3) $X=\dfrac{1}{5}\begin{pmatrix}5&4&1\\6&-1&4\end{pmatrix}$, $Y=\dfrac{1}{5}\begin{pmatrix}5&-2&2\\2&3&3\end{pmatrix}$

[4]　21(行と列の選び方を計算する). 一般に $m\times n$ 行列の部分行列の個数は $({}_mC_1+{}_mC_2+\cdots+{}_mC_m)({}_nC_1+{}_nC_2+\cdots+{}_nC_n)=(2^m-1)(2^n-1)$ である.

2 行列の積

[5]　(1) $AB=\begin{pmatrix}2&-1\\1&5\end{pmatrix}$, $BA=\begin{pmatrix}3&1&1\\-1&-1&-3\\3&2&5\end{pmatrix}$,

$$ABAB=\begin{pmatrix}3&-7\\7&24\end{pmatrix},\ BABA=\begin{pmatrix}11&4&5\\-11&-6&-13\\22&11&22\end{pmatrix}$$

(2) ${}^tB{}^tA=\begin{pmatrix}2&1\\-1&5\end{pmatrix}$, ${}^tA{}^tB=\begin{pmatrix}3&-1&3\\1&-1&2\\1&-3&5\end{pmatrix}$

(3) $X=\begin{pmatrix}1&1\\-2&-3\\0&1\end{pmatrix}$, $Y=\begin{pmatrix}0&2&1\\1/2&-1/2&0\end{pmatrix}$

[6]　係数行列は $\begin{pmatrix}2&1&-1\\1&0&1\end{pmatrix}$, 行列の等式は $\begin{pmatrix}2&1&-1\\1&0&1\end{pmatrix}\begin{pmatrix}x\\y\\z\end{pmatrix}=\begin{pmatrix}1\\0\end{pmatrix}$, そして

ベクトル方程式は $x\begin{pmatrix}2\\1\end{pmatrix}+y\begin{pmatrix}1\\0\end{pmatrix}+z\begin{pmatrix}-1\\1\end{pmatrix}=\begin{pmatrix}1\\0\end{pmatrix}$ である.

[**7**] (1) $\begin{pmatrix} 1 & 0 & n \\ 0 & 1 & 0 \\ 0 & 0 & 1 \end{pmatrix}$(帰納法)　(2) $(1+a+b)^{n-1}A$ (A^2 を A で表せ.)

(3) $A^{2n}=a^{2n}E$, $A^{2n-1}=a^{2n-2}A$

[**8**] (1) 略　(2) $\begin{pmatrix} 15 & -7 \\ -28 & 15 \end{pmatrix}$

(3) $\dfrac{1}{4}\begin{pmatrix} 2\cdot 3^n+2\cdot(-1)^n & 3^n+(-1)^{n+1} \\ 4\cdot 3^n+4\cdot(-1)^{n+1} & 2\cdot 3^n+2\cdot(-1)^n \end{pmatrix}$

[**9**] $A+B$

[**10**] $X=\begin{pmatrix} E_n & O \\ -E_n & E_n \end{pmatrix}$

[**11**] (1) $A^{-1}=BC$, $B^{-1}=CA$　(2) $AA^{-1}=E$ の両辺の転置をとれ.

[**12**] (1) $AB=E$ を確かめよ.　(2) $\begin{pmatrix} 1 & 0 & 0 \\ -1 & 1 & 0 \\ 0 & -1 & 1 \end{pmatrix}$ $(={}^tB)$

[**13**] (1) $A^{-1}=\dfrac{1}{2}A^2-2A+\dfrac{5}{2}E$　(2) $(E-A)^{-1}=E+A+A^2$

[**14**] (1) $\begin{pmatrix} 3 & 0 \\ 0 & 1 \end{pmatrix}$　(2) $A^n=P(P^{-1}AP)^nP^{-1}=\dfrac{1}{2}\begin{pmatrix} 3^n+1 & 3^n-1 \\ 3^n-1 & 3^n+1 \end{pmatrix}$

[**15**] $\begin{pmatrix} A^{-1} & -A^{-1}CB^{-1} \\ O & B^{-1} \end{pmatrix}$

3 列ベクトルと幾何ベクトル

[**16**] (1) 媒介変数表示 $\begin{cases} x=3t-1 \\ y=3t \\ z=2t+5 \end{cases}$, 方程式 $\dfrac{x+1}{3}=\dfrac{y}{3}=\dfrac{z-5}{2}$

(2) 媒介変数表示 $\begin{cases} x=t+1 \\ y=1 \\ z=t+1 \end{cases}$, 方程式 $x=z$, $y=1$

[**17**] ベクトル方程式を $\overrightarrow{\mathrm{OP}}=s\overrightarrow{\mathrm{AB}}+t\overrightarrow{\mathrm{AC}}+\overrightarrow{\mathrm{OA}}$ とおく.

媒介変数表示 $\begin{cases} x=s+2t+1 \\ y=s\quad\;\;-1 \\ z=s+3t \end{cases}$, 方程式 $3x-y-2z=4$

[**18**] (1) $-\boldsymbol{e}_3, \boldsymbol{e}_2$　(2) 左辺 $=\boldsymbol{0}$, 右辺 $=-\boldsymbol{e}_2$ を確かめよ.

[**19**] (1) ${}^t(1\ \ -4\ \ -3)$　(2) ${}^t(-2\ \ -2\ \ 2)$　(3) ${}^t(-2\ \ -2\ \ 2)$

[**20**] 3.4 節の命題 1 の (3), (4) を利用せよ.

[21] (1) $\dfrac{x}{-7}=\dfrac{y}{-1}=\dfrac{z}{5}$　　(2) $7x+y-5z=0$

4 行列式の定義

[22] (1) $2\boldsymbol{e}_1\wedge\boldsymbol{e}_2$　(2) $3\boldsymbol{e}_1\wedge\boldsymbol{e}_2$　(3) 0　(4) 0

[23] 4.1 節の例 1 にならって解け．$x=1$，$y=2$．

[24] (1) $-3\boldsymbol{e}_1\wedge\boldsymbol{e}_2\wedge\boldsymbol{e}_3$　(2) $a=-1$，$b=1$

[25]

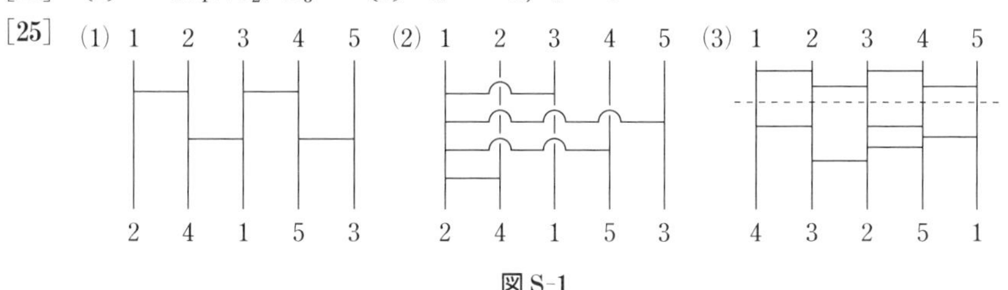

図 S-1

[26] 求める行列式を $|A|$ とおく．

(1) $\boldsymbol{e}_1\wedge(\boldsymbol{e}_1+\boldsymbol{e}_2)=\boldsymbol{e}_1\wedge\boldsymbol{e}_2$，$\boldsymbol{e}_1\wedge(\boldsymbol{e}_1+\boldsymbol{e}_2)=|A|\boldsymbol{e}_1\wedge\boldsymbol{e}_2$ より $|A|=1$

(2) $|A|=0$　(3) $|A|=-1$

(4) $\boldsymbol{e}_n\wedge\boldsymbol{e}_{n-1}\wedge\cdots\wedge\boldsymbol{e}_2\wedge\boldsymbol{e}_1=|A|\boldsymbol{e}_1\wedge\boldsymbol{e}_2\wedge\cdots\wedge\boldsymbol{e}_n$ より，符号を用いて $|A|=\varepsilon(n\ \ n-1\ \cdots\ 2\ \ 1)$ となる．順列 $(n\ \ n-1\ \cdots\ 2\ \ 1)$ に対応する立体アミダくじは上段が $n, n-1, \cdots, 2, 1$，下段が $1, 2, \cdots, n$ である．完成に必要な横棒の本数を計算せよ．n が偶数のとき $|A|=(-1)^{\frac{n}{2}}$，n が奇数のとき $|A|=(-1)^{\frac{n-1}{2}}$ である．

[27] (1) -18　(2) 0　(3) $2abc$　(4) $a^3+b^3+c^3-3abc$

[28] $AB=(\boldsymbol{a}_1\ \ \boldsymbol{a}_2)\begin{pmatrix} b_{11} & b_{12} & b_{13} \\ b_{21} & b_{22} & b_{23}\end{pmatrix}=(b_{11}\boldsymbol{a}_1+b_{21}\boldsymbol{a}_2\ \ b_{12}\boldsymbol{a}_1+b_{22}\boldsymbol{a}_2\ \ b_{13}\boldsymbol{a}_1+b_{23}\boldsymbol{a}_2)$ である．4.2 節の例 5 と同様に証明される．

[29] (1) 略　(2) 正方形を 4 つの小正方形に 4 等分して考えよ．

5 行列式の性質

[30] $x=a+2b$；$(a+2b)(a-b)^2$

[31] (1) 0　(2) 2

[32] $|{}^tA|=|A|$ および $|-A|=(-1)^3|A|$ を利用せよ．

[33] (1) 5.1 節の補題 1 を用いて左辺を展開せよ．

(2) $a^2+b^2+c^2+1$

[34] (1) 第 2 列，第 3 列から第 1 列を引き，共通因子 $b-a, c-a$ をくくり出す．

(2) 第 1 行，第 2 行，第 3 行からそれぞれ a, b, c をくくり出す．次に第 2 行，第 3 行を第 1 行に加える．

(3) 第 1 列，第 2 列，第 3 列からそれぞれ第 4 列の a 倍，b 倍，c 倍を引く．

(4) 第2列，…，第n列をすべて第1列に加え，共通因子$(a+n)$をくくり出す．次に第2列，…，第n列から第1列を引く．

6 行列式の展開と行列の積の行列式

[35] (1) 24 (2) 9 (3) -3

[36] (1) 第3行から第2行，第4行から第2行の$\dfrac{b}{a}$倍を引く．次に第1列で展開せよ．

(2) 第1列から第3列，第2列から第4列を引く．次に，6.1節の命題を用いよ．

[37] 第n行$-x_1\times$第$(n-1)$行，第$(n-1)$行$-x_1\times$第$(n-2)$行，…，第2行$-x_1\times$第1行を行い，第1列に関する展開を行う．因子$(x_n-x_1),\cdots,(x_2-x_1)$をくくり出すと，$n-1$次の$x_2,\cdots,x_n$に関するヴァンデルモンドの行列式が現れる．

[38] (1) $A_{11}=48$，$A_{12}=-72$，$A_{13}=48$，$A_{14}=-12$

(2) $|A|=12$だから，確認された．

[39] 問題の中にヒントを書いた．

[40] (1) $|A^n|=2^n$，$|A^{-1}|=\dfrac{1}{2}$ (2) $3\cdot 2^{n-1}$

[41] $|A\,{}^tA|=|A||{}^tA|=|A|^2\geqq 0$を用いよ．

7 クラーメルの公式

[42] (1) $x=-5/3$，$y=-4/3$，$z=2$ (2) $x=4/3$，$y=2/3$，$z=-1$

(3) $x=-2/3$，$y=-1/3$，$z=1$

[43] (1) $\dfrac{1}{3}\begin{pmatrix}-5 & 4 & -2\\ -4 & 2 & -1\\ 6 & -3 & 3\end{pmatrix}$（問題［42］の連立一次方程式の係数行列はすべて同じで，この問題の行列と一致する．）

(2) $\begin{pmatrix}1 & 0 & 0\\ -1 & 1 & 0\\ 0 & -1 & 1\end{pmatrix}$

[44] (1) ヴァンデルモンドの行列式を利用する．$x=-1$，$y=4$，$z=-6$，$w=4$

(2) $x=1$，$y=0$，$z=0$，$w=0$

8 連立一次方程式と掃き出し法

[45] (1) $\begin{pmatrix}x\\ y\\ z\end{pmatrix}=\begin{pmatrix}1\\ 1\\ 0\end{pmatrix}$ (2) $\begin{pmatrix}x\\ y\\ z\end{pmatrix}=z\begin{pmatrix}1\\ -2\\ 1\end{pmatrix}+\begin{pmatrix}1\\ 1\\ 0\end{pmatrix}$ (3) 解なし

(4) $\begin{pmatrix} x \\ y \\ z \\ w \end{pmatrix} = y\begin{pmatrix} -2 \\ 1 \\ 0 \\ 0 \end{pmatrix} + w\begin{pmatrix} 1 \\ 0 \\ -1 \\ 1 \end{pmatrix} + \begin{pmatrix} 1 \\ 0 \\ 2 \\ 0 \end{pmatrix}$

(5) $a=1$ のとき $\begin{pmatrix} x \\ y \\ z \end{pmatrix} = z\begin{pmatrix} -1 \\ 2 \\ 1 \end{pmatrix} + \begin{pmatrix} 2 \\ -1 \\ 0 \end{pmatrix}$,

$a \neq 1$ のとき $\begin{pmatrix} x \\ y \\ z \end{pmatrix} = \begin{pmatrix} a^2+a \\ 1-2a \\ 1-a \end{pmatrix}$

[**46**] (1) $\begin{pmatrix} -7 & 2 & 4 \\ 4 & -1 & -2 \\ -2 & 1 & 1 \end{pmatrix}$ (2) $\begin{pmatrix} 0 & 4 & -1 & -1 \\ 1 & -1 & 0 & 0 \\ 0 & -9 & 2 & 3 \\ 0 & 6 & -1 & -2 \end{pmatrix}$

(3) $\begin{pmatrix} 2 & -1 & -1 & 0 \\ -1 & 1 & 0 & 0 \\ 0 & 0 & 2 & -1 \\ 0 & 0 & -1 & 1 \end{pmatrix}$

[**47**] (1) $\begin{pmatrix} 0 & -2 \\ 1 & -1 \\ -1 & 5 \end{pmatrix}$ (2) $\begin{pmatrix} a+1 & b+2 \\ 2a-2 & 2b-1 \\ a & b \end{pmatrix}$ (a, b は任意のスカラー)

[**48**] (1) ① $P_3(2\,;1/3)$, ② $P_3(3,1\,;-1)$, ③ $P_3(1,2\,;-2)$

(2) $A = P_3(2\,;3)P_3(3,1\,;1)P_3(1,2\,;2)$

[**49**] たとえば,

$$P = \begin{pmatrix} -1 & 1 & 0 \\ 1 & -1/2 & 0 \\ -1 & -1 & 1 \end{pmatrix}, \quad Q = \begin{pmatrix} 1 & 0 & -1 \\ 0 & 1 & -1/2 \\ 0 & 0 & 1 \end{pmatrix}$$

9 行列の階数

[**50**] (1) 3 (2) $a=2/3$ のとき 2, $a \neq 2/3$ のとき 3 (3) 2

[**51**] $\operatorname{rank} A = \rho(A)$ を用いて, $\rho(A)$ を求めよ.

(1) $\rho(A)=3$. たとえば A の第 1, 2, 4 列に着目して, x_3 の項を移項する.

$$\begin{cases} x_1+x_2+x_4 = -2x_3 \\ 2x_1-x_2+x_4 = -x_3 \\ 3x_1+x_2+x_4 = -4x_3 \end{cases}$$

より, $x_1=-x_3$, $x_2=-x_3$, $x_4=0$ と表せる.

(2) $\rho(A)=2$. たとえば, A の第 1 行, 第 3 行と第 1 列, 第 2 列の交点にあ

る係数に着目して，

$$\begin{cases} x_1+\ x_2 =\ x_3-3x_4 \\ x_1+3x_2 = 5x_3-5x_4 \end{cases} \quad \therefore \quad \begin{pmatrix} 1 & 1 \\ 1 & 3 \end{pmatrix}\begin{pmatrix} x_1 \\ x_2 \end{pmatrix} = \begin{pmatrix} 1 & -3 \\ 5 & -5 \end{pmatrix}\begin{pmatrix} x_3 \\ x_4 \end{pmatrix}$$

を得る．これより，$x_1 = -x_3-2x_4$，$x_2 = 2x_3-x_4$ と表される．

[**52**]　A, B の標準形をそれぞれ A', B' とする．A を含む行と列，B を含む行と列のみで

$$C = \begin{pmatrix} A & O \\ O & B \end{pmatrix} \longrightarrow \cdots \longrightarrow \begin{pmatrix} A' & O \\ O & B' \end{pmatrix} = C'$$

と変形できる．最後に C' に列の交換を施して，C の標準形を得る．

[**53**]　$m \leqq n$ とする．($m > n$ のときは転置行列を考える．) $A' = (A \mid O_{n-m})$，$B' = (B \mid O_{n-m})$ とおいた n 次正方行列を考える．問題 [9] または単純に計算して

$$(E_n \mid E_n)\begin{pmatrix} A' & O \\ O & B' \end{pmatrix}\begin{pmatrix} E_n \\ E_n \end{pmatrix} = A'+B'$$

を得る．また，$\mathrm{rank}\,(A') = \mathrm{rank}\,A$ なども知っておく必要がある．あとは，9.3 節の例 4 と問題 [52] を利用する．

10　ベクトル空間と部分空間

[**54**]　$f, g \in U$，k を実数とする．$f+g$ と kf が U のベクトルとなる条件をみたすことを証明せよ．

[**55**]　(1)　$f(t) = t$ とする．$f \in U$ であるが，$2f \notin U$ となることを確かめよ．

(2)　$\mathbf{0} \notin U$ を確かめよ．

(3)　$A = \begin{pmatrix} 0 & 1 \\ 0 & 0 \end{pmatrix}$，$B = \begin{pmatrix} 0 & 0 \\ 1 & 0 \end{pmatrix}$ とする．$A, B \in U$ であるが，$A+B \notin U$ となることを確かめよ．

[**56**]　(1)　$\boldsymbol{v} = 2\boldsymbol{a}_1+3\boldsymbol{a}_2$　(2)　$\boldsymbol{v} = 5\boldsymbol{a}_1+2\boldsymbol{a}_3$　(3)　$\boldsymbol{v} = \boldsymbol{a}_1-\boldsymbol{a}_2+2\boldsymbol{a}_3$

[**57**]　(1)　$\langle 1, -t+t^2 \rangle$　(2)　$\langle -2t+t^2, 1 \rangle$　(3)　$\left\langle \begin{pmatrix} 0 & 1 \\ -1 & 0 \end{pmatrix} \right\rangle$

(4)　$\left\langle \begin{pmatrix} 1 & 0 \\ 0 & 1 \end{pmatrix}, \begin{pmatrix} 0 & 1 \\ -1 & 0 \end{pmatrix} \right\rangle$

[**58**]　(1)　$\langle {}^t(1\ \ 0\ \ 1\ \ 0) \rangle$

(2)　$\langle {}^t(1\ \ -1\ \ 1\ \ 0\ \ 0),\ {}^t(-2\ \ 1\ \ 0\ \ 1\ \ 0),\ {}^t(1\ \ -2\ \ 0\ \ 0\ \ 1) \rangle$

[**59**]　(1)　$0\boldsymbol{x} = (0+0)\boldsymbol{x}$ を用いよ．

(2)　$k\mathbf{0} = k(\mathbf{0}+\mathbf{0})$ を用いよ．

(3)　$\mathbf{0} = (1+(-1))\boldsymbol{x}$ を用いよ．

[**60**]　(1)　零ベクトル $\mathbf{0}$ は $(1, 0)$，$\boldsymbol{x} = (x, y)$ の逆ベクトル $-\boldsymbol{x}$ は $(2-x, -y)$ である．

(2) たとえば，$1(x, y) = (x, 0) \neq (x, y)$ である．10.1 節の条件 II.4 をみたさない．

11 ベクトルの一次関係

[61] (1) 自明な一次関係式のみ (2) $-3k\boldsymbol{a}_1 + 2k\boldsymbol{a}_2 + k\boldsymbol{a}_3 = \boldsymbol{0}$

(3) $-k\boldsymbol{a}_1 - 2k\boldsymbol{a}_2 + k\boldsymbol{a}_3 = \boldsymbol{0}$

[62] (1) ベクトル方程式 $k_0 1 + k_1 t + \cdots + k_n t^n = 0$ に $t = 1, 2, \cdots, n+1$ を代入してできる $k_0, \cdots, k_n$ に関する斉次連立一次方程式を解く．ヴァンデルモンドの行列式を利用して，$k_0 = k_1 = \cdots = k_n = 0$ を導け．

(2) $k_1 1 + k_2 2^t + \cdots + k_n n^t = 0$ とおいて，$t = 0, 1, \cdots, n-1$ を代入する．後は (1) と同様．

(3) 明らかであろう．

[63] (1) 一次従属 (11.3 節の定理 2 を利用せよ．)

(2) $a \neq 2$ かつ $b \neq 2$ のとき一次独立，その他の場合は一次従属 (11.2 節の例 4，または (1) にならって解け．)

[64] $m \geqq n+1$ とし，m 個の n 項列ベクトルを $\boldsymbol{p}_1, \cdots, \boldsymbol{p}_m$ とおく．

一次関係式 $k_1\boldsymbol{p}_1 + \cdots + k_m\boldsymbol{p}_m = \boldsymbol{0}$ は方程式が n 個，未知数が m 個 $k_1, \cdots, k_m$ の斉次連立一次方程式とみなせる (2.2 節)．9.1 節定理 1 より自明でない解が存在する．

[65] (1) $\boldsymbol{c}_1 = \boldsymbol{a}_1 + 3\boldsymbol{a}_2$，$\boldsymbol{c}_2 = 3\boldsymbol{a}_1 - \boldsymbol{a}_2$ (11.3 節の例 5 にならって求めよ．)

(2) $\boldsymbol{a}_1 = \dfrac{1}{10}\boldsymbol{c}_1 + \dfrac{3}{10}\boldsymbol{c}_2$，$\boldsymbol{a}_2 = \dfrac{3}{10}\boldsymbol{c}_1 - \dfrac{1}{10}\boldsymbol{c}_2$

[66] (1), (2) を同時に答える．

$$P = \begin{pmatrix} 1 & 0 & 1 & -1 \\ 0 & 1 & 1 & 2 \\ 1 & 1 & 2 & 1 \\ 3 & 1 & 4 & -1 \end{pmatrix} \longrightarrow \cdots \longrightarrow \begin{pmatrix} 1 & 0 & 1 & -1 \\ 0 & 1 & 1 & 2 \\ 0 & 0 & 0 & 0 \\ 0 & 0 & 0 & 0 \end{pmatrix} = (\boldsymbol{p}_1{}' \quad \boldsymbol{p}_2{}' \quad \boldsymbol{p}_3{}' \quad \boldsymbol{p}_4{}')$$

である．A, B, C, D の一次関係と P の列ベクトルの一次関係は同じである (11.3 節定理 2)．さらにそれは $\boldsymbol{p}_1{}', \boldsymbol{p}_2{}', \boldsymbol{p}_3{}', \boldsymbol{p}_4{}'$ の一次関係と同じである (11.2 節定理 1)．$\boldsymbol{p}_3{}' = \boldsymbol{p}_1{}' + \boldsymbol{p}_2{}'$，$\boldsymbol{p}_4{}' = -\boldsymbol{p}_1{}' + 2\boldsymbol{p}_2{}'$ から「$A + B - C = O$ かつ $A - 2B + D = O$」が求める一次関係式である．

[67] $(\boldsymbol{a}_1 \quad \boldsymbol{a}_2 \quad \boldsymbol{a}_3)\begin{pmatrix} x-1 \\ y-1 \\ z-1 \end{pmatrix} = \begin{pmatrix} 0 \\ 0 \\ 0 \end{pmatrix}$ を解いて，$\begin{pmatrix} x \\ y \\ z \end{pmatrix} = z\begin{pmatrix} -2 \\ -1 \\ 1 \end{pmatrix} + \begin{pmatrix} 3 \\ 2 \\ 0 \end{pmatrix}$

[68] (1) $(f_1 \quad f_2 \quad f_3) = (1 \quad t \quad t^2)\begin{pmatrix} 1 & 1 & 1 \\ 1 & -1 & 2 \\ 1 & 1 & 0 \end{pmatrix}$，

$$(g_1 \quad g_2 \quad g_3) = (1 \quad t \quad t^2)\begin{pmatrix} -1 & 2 & 3 \\ 0 & 3 & 2 \\ 0 & 1 & 2 \end{pmatrix}$$

(2) $(g_1 \quad g_2 \quad g_3) = (f_1 \quad f_2 \quad f_3)\begin{pmatrix} 1 & 1 & 1 \\ -1 & 0 & 1 \\ -1 & 1 & 1 \end{pmatrix}$

12 ベクトル空間の次元と基底

[**69**] これらのベクトルが一次独立であることを証明すればよい．もっとも，12.1節の定理2を利用する方が楽ではあるが．

[**70**] 12.1節の定理2を利用せよ．

(1) 基底になる　(2) 基底にならない

[**71**] 12.2節の補題3を用いて，両方向の包含関係を証明せよ．

[**72**] (1),(2)については12.2節の例6と同様の作業を行え．

(1) 基底は $\left\{\begin{pmatrix} 1 \\ 2 \\ 1 \end{pmatrix}, \begin{pmatrix} -2 \\ 1 \\ 0 \end{pmatrix}\right\}$，次元は2

(2) $a+1 \fallingdotseq 0$ のとき，基底は $\left\{\begin{pmatrix} 1 \\ 0 \\ 1 \end{pmatrix}, \begin{pmatrix} 0 \\ -1 \\ 1 \end{pmatrix}, \begin{pmatrix} 1 \\ 2 \\ a \end{pmatrix}\right\}$，次元は3

$a+1=0$ のとき，基底は $\left\{\begin{pmatrix} 1 \\ 0 \\ 1 \end{pmatrix}, \begin{pmatrix} 0 \\ -1 \\ 1 \end{pmatrix}\right\}$，次元は2

(3) $1+t, t+t^2, t^2+t^3$ は一次独立．よって，これらが基底を構成し，次元は3

[**73**] (1) $(\boldsymbol{a}+\boldsymbol{b} \quad \boldsymbol{a}-\boldsymbol{b}) = (\boldsymbol{a} \quad \boldsymbol{b})P, \quad P = \begin{pmatrix} 1 & 1 \\ 1 & -1 \end{pmatrix}$

と書ける．$|P| \fallingdotseq 0$ より P は正則．よって，11.3節定理2より $\boldsymbol{a}+\boldsymbol{b}, \boldsymbol{a}-\boldsymbol{b}$ は一次独立である．よって，基底は $\{\boldsymbol{a}+\boldsymbol{b}, \boldsymbol{a}-\boldsymbol{b}\}$，次元は2．

(2) $\boldsymbol{x} = \boldsymbol{a}+\boldsymbol{b}+\boldsymbol{c}$，$\boldsymbol{y} = \boldsymbol{a}+2\boldsymbol{b}+3\boldsymbol{c}$，$\boldsymbol{z} = -\boldsymbol{a}+\boldsymbol{c}$ とおくと，

$$(\boldsymbol{x} \quad \boldsymbol{y} \quad \boldsymbol{z}) = (\boldsymbol{a} \quad \boldsymbol{b} \quad \boldsymbol{c})P, \quad P = \begin{pmatrix} 1 & 1 & -1 \\ 1 & 2 & 0 \\ 1 & 3 & 1 \end{pmatrix}$$

と書ける．$P = (\boldsymbol{p}_1 \quad \boldsymbol{p}_2 \quad \boldsymbol{p}_3)$ とおくと，$\boldsymbol{p}_1, \boldsymbol{p}_2$ は一次独立で，$\boldsymbol{p}_3 = -2\boldsymbol{p}_1+\boldsymbol{p}_2$ がわかる．11.3節定理2より $\boldsymbol{x}, \boldsymbol{y}$ は一次独立で，$\boldsymbol{x}, \boldsymbol{y}, \boldsymbol{z}$ は一次従属である．12.2節定理4より $\{\boldsymbol{x}, \boldsymbol{y}\}$ が基底，次元は2である．

[**74**] $C = AB$，$A = (\boldsymbol{a}_1 \quad \cdots \quad \boldsymbol{a}_m)$，$C = (\boldsymbol{c}_1 \quad \cdots \quad \boldsymbol{c}_m)$ とおくと，

$$(\boldsymbol{c}_1 \quad \cdots \quad \boldsymbol{c}_m) = (\boldsymbol{a}_1 \quad \cdots \quad \boldsymbol{a}_m)B$$

と表せる．これに，12.2 節補題 3 を適用し，定理 5 を用いよ．

[75] たとえば，$\{\boldsymbol{a}_1, \boldsymbol{a}_2, \boldsymbol{e}_3\}$

[76] たとえば，$\boldsymbol{b}_3 = \boldsymbol{a}_1, \boldsymbol{a}_3, \boldsymbol{a}_1 - \boldsymbol{a}_3$ などが選べる（$\boldsymbol{b}_3 = k_1\boldsymbol{a}_1 + k_2\boldsymbol{a}_2 + k_3\boldsymbol{a}_3$ とおいて，12.1 節の定理 2 を利用して $\boldsymbol{b}_1, \boldsymbol{b}_2, \boldsymbol{b}_3$ が一次独立となる k_1, k_2, k_3 を見つける）.

[77] 基底の変換行列の定義式（12.3-1）に当てはめよ．

(1) $P = \begin{pmatrix} 1 & -1 & 0 \\ 1 & 0 & -1 \\ 0 & 1 & 1 \end{pmatrix}$　　(2) $P = \begin{pmatrix} 1 & -1 & -1 \\ 2 & 1 & 2 \\ 1 & 1 & 2 \end{pmatrix}$

(3) $P = \begin{pmatrix} 1 & 0 & 0 & 0 \\ 1 & 1 & 0 & 0 \\ 1 & 1 & 1 & 0 \\ 1 & 1 & 1 & 1 \end{pmatrix}$

[78] (1) ${}^t(2 \quad -1 \quad 3)$（12.4 節の例 10 にならって解け.）

(2) ${}^t(1 \quad 2 \quad 3)$（$f = k_1f_1 + k_2f_2 + k_3f_3$ とおき，

$$f = (1 \quad t \quad t^2)\begin{pmatrix} 3 \\ -1 \\ 3 \end{pmatrix} \text{と}$$

$$f = (f_1 \quad f_2 \quad f_3)\begin{pmatrix} k_1 \\ k_2 \\ k_3 \end{pmatrix} = (1 \quad t \quad t^2)\begin{pmatrix} 1 & 1 & 0 \\ 1 & -1 & 0 \\ 0 & 0 & 1 \end{pmatrix}\begin{pmatrix} k_1 \\ k_2 \\ k_3 \end{pmatrix}$$

を比較する.）

(3) ${}^t(1 \quad 2 \quad -1 \quad 2)$（(2) と同様の作業）

[79] (1) $\begin{pmatrix} x \\ y \\ z \end{pmatrix} = \begin{pmatrix} 1 & -1 & 0 \\ 1 & 0 & -1 \\ 0 & 1 & 1 \end{pmatrix}\begin{pmatrix} X \\ Y \\ Z \end{pmatrix}$

(2) $X + 2Y = 0$（$(1 \quad -3 \quad -3)\begin{pmatrix} x \\ y \\ z \end{pmatrix} = 0$ を利用せよ.）

13 線形写像

[80] $\varphi(f+g) = \varphi(f) + \varphi(g)$ および実数 k について $\varphi(kf) = k\varphi(f)$ を確かめよ．

[81] (1) $\varphi(\begin{pmatrix} 0 \\ 0 \end{pmatrix}) = \begin{pmatrix} 1 \\ 0 \end{pmatrix} \neq \begin{pmatrix} 0 \\ 0 \end{pmatrix}$ より $\varphi(\mathbf{0}) = \mathbf{0}$ をみたさない.

(2) $\varphi(2E) = 4E$，$2\varphi(E) = 2E$ より $\varphi(2E) = 2\varphi(E)$ をみたさない.

[82] (1) $\begin{pmatrix} x \\ y \end{pmatrix} \longrightarrow \begin{pmatrix} y \\ -x \end{pmatrix}$　　(2) $\begin{pmatrix} x \\ y \\ z \end{pmatrix} \longrightarrow \begin{pmatrix} 4x + 7y + 4z \\ -2x - 3y - 2z \\ -x - 2y - z \end{pmatrix}$

(3)　$\tau\left(\begin{pmatrix} x \\ y \\ z \end{pmatrix}\right) = A\begin{pmatrix} x \\ y \\ z \end{pmatrix}$（$A$ は 2×3 行列）とおいて，$A\begin{pmatrix} 1 & 3 \\ -1 & -1 \\ 0 & -1 \end{pmatrix} = \begin{pmatrix} 1 & 0 \\ 0 & 1 \end{pmatrix}$ から A を求めよ．$A = \begin{pmatrix} c/2-1/2 & c/2-3/2 & c \\ d/2+1/2 & d/2+1/2 & d \end{pmatrix}$（$c, d$ は任意）

[**83**]　(1)　$\begin{pmatrix} 4 & 7 \\ -2 & -3 \\ -1 & -2 \end{pmatrix}$　　(2)　$\begin{pmatrix} 2 & 1 & 1 \\ 1 & 1 & 0 \end{pmatrix}$

[**84**]　(1)　$\varphi(H) = O$，$\varphi(A) = 2A$，$\varphi(B) = -2B$

(2)　$\varphi(B) \in V$ であることは，(1) から $\varphi(k_1H+k_2A+k_3B) = 2k_2A-2k_3B \in V$ が成り立つことよりわかる．次に，線形写像の定義をみたすことを確認せよ．

(3)　$\begin{pmatrix} 0 & 0 & 0 \\ 0 & 2 & 0 \\ 0 & 0 & -2 \end{pmatrix}$

[**85**]　(1)　与えられた基底に関する φ の表現行列を C とする．$|C| \neq 0$ を確かめよ．また，φ^{-1} の表現行列は次のようになる．

$$C^{-1} = \begin{pmatrix} 0 & 1 & \cdots & 0 \\ \vdots & \ddots & \ddots & \vdots \\ 0 & & \ddots & 1 \\ 1 & 0 & \cdots & 0 \end{pmatrix}$$

[**86**]　求める $\boldsymbol{R}^2$ の基底を $\{\boldsymbol{a}_1, \boldsymbol{a}_2\}$ とし，$A = (\boldsymbol{a}_1 \ \ \boldsymbol{a}_2)$ とおく．表現行列の定義式 $\begin{pmatrix} 1 & 1 & 1 \\ 1 & -1 & -3 \end{pmatrix} = A\begin{pmatrix} 1 & 2 & 3 \\ 4 & 5 & 6 \end{pmatrix}$ をみたす A を求めよ．

$$A = \begin{pmatrix} -1/3 & 1/3 \\ -3 & 1 \end{pmatrix}$$

[**87**]　$\mathrm{Ker}\,\varphi$：基底 $\left\{\begin{pmatrix} 1 \\ 1 \\ 0 \\ 0 \end{pmatrix}, \begin{pmatrix} -2 \\ 0 \\ -1 \\ 1 \end{pmatrix}\right\}$，2 次元　　$\mathrm{Im}\,\varphi$：基底 $\left\{\begin{pmatrix} 1 \\ 2 \\ 3 \end{pmatrix}, \begin{pmatrix} 1 \\ 1 \\ 1 \end{pmatrix}\right\}$，2 次元

[**88**]　$\mathrm{Ker}\,\varphi$ の基底 $\{{}^t(-1 \ \ -2 \ \ 1 \ \ 1)\}$ を求め，基底を構成するベクトルを $\boldsymbol{z}$ とおく．$\mathrm{Im}\,\varphi$ の基底は A の第 1, 2, 3 列の 3 つの列ベクトルから構成でき，これらはそれぞれ $\varphi(\boldsymbol{e}_1), \varphi(\boldsymbol{e}_2), \varphi(\boldsymbol{e}_3)$ に等しい．$\boldsymbol{R}^4$ の基底を $\{\boldsymbol{e}_1, \boldsymbol{e}_2, \boldsymbol{e}_3, \boldsymbol{z}\}$，$\boldsymbol{R}^3$ の基底を $\left\{\begin{pmatrix} 1 \\ 1 \\ 2 \end{pmatrix}, \begin{pmatrix} -1 \\ 0 \\ 1 \end{pmatrix}, \begin{pmatrix} -2 \\ -1 \\ 0 \end{pmatrix}\right\}$ と選べばよい．

[89]　$(\varphi(\boldsymbol{a}_1)\quad \varphi(\boldsymbol{a}_2)\quad \varphi(\boldsymbol{a}_3)\quad \varphi(\boldsymbol{a}_4)) = (\boldsymbol{b}_1\quad \boldsymbol{b}_2\quad \boldsymbol{b}_3)C,\qquad C = \begin{pmatrix} 1 & 1 & 1 & 1 \\ 3 & 2 & 4 & 3 \\ 2 & 1 & 3 & 2 \end{pmatrix}$

と表せる．$C = (\boldsymbol{c}_1\quad \boldsymbol{c}_2\quad \boldsymbol{c}_3\quad \boldsymbol{c}_4)$ とおく．C に行基本変形を行うと

$$C = \begin{pmatrix} 1 & 1 & 1 & 1 \\ 3 & 2 & 4 & 3 \\ 2 & 1 & 3 & 2 \end{pmatrix} \xrightarrow[\text{行基本変形}]{} \cdots \longrightarrow \begin{pmatrix} 1 & 0 & 2 & 1 \\ 0 & 1 & -1 & 0 \\ 0 & 0 & 0 & 0 \end{pmatrix}$$

である．したがって，$\boldsymbol{c}_1, \boldsymbol{c}_2, \boldsymbol{c}_3, \boldsymbol{c}_4$ の一次関係は

$$\begin{cases} \boldsymbol{c}_1, \boldsymbol{c}_2 \text{ は一次独立} \\ 2\boldsymbol{c}_1 - \boldsymbol{c}_2 - \boldsymbol{c}_3 = \boldsymbol{0} \\ \boldsymbol{c}_1 - \boldsymbol{c}_4 = \boldsymbol{0} \end{cases} \quad \therefore \quad \begin{cases} \varphi(\boldsymbol{a}_1), \varphi(\boldsymbol{a}_2) \text{ は一次独立} \cdots (\sharp) \\ 2\varphi(\boldsymbol{a}_1) - \varphi(\boldsymbol{a}_2) - \varphi(\boldsymbol{a}_3) = \boldsymbol{0} \cdots (\flat 1) \\ \varphi(\boldsymbol{a}_1) - \varphi(\boldsymbol{a}_4) = \boldsymbol{0} \cdots (\flat 2) \end{cases}$$

である（11.3 節定理 2）．

(1)　$(\flat 1), (\flat 2)$ より $\varphi(2\boldsymbol{a}_1 - \boldsymbol{a}_2 - \boldsymbol{a}_3) = \varphi(\boldsymbol{a}_1 - \boldsymbol{a}_4) = \boldsymbol{0}$．よって，$\mathrm{Ker}\,\varphi$ の基底は $\{2\boldsymbol{a}_1 - \boldsymbol{a}_2 - \boldsymbol{a}_3, \boldsymbol{a}_1 - \boldsymbol{a}_4\}$，次元は 2．

(2)　$(\flat 1), (\flat 2)$ は $\varphi(\boldsymbol{a}_3), \varphi(\boldsymbol{a}_4)$ が $\varphi(\boldsymbol{a}_1), \varphi(\boldsymbol{a}_2)$ の一次結合であることを表している．したがって，12.2 節定理 4 より $\mathrm{Im}\,\varphi$ の基底は $\{\varphi(\boldsymbol{a}_1), \varphi(\boldsymbol{a}_2)\} = \{\boldsymbol{b}_1 + 3\boldsymbol{b}_2 + 2\boldsymbol{b}_3, \boldsymbol{b}_1 + 2\boldsymbol{b}_2 + \boldsymbol{b}_3\}$，次元は 2．

14 内 積 空 間

[90]　$\|\boldsymbol{z}\|^2 = (\boldsymbol{z}, \boldsymbol{z})$ を用いて証明せよ．

[91]　$\boldsymbol{x}, \boldsymbol{y} \in U$，$k, l \in \boldsymbol{R}$ とおいて，$(k\boldsymbol{x} + l\boldsymbol{y}, \boldsymbol{a}) = 0$ を証明せよ．

[92]　(1)　$\left\{\begin{pmatrix} 1 \\ 1 \\ 0 \end{pmatrix}, \begin{pmatrix} -2 \\ 0 \\ 1 \end{pmatrix}\right\}$　　(2)　$\begin{pmatrix} -3c \\ -c-1 \\ c \end{pmatrix}$　（c は実数）

[93]　(1)　$1 - 6t + 6t^2$　　(2)　$\{2t-1, 3t^2-1\}$

[94]　(1)　2　　(2)　$\left\{\begin{pmatrix} 0 & 1 \\ 1 & 0 \end{pmatrix}, \begin{pmatrix} 1 & 0 \\ 0 & -1 \end{pmatrix}\right\}$

[95]　(1)　$(\boldsymbol{e}_1, \boldsymbol{e}_1) = 3$，$(\boldsymbol{e}_1, \boldsymbol{e}_2) = 2$，$(\boldsymbol{e}_2, \boldsymbol{e}_2) = 2$，$\|\boldsymbol{e}_1 + \boldsymbol{e}_2\| = 3$

(2)　x, y については，$3x^2 + 4xy + 2y^2 = 1$．X, Y, Z については，$Z = X$ かつ $2X^2 + Y^2 = 1$．

[96]　(1)　$\boldsymbol{u}_1 = \dfrac{1}{\sqrt{3}}\begin{pmatrix} 1 \\ -1 \\ 1 \end{pmatrix}$，$\boldsymbol{u}_2 = \dfrac{1}{\sqrt{6}}\begin{pmatrix} 1 \\ 2 \\ 1 \end{pmatrix}$，$\boldsymbol{u}_3 = \dfrac{1}{\sqrt{2}}\begin{pmatrix} -1 \\ 0 \\ 1 \end{pmatrix}$

(2)　$\boldsymbol{v} = \sqrt{3}\,\boldsymbol{u}_1 + \sqrt{6}\,\boldsymbol{u}_2 + 0\boldsymbol{u}_3$

[97]　(1)　略　　(2)　$\{f, g, \sqrt{5}\,(6t^2 - 6t + 1)\}$

[**98**] $U_1 = \dfrac{1}{\sqrt{2}}\begin{pmatrix}1 & 0\\ 0 & 1\end{pmatrix}$, $U_2 = \dfrac{1}{\sqrt{2}}\begin{pmatrix}-1 & 0\\ 0 & 1\end{pmatrix}$, $U_3 = \dfrac{1}{\sqrt{2}}\begin{pmatrix}0 & 1\\ 1 & 0\end{pmatrix}$,

$U_4 = \dfrac{1}{\sqrt{2}}\begin{pmatrix}0 & -1\\ 1 & 0\end{pmatrix}$

[**99**] $(a, b) = (2, -1), (-2, 1)$

[**100**] $U = \dfrac{1}{\sqrt{5}}\begin{pmatrix}1 & 2\\ 2 & -1\end{pmatrix}$, $R = \sqrt{5}\begin{pmatrix}1 & 1\\ 0 & 1\end{pmatrix}$

15 直交変換，正射影と対称変換

[**101**] $\begin{pmatrix}x'\\ y'\end{pmatrix} = \begin{pmatrix}\cos 2\theta & \sin 2\theta\\ \sin 2\theta & -\cos 2\theta\end{pmatrix}\begin{pmatrix}x\\ y\end{pmatrix}$ (15.1 節例 1 (2) において，$a = \tan\theta$ とおけ．)

[**102**] $\begin{pmatrix}x'\\ y'\end{pmatrix} = \begin{pmatrix}0 & 1\\ 1 & 0\end{pmatrix}\begin{pmatrix}x\\ y\end{pmatrix}$ (問題 [101] より $\begin{pmatrix}u\\ v\end{pmatrix} = \begin{pmatrix}\cos 60^\circ & \sin 60^\circ\\ \sin 60^\circ & -\cos 60^\circ\end{pmatrix}\begin{pmatrix}x\\ y\end{pmatrix}$,
15.1 節例 1 (1) より $\begin{pmatrix}x'\\ y'\end{pmatrix} = \begin{pmatrix}\cos 30^\circ & -\sin 30^\circ\\ \sin 30^\circ & \cos 30^\circ\end{pmatrix}\begin{pmatrix}u\\ v\end{pmatrix}$ である．)

[**103**] (1) $J\boldsymbol{x}$ と外積 $\boldsymbol{a}\times\boldsymbol{x}$ をそれぞれ計算せよ．

(2) 単位ベクトル $\boldsymbol{u}_1, \boldsymbol{u}_2$ を $(\boldsymbol{u}_1, \boldsymbol{u}_2, \boldsymbol{a})$ が右ネジの系となるようにとる．したがって，$\boldsymbol{a} = \boldsymbol{u}_1\times\boldsymbol{u}_2$ である．そして，$A\boldsymbol{u}_1 = \cos\theta\,\boldsymbol{u}_1 + \sin\theta\,\boldsymbol{u}_2$,
$A\boldsymbol{u}_2 = -\sin\theta\,\boldsymbol{u}_1 + \cos\theta\,\boldsymbol{u}_2$，$A\boldsymbol{a} = \boldsymbol{a}$ を証明せよ．

[**104**] $(\overrightarrow{\mathrm{OQ}} - \overrightarrow{\mathrm{OP}}) \parallel \boldsymbol{a}$ および $(\overrightarrow{\mathrm{OQ}} + \overrightarrow{\mathrm{OP}})/2$ の終点が平面 π 上にあることを証明せよ．

16 固有値と正方行列の対角化

[**105**] 固有値の定義式 $A\boldsymbol{x} = \alpha\boldsymbol{x}$ $(\boldsymbol{x} \neq \boldsymbol{0})$ を用いて証明せよ．

[**106**] (1) 固有値は $-1, 1, 2$．固有空間については

$$W_{-1} = \left\langle\begin{pmatrix}0\\ 1\\ -1\end{pmatrix}\right\rangle,\quad W_1 = \left\langle\begin{pmatrix}1\\ -1\\ 1\end{pmatrix}\right\rangle,\quad W_2 = \left\langle\begin{pmatrix}1\\ -1\\ 0\end{pmatrix}\right\rangle$$

(2) 固有値は $3, -5$．固有空間については

$$W_3 = \left\langle\begin{pmatrix}-2\\ 1\\ 0\end{pmatrix}, \begin{pmatrix}2\\ 0\\ 1\end{pmatrix}\right\rangle,\quad W_{-5} = \left\langle\begin{pmatrix}-2\\ -2\\ 1\end{pmatrix}\right\rangle$$

[**107**] 固有値は $1, 6$．固有空間については $W_1 = \langle 1 - t\rangle$，$W_6 = \langle 1 + 4t\rangle$
(16.1 節例 2 の下線部に述べている方法を利用せよ．)

[**108**] 固有値は 0．固有空間については $W_0 = \langle A\rangle$ (問題 [107] と同様の方法)．

[**109**] (1) $P=\begin{pmatrix}1&1\\2&1\end{pmatrix}$とおいて，$P^{-1}AP=\begin{pmatrix}1&0\\0&2\end{pmatrix}$.

$$A^n=\begin{pmatrix}-1+2^{n+1}&1-2^n\\-2+2^{n+1}&2-2^n\end{pmatrix}.$$

(2) $P=\begin{pmatrix}1&0&1\\0&1&-1\\1&0&2\end{pmatrix}$とおいて，$P^{-1}AP=\begin{pmatrix}1&0&0\\0&1&0\\0&0&3\end{pmatrix}$.

$$A^n=\begin{pmatrix}2-3^n&0&-1+3^n\\-1+3^n&1&1-3^n\\2-2\cdot3^n&0&-1+2\cdot3^n\end{pmatrix}$$

[**110**] (1) Aの固有値は1のみで，$W_1=\left\langle\begin{pmatrix}2\\1\end{pmatrix}\right\rangle$であるから，固有ベクトルを用いて$\boldsymbol{K}^2$の基底を構成できない.

(2) Aの固有値は$1,2$である. $W_1=\left\langle\begin{pmatrix}-1\\0\\1\end{pmatrix}\right\rangle$，$W_2=\left\langle\begin{pmatrix}-2\\0\\1\end{pmatrix}\right\rangle$であるから，固有ベクトルを用いて$\boldsymbol{K}^3$の基底を構成できない.

17 実対称行列の直交行列による対角化

[**111**] $P=\dfrac{1}{\sqrt{2}}\begin{pmatrix}1&1\\1&-1\end{pmatrix}$とおいて，${}^tPAP=\begin{pmatrix}1&0\\0&-3\end{pmatrix}$.

$$A^n=\frac{1}{2}\begin{pmatrix}1+(-1)^n3^n&1+(-1)^{n+1}3^n\\1+(-1)^{n+1}3^n&1+(-1)^n3^n\end{pmatrix}$$

[**112**] (1) $P=\begin{pmatrix}1/\sqrt{3}&0&-2/\sqrt{6}\\1/\sqrt{3}&1/\sqrt{2}&1/\sqrt{6}\\1/\sqrt{3}&-1/\sqrt{2}&1/\sqrt{6}\end{pmatrix}$とおいて，${}^tPAP=\begin{pmatrix}1&0&0\\0&2&0\\0&0&4\end{pmatrix}$.

(2) $P=\dfrac{1}{3\sqrt{5}}\begin{pmatrix}\sqrt{5}&-6&-2\\2\sqrt{5}&3&-4\\2\sqrt{5}&0&5\end{pmatrix}$とおいて，${}^tPAP=\begin{pmatrix}9&0&0\\0&0&0\\0&0&0\end{pmatrix}$.

[**113**] (1) $A=\begin{pmatrix}5&a\\a&5\end{pmatrix}$

(2) $P=\dfrac{1}{\sqrt{2}}\begin{pmatrix}1&1\\-1&1\end{pmatrix}$とおいて${}^tPAP=\begin{pmatrix}5-a&0\\0&5+a\end{pmatrix}$である. $\begin{pmatrix}x\\y\end{pmatrix}=P\begin{pmatrix}X\\Y\end{pmatrix}$と書けば，標準形は${}^t\boldsymbol{x}A\boldsymbol{x}=(5-a)X^2+(5+a)Y^2$である.

(3) $-5<a<5$

(4) X 軸方向(Y 軸方向)の単位ベクトルを $^t(1/\sqrt{2}\quad -1/\sqrt{2})$($^t(1/\sqrt{2}\quad 1/\sqrt{2})$)とおいて，$XY$ 座標系に楕円 $4X^2+6Y^2=1$ を描け(図 S-2).

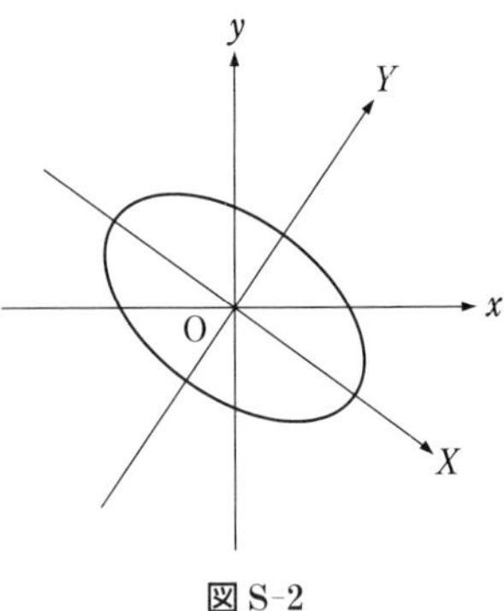

図 S-2

[**114**] 固有値は $1, 2, 4$. 固有空間 W_1, W_2, W_4 の正規直交基底 $\{\boldsymbol{p}_1\}, \{\boldsymbol{p}_2\}, \{\boldsymbol{p}_3\}$ および $P_i = \boldsymbol{p}_i{}^t\boldsymbol{p}_i$ $(i = 1, 2, 3)$ を計算して，$A = P_1+2P_2+4P_3$ とおく.

$$A = 1\cdot\frac{1}{3}\begin{pmatrix} 1 & 1 & 1 \\ 1 & 1 & 1 \\ 1 & 1 & 1 \end{pmatrix} +2\cdot\frac{1}{2}\begin{pmatrix} 1 & 0 & -1 \\ 0 & 0 & 0 \\ -1 & 0 & 1 \end{pmatrix}+4\cdot\frac{1}{6}\begin{pmatrix} 1 & -2 & 1 \\ -2 & 4 & -2 \\ 1 & -2 & 1 \end{pmatrix},$$

$$A^n = \frac{1}{6}\begin{pmatrix} 2+3\cdot 2^n+4^n & 2-2\cdot 4^n & 2-3\cdot 2^n+4^n \\ 2-2\cdot 4^n & 2+4\cdot 4^n & 2-2\cdot 4^n \\ 2-3\cdot 2^n+4^n & 2-2\cdot 4^n & 2+3\cdot 2^n+4^n \end{pmatrix}$$

18 ジョルダンの標準形

[**115**] $\dfrac{1}{4}\begin{pmatrix} 3 & -3 & -3 \\ -2 & 6 & 5 \\ 2 & -3 & -2 \end{pmatrix}$

[**116**] $PP^{-1} = E$，および $P^{-1}P = E$ から導かれる $\boldsymbol{d}_i\boldsymbol{p}_j = 0\ (i \neq j)$ を用いよ.

[**117**] (1) $a = -1$，$b = -1$，$c = 1$　(2) $g_1(x) = -x$，$g_2(x) = 1$

[**118**] (1) 固有値は $\lambda = 2$ のみ. $\widetilde{W}_2$ について：$V_1 = \left\langle\begin{pmatrix} -1 \\ 1 \end{pmatrix}\right\rangle$，$\widetilde{W}_2 = V_2 = \left\langle\begin{pmatrix} -1 \\ 1 \end{pmatrix}, \begin{pmatrix} 1 \\ 0 \end{pmatrix}\right\rangle$. $\boldsymbol{p}_1 = \begin{pmatrix} 1 \\ 0 \end{pmatrix}$，$\boldsymbol{p}_2 = (A-E)\boldsymbol{p}_1 = \begin{pmatrix} -1 \\ 1 \end{pmatrix}$ を用いて $P = (\boldsymbol{p}_2\quad \boldsymbol{p}_1) = \begin{pmatrix} -1 & 1 \\ 1 & 0 \end{pmatrix}$ とおけば，$P^{-1}AP = \begin{pmatrix} 2 & 1 \\ 0 & 2 \end{pmatrix}$.

(2) 固有値 λ は $\lambda = 1, 2$. $\widetilde{W}_1$ について：$\widetilde{W}_1 = V_1 = \left\langle\begin{pmatrix} 1 \\ 0 \\ -1 \end{pmatrix}\right\rangle$. $\widetilde{W}_2$ について：$V_1' = \left\langle\begin{pmatrix} -2 \\ 0 \\ 1 \end{pmatrix}\right\rangle$，$\widetilde{W}_2 = V_2' = \left\langle\begin{pmatrix} -2 \\ 0 \\ 1 \end{pmatrix}, \begin{pmatrix} 0 \\ 1 \\ 0 \end{pmatrix}\right\rangle$. $P = \begin{pmatrix} 1 & -2 & 0 \\ 0 & 0 & 1 \\ -1 & 1 & 0 \end{pmatrix}$ とおいて，

$$P^{-1}AP = \begin{pmatrix} 1 & 0 & 0 \\ 0 & 2 & 1 \\ 0 & 0 & 2 \end{pmatrix}.$$

(3) 固有値は $\lambda = 1, 3$. $\widetilde{W}_1$ について：$V_1 = \left\langle \begin{pmatrix} 1 \\ -1 \\ -1 \\ 1 \end{pmatrix} \right\rangle$, $\widetilde{W}_1 = V_2$

$= \left\langle \begin{pmatrix} 1 \\ -1 \\ -1 \\ 1 \end{pmatrix}, \begin{pmatrix} 0 \\ 1 \\ 0 \\ 0 \end{pmatrix} \right\rangle$. $\widetilde{W}_3$ について：$\widetilde{W}_3 = V_1' = \left\langle \begin{pmatrix} 0 \\ -1 \\ 0 \\ 1 \end{pmatrix}, \begin{pmatrix} 0 \\ 0 \\ 1 \\ 0 \end{pmatrix} \right\rangle$.

$P = \begin{pmatrix} 1 & 0 & 0 & 0 \\ -1 & 1 & -1 & 0 \\ -1 & 0 & 0 & 1 \\ 1 & 0 & 1 & 0 \end{pmatrix}$ とおいて，$P^{-1}AP = \begin{pmatrix} 1 & 1 & 0 & 0 \\ 0 & 1 & 0 & 0 \\ 0 & 0 & 3 & 0 \\ 0 & 0 & 0 & 3 \end{pmatrix}$.

索　引

あ 行

(i, j) 成分　1
一次関係式　100
　自明でない――　101
　自明な――　100
一次結合　95
一次写像　126
　行列の定める――　126
一次従属　101
一次独立　101
一次変換　126
　行列の定める――　126
1 の分解
　多項式による――　203
一般固有空間　191
E の分解　186
　射影行列による――　192
ヴァンデルモンドの行列式　57
上三角行列　3
n 項行ベクトル　2
n 項実列ベクトル空間　92
n 項複素列ベクトル空間　92
n 項列ベクトル　2
n 項列ベクトル空間　92
n 次元数ベクトル空間　92
$m \times n$ 行列　1
折り返し　159

か 行

解空間
　斉次連立一次方程式の――　97
階数
　行列式の――　84
　行列の――　80
外積　24
階段行列
　r 階の――　69
回転　159
ガウスの消去法　66
可逆　74
核　137
角
　列ベクトルのなす――　22
拡大係数行列　66
関数空間　91
幾何ベクトル　17
ギッブス　22
基底　112
基底の延長定理　117
基底変換の行列　118
基本行列　71
基本ベクトル　17
基本変形　68
逆行列　13
逆ベクトル　90
逆変換　134
鏡映　165
行基本変形　68
行ベクトル分割　4
行列
　$m \times n$ 型の――　1
行列係数の多項式　189
行列式　37
行列式の展開　55
行列単位　109
行列のスカラー倍　5
行列の相等　5
行列の多項式　189
行列の分割　4
行列方程式　15, 75
極化恒等式　155
組合せ乗積　29
グラスマン　21
グラム-シュミットの
　直交化法　152
クラーメルの公式　62
クロネッカーのデルタ　2
形式的行列表示
　一次結合の――　106
形式的な行列の積　105
係数行列　8
ケイリー-ハミルトンの定理　190
交換可能　10
合成写像　132
恒等変換　126
コーシー　37
固有空間
　一次変換の――　167
　行列の――　168
固有多項式　168
固有値
　一次変換の――　166
　行列の――　167
固有ベクトル
　一次変換の――　166
　行列の――　167

さ 行

差
　行列の――　5
座標　120
座標変換の公式　122
三角行列　3
次元　110
四元数　24
次元定理　138
下三角行列　3
実 n 次元数ベクトル空間　92
実行列　1
実対称行列　163
実二次形式　182
実ベクトル空間　91
自明な解　81
射影行列　192
主対角線　2
シュワルツの不等式　60

小行列式 82
ジョルダン行列 193
ジョルダン細胞 193
ジョルダン標準形 194
数ベクトル 2
スカラー 2
スカラー倍
　ベクトルの—— 90
スペクトル分解 186
正規直交基底 150
正規直交系 150
正射影 162
斉次連立一次方程式 80
正則 13
正則変換 134
成分
　行列の—— 1
成分表示
　幾何ベクトルの—— 18
　ベクトルの—— 119
正方行列 1
積
　行列の—— 7
線形空間 89
線形結合 95
線形写像 126
　行列の定める—— 126
線形変換 126
　行列の定める—— 126
像 136
相似 174

た 行

第 i 座標 120
第 i 成分 120
対角化 171
対角化可能 171
対角行列 3
対角成分 2
対角要素 2
台形行列 70
対称変換 163
単位
　第 2 段階の—— 29
　第 p 段階の—— 31
単位行列 2
単位ベクトル 22, 147
チャート 149
中線定理 155
直交
　ベクトルの—— 146
　列ベクトルの—— 23
直交行列 154
直交系 150
直交変換 158
　空間内の—— 160
　平面上の—— 159
ディリクレの部屋割り論法 43
展開
　第 1 列に関する—— 55
　第 i 行に関する—— 56
　第 j 列に関する—— 56
転置行列 3
トレース 148

な 行

内積 145
内積空間 145
長さ
　列ベクトルの—— 22
ノルム 146

は 行

掃き出し法 66
発見法
　基底を構成するベクトルの—— 116
鳩の巣の原理 43
ハミルトン 24
判定法
　基底の—— 113
　正値性の—— 183
　対角化可能性の—— 171
　ベクトルの一次関係の—— 107
　列ベクトル空間の基底の—— 114
　列ベクトルの一次関係の—— 104
表現行列
　一次写像の—— 129
　一次変換の—— 131
標準基底 113
標準形
　行列の—— 70
　実二次形式の—— 182
標準内積 21
複素 n 次元数ベクトル空間 92
複素行列 1
複素ベクトル空間 91
符号 33
部分行列 4
部分空間 92
　生成される—— 95
　張られる—— 95
部分ベクトル空間 92
ブロック対角行列 193
ベクトル 91
ベクトル空間 89

ま 行

無限次元 110

や 行

有限次元 110
余因子
　(i, j)—— 54
余因子行列 63

ら 行

ラグランジュの恒等式 27
立体アミダくじ 33
零行列 2
零写像 126
零ベクトル 90
列基本変形 68
列ベクトル分割 4

わ 行

和
　行列の—— 5
　ベクトルの—— 89

著者略歴

久保富士男（くぼふじお）

1952年12月　広島県に生まれる
1975年 3 月　広島大学理学部数学科卒業
1977年 4 月　広島大学助手
1978～80年　南イリノイ大学大学院留学
1980年12月　理学博士
1985年 4 月　九州工業大学助教授
1994～95年　ペンシルバニア大学客員研究員
1997年 4 月　九州工業大学教授
2004年 4 月　広島大学大学院教授
2015年 9 月　広島工業大学教授
2016年 2 月　広島大学名誉教授

行列（ぎょうれつ）| **MATRIX　第2版**
—グラスマンに学ぶ線形代数入門—

2001年10月20日　第1版　第1刷　発行
2004年 3 月20日　第1版　第2刷　発行
2020年 5 月25日　第2版　第1刷　発行
2023年 3 月31日　第2版　第3刷　発行

著　者　久保富士男
発行者　発田和子
発行所　株式会社　学術図書出版社
〒113-0033　東京都文京区本郷 5 - 4 - 6
TEL 03-3811-0889　振替 00110-4-28454
印刷　中央印刷（株）

定価はカバーに表示してあります．

ISBN4-7806-0851-9　C3041